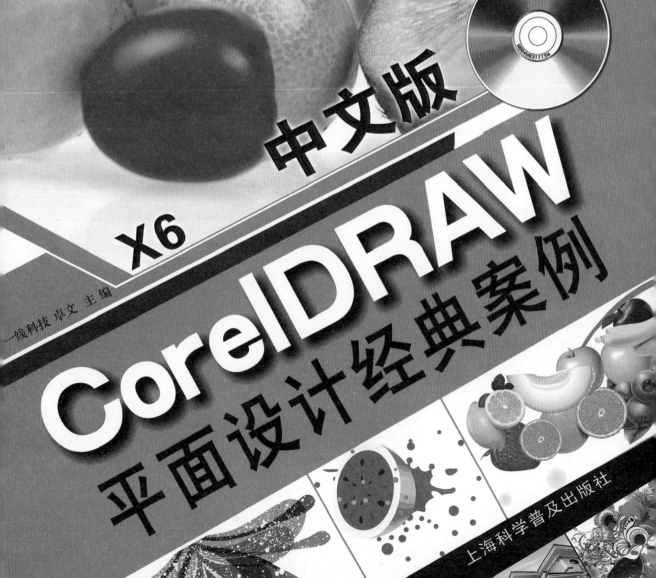

设/计/师/实/战/应/用/丛/书

设计师实战应用

SHE JI SHI SHI ZHAN
YING YONG

随书赠送 CD-ROM

中文版

X6

一线科技 卓文 主编

CorelDRAW
平面设计经典案例

上海科学普及出版社

图书在版编目（CIP）数据

中文版 CorelDRAW 平面设计经典案例 / 一线科技 卓文
主编. 一上海：上海科学普及出版社，2013.12
（设计师实战应用）
ISBN 978-7-5427-5891-0

Ⅰ.①中⋯ Ⅱ.①一⋯ ②卓⋯ Ⅲ.①图像处理软件 Ⅳ.
①TP391.41

中国版本图书馆 CIP 数据核字（2013）第 227521 号

策　　划　胡名正
责任编辑　徐丽萍
统　　筹　刘湘雯

中文版 CorelDRAW 平面设计经典案例

一线科技 卓文 主编

上海科学普及出版社出版发行

（上海中山北路 832 号　邮政编码 200070）

http://www.pspsh.com

各地新华书店经销　　　　　　　　北京市燕山印刷厂印刷

开本 787×1092　　　1/16　　　印张 20.25　　字数 340000

2013 年 12 月第 1 版　　　　　　2013 年 12 月第 1 次印刷

ISBN 978-7-5427-5891-0　　　　　　　　　定价：65.00 元

ISBN 978-7-89418-012-4/G.004（附赠 CD-ROM 1 张）

内 容 提 要

  本书由经验丰富的平面设计师执笔编写，详细地介绍了 CorelDRAW X6 在平面设计方面的应用技巧。全书精心设计了常用的平面广告设计与矢量图像处理实例，每个实例都有详细的操作步骤、制作方法和思路，并以相关的设计理论做支撑，使读者可以举一反三，将所学知识应用到实际的工作中去。

  本书全面地讲解了 CorelDRAW X6 在平面设计与矢量图像处理中的应用，包括标志设计、DM 单设计、VI 设计、报纸广告设计、杂志广告设计、海报招贴设计、户外广告设计、包装设计和装帧设计。全书通过平面设计经典案例的制作，贯通 CorelDRAW 的全面知识与功能，让读者在学习训练中既可掌握 CorelDRAW 的软件应用，又能积累实用的平面设计经验。

  本书既适用于 CorelDRAW 初、中级水平的读者学习提高，同时也可以作为大中专院校和各类平面设计培训学校的教材和教学参考用书。

市面上的电脑书籍可谓琳琅满目、种类繁多。但是读者面对这些书籍往往不知道该如何选择，那么选择一本好书的根本方法是什么呢？

首先，要看这本书所讲内容的实用性，所讲内容是否最新的知识，是否紧跟时代的发展；其次是看其讲解方法是否合理，是否易于接受；最后是看该书的内容是否丰富，物超所值。

丛书主要特色

作为一套面向初、中级读者的电脑图书，"设计师实战应用"丛书从经典案例制作、设计理论知识和软件使用技巧等角度出发，采用最新版本的软件，以全程图解的写作方式，使用简练流畅的语言、精美的版式设计，带领读者轻松愉悦地学习，让大家学后快速上手，全面掌握平面设计的精髓内容。

❀ 案例精美专业，学以致用

"设计师实战应用"丛书在案例选择上注重精美、实用，精选多个相应行业中的专业案例，再配合适合初学者轻松掌握的技能操作，以使读者掌握软件在这些行业中的应用，从而达到学以致用的目的。

❀ 全程图解教学，一学就会

"设计师实战应用"丛书在案例讲解过程中采用了"全程图解"的讲解方式，首先以简洁、清晰的文字对案例操作进行说明，再以图形的表现方式，将各种操作的效果直观地表现出来。形象地说，初学者只需"按图索骥"地对照图书进行操作练习和逐步推进，即可快速掌握软件使用的丰富技能。

❀ 语音教学视频，轻松自学

我们在编写本套丛书时，非常注重初学者的认知规律和学习心态。在每章学习过程中，都安排了一些设计理论知识和软件基本操作技能，通过理论联系实际，让读者不仅知其然，而且还能知其所以然。

另外，我们还为书中的经典案例都录制了配有语音讲解的演示视频，让读者通过观看视频即可轻松掌握相应知识。

本书内容结构

CorelDRAW X6是目前最流行的矢量图设计软件之一，其功能非常强大，使用方便。该软件凭借高智能化、直观生动的工作界面和高速强大的图形绘制功能，在平面设计与图形绘制中应用极为广泛。

本书定位于CorelDRAW的初、中级读者，从平面广告设计与矢量图形绘制的专业角度出发，合理安排理论知识点，运用简练流畅的语言，结合专业实用的典型案例，由浅入深地对CorelDRAW X6在平面广告设计领域中的应用进行全面、系统的讲解，让读者在最短的时间内掌握最有用的知识，轻松掌握CorelDRAW在平面广告设计领域中的相关理论知识和软件设计技巧。

本书共分10章，各章节的主要内容如下。

第1章：讲解CorelDRAW X6基础知识和基本操作，为初学者后面的学习打下基础。

第2章：以标志设计为例，介绍标志设计的基础知识，以及房产标志、咖啡标志、汽车公司标志和水果店标志的绘制方法。

第3章：以DM单设计为例，介绍DM单设计的理论知识，以及女鞋店开业DM单、水果店DM单的绘制方法。

第4章：以VI设计为例，介绍VI设计的理论知识，以及儿童用品标志设计、工作牌设计、桌旗设计和指示牌设计的绘制方法。

第5章：以报纸广告设计为例，介绍报纸广告设计的基础知识，以及家装报纸广告设计和汽车公司报纸设计的绘制方法。

第6章：以杂志广告设计为例，介绍杂志广告设计的基础知识，以及房产杂志拉页广告和化妆品杂志广告的绘制方法。

第7章：以海报招贴设计为例，介绍海报招贴设计的基础知识，以及艺术展海报设计和气泡酒海报设计的绘制方法。

第8章：以户外广告设计为例，介绍户外广告设计的基础知识，以及家用轿车广告和圣诞促销广告的绘制方法。

第9章：以包装设计为例，介绍包装设计的基础知识，以及餐具包装设计和手提袋包装设计的绘制方法。

第10章：以装帧设计为例，介绍装帧设计的基础知识，以及养生书籍设计和酒店书籍设计的绘制方法。

本书读者对象

本书内容丰富、图文并茂，专为初、中级读者编写，适合以下人群学习使用：

（1）从事初、中级CorelDRAW X6平面广告设计的工作人员。

（2）对CorelDRAW平面广告设计有浓厚兴趣的爱好者与自学者。

（3）电脑培训班中学习CorelDRAW平面广告设计和矢量图形设计的学员。

（4）大中专院校相关专业的学生。

本书创作团队

本书由一线科技和卓文编写，同时书中的设计实例由在相应的设计公司任职的专业设计人员创作，在此对他们的辛勤劳动深表感谢。由于编写时间仓促，书中难免存在疏漏与不妥之处，欢迎广大读者来信咨询指正，我们将认真听取您的宝贵意见，推出更多的精品计算机图书，联系网址：http://www.china-ebooks.com。

编　者

目录 Contents

第01章　CoreIDRAW X6必知必会

第02章　标志设计

第03章 DM单设计

第04章 VI设计

第05章 报纸广告设计

第06章 杂志广告设计

第07章 海报招贴设计

第08章　户外广告设计

第09章　包装设计

第10章　装帧设计

Chapter 第01章

CorelDRAW X6必知必会

课前导读

　　CorelDRAW是平面图形设计和印刷中常用的设计软件，具有非常强大的功能，是广大平面设计师经常使用的平面设计软件之一。

　　CorelDRAW目前最新的版本是CorelDRAW X6。本章介绍CorelDRAW X6的基本操作，通过本章的学习，希望读者能对CorelDRAW有一个基本的认识，为以后的学习打下基础。

本章学习要点

* CorelDRAW的文件操作
* 版面设置
* CorelDRAW X6的图像知识
* CorelDRAW X6新功能应用
* 辅助绘图工具的应用
* 视图的显示与预览

精彩效果赏析

1.1　认识CorelDRAW

CorelDRAW是一个矢量图形绘制工具，本节将介绍CorelDRAW的应用领域、CorelDRAW的启动与退出、CorelDRAW的工作界面等。

1.1.1　认识CorelDRAW的应用领域

CorelDRAW是加拿大Corel公司开发的平面设计软件，为矢量图形制作软件。这款图形软件给设计师提供了矢量动画、页面设计、网站制作、位图编辑和网页动画等多种功能，其非凡的设计能力广泛地应用于商标设计、标志制作、模型绘制、插图描画、排版及分色输出等诸多领域。

1.1.2　启动与退出CorelDRAW

单击Windows左下角的 按钮，单击CorelDRAW X6图标，将立即启动该软件。启动后进入"欢迎屏幕"窗口（如下图所示），单击窗口中相应的选项即可开始工作。

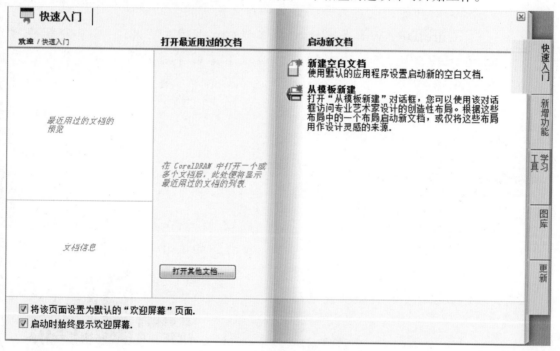

"欢迎屏幕"窗口

"欢迎屏幕"窗口中各选项的含义如下。

❀ 新建图形 ：单击此按钮，将建立一个空白的绘图文件。

❀ 打开最近用过的文档：单击此按钮，可以从上次退出的地方继续工作。

❀ 打开其他文档：单击此按钮，将弹出"打开绘图"对话框（如左下图所示），从中选择所要打开的文件。

❀ 从模板新建：将以选择样本来打开新的绘图文件，如右下图所示。利用模板，可以很快地建立统一样式的绘图文件，减少重复的制作过程。

❀ 单击窗口最右侧的快速入门、新增功能、学习工具、图库或更新等按钮可以切换窗口。

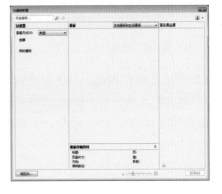

"打开绘图"对话框　　　　　　　　选择模板

经 验 分 享

　　当选中"欢迎屏幕"窗口中的"启动时始终显示欢迎屏幕"复选框时，每一次启动CorelDRAW都会弹出"欢迎屏幕"窗口；如果不选中"启动时始终显示欢迎屏幕"复选框，则表示下次启动CorelDRAW，将跳过"欢迎屏幕"窗口直接进入到工作界面。用户也可以通过单击窗口右上角的⊠按钮来关闭此窗口，此时CorelDRAW将会直接进入到工作界面窗口，而不会进行其他的操作。

　　退出CorelDRAW X6可采用以下几种方式。

　❀ 在CorelDRAW X6界面窗口中，单击窗口右上角的"关闭"按钮⊠。

　❀ 选择"文件"|"退出"命令。

　❀ 按【Alt+F4】组合键。

1.1.3　CorelDRAW的工作界面

　　启动CorelDRAW X6后，单击"新建图形"图标，即可进入工作界面。此工作界面主要包含标题栏、菜单栏、标准工具栏、属性栏、工具箱、页面控制栏、状态栏、标尺以及调色板等内容，如下图所示。

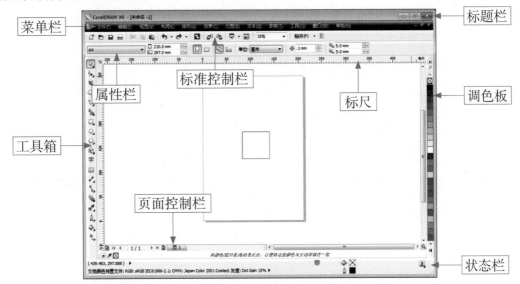

CorelDRAW X6的工作界面

下面介绍CorelDRAW X6工作界面的主要内容。

1. 标题栏

标题栏位于窗口顶部，用于显示应用程序名称和当前文件名。标题栏右侧包含窗口最小化、窗口最大化（或还原）和关闭窗口等选项，用于控制文件窗口的显示大小，如下图所示。

标题栏

2. 菜单栏

菜单栏包含了CorelDRAW的大部分命令。用户可以直接通过这些菜单选项选择所要执行的命令（如左下图所示）。当光标指向主菜单某项后，该标题变亮，单击鼠标左键，即可选中此项，并显示相应的下拉菜单。在下拉菜单中上下移动光标，当要选择的菜单项变亮后，单击鼠标左键，即可执行此命令。如果菜单项右侧有"…"号，执行此项后将弹出与之有关的对话框；如果菜单项右侧有▶按钮，则表示其下还有下一级子菜单，如右下图所示。

执行菜单命令 　　　　　　　　　　　　子菜单

3. 标准工具栏

标准工具栏集合了一些常用的功能命令，通过标准工具栏的操作，可以大大简化操作步骤，从而提高工作效率，如下图所示。

标准工具栏

4. 属性栏

属性栏提供了控制对象属性的选项，其内容根据所选择的工具或对象的不同而变化，它显示对象或工具的有关信息，以及可进行的编辑操作等，如下图所示。

属性栏

5．工具箱

工具箱包含CorelDRAW的所有绘图命令，其中每一个按钮都代表一个命令，只需将鼠标指针放在某个按钮上，然后单击鼠标左键，即可执行相关命令。其中有些工具按钮右下角显示有黑色的小三角，则表示此为一个工具组，单击黑色小三角，即可弹出该工具组中的其他工具。

6．页面控制栏

CorelDRAW可以在一个文档中创建多个页面，并通过页面控制栏查看每个页面的情况。用鼠标右键单击页面控制栏，会弹出如右图所示的快捷菜单，选择相应的命令可进行增加、删除或重命名页面等操作。

页面控制栏

7．调色板

调色板位于窗口的右侧，默认呈单列显示，系统默认的调色板是根据四色印刷CMYK模式的色彩比例设定的。使用调色板时，在选取对象的前提下使用鼠标左键单击调色板上的颜色可以为对象填充颜色；使用鼠标右键单击调色板上的颜色可以为对象添加轮廓线颜色。如果在调色板的某种颜色上单击鼠标左键并等待几秒钟，CorelDRAW将显示一组与该颜色相近的颜色，可以从中选择更多的颜色。

经验分享

　　在调色板上方的⊠按钮上单击鼠标左键，可以删除选取对象的填色；在调色板上方的⊠按钮上单击鼠标右键，可以删除选取对象的外部轮廓。

8．标尺

选择"查看" | "标尺"命令，可以显示标尺，如下图所示。标尺可以帮助用户确定图形的位置。它由水平标尺、垂直标尺和原点设置三个部分组成。用鼠标在水平或垂直标尺上单击，并在不释放鼠标按键的同时拖动鼠标到绘图工作区，即可创建水平或垂直辅助线。

标尺

9．状态栏

状态栏位于窗口的底部，分为两部分，左侧显示鼠标指针所在屏幕位置的坐标，右侧显示所选对象的填充色、轮廓线颜色和宽度等，状态栏会随着选择对象的填充和轮廓属性的变化而变化，如下图所示。用户可以通过选择"窗口" | "工具栏" | "状态栏"命令显示

或隐藏状态栏。

(-76.214, 184.155) ▶
文档颜色预设文件: RGB: sRGB IEC61966-2.1; CMYK: Japan Color 2001 Coated; 灰度: Dot Gain 15% ▶

状态栏

1.2　CorelDRAW的文件操作

CorelDRAW的文件操作包括文件的新建、保存、打开和关闭，以及导入与导出文件等，下面分别介绍它们的具体操作方法。

1.2.1　新建文件

使用"新建"命令可以创建一个空白文档，新建文件的操作步骤如下：

Step 01 选择"文件"|"新建"命令，或单击标准工具栏中的"新建"按钮 。

Step 02 这时即可弹出一个"创建新文档"对话框，设置文件名称和各选项后，单击"确定"按钮，即可创建页面。

Step 03 系统默认新建的页面为A4大小的页面，完成新建页面后，页面的窗口如左下图所示。

1.2.2　保存文件

使用"保存"命令可以保存绘制的图形，其操作步骤如下。

Step 01 选择"文件"|"保存"命令或"文件"|"另存为"命令（快捷键为【Ctrl+S】），弹出"保存绘图"对话框，如右下图所示。

Step 02 在"保存绘图"对话框中输入文件名称，然后选择存储路径。

Step 03 单击"保存"按钮，就可以对图形文件进行保存。

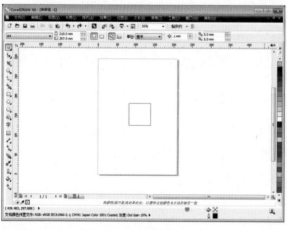

新建页面

"保存绘图"对话框

1.2.3　打开文件

在保存文件后，用户随时可以使用"打开"命令打开这些保存文件或已有的CorelDRAW文件，其操作步骤如下：

Step 01 选择"文件"|"打开"命令，将打开"打开绘图"对话框，如左下图所示。

Step 02 选择需要打开的文件，单击"打开"按钮，即可打开选择的文件。

1.2.4 关闭文件

关闭文件有下面两种方法。

❀ 选择"文件"|"关闭"命令。

❀ 用鼠标左键单击文件窗口右上方的"关闭"按钮 █。

如果关闭前未对文件进行保存，则系统会弹出"是否保存对未命名-1的更改?"提示信息框，如右下图所示。单击"是"按钮，修改后的图形会把已经存储过的图形文件覆盖，直接进行保存。如果不保存文件，则单击"否"按钮。

"打开绘图"对话框

提示信息框

1.2.5 导入文件

在正在编辑的文件中导入已有的素材文件，可以提高绘图的效率，导入文件的操作步骤如下。

Step 01 选择"文件"|"导入"命令，打开"导入"对话框，如左下图所示。

Step 02 在对应的文件夹中选择需要的图形文件，如右下图所示。

"导入"对话框

选择要导入的文件

Step 03 单击"导入"按钮，此时光标在页面中的形状如左下图所示，用鼠标在页面上单击即可将文件导入，如右下图所示。

工作区　　　　　　　　　　　　　　　导入素材图片

1.2.6　导出文件

使用"导出"命令可以将绘制出的图形导出为用户需要的文件格式，其操作步骤如下。

Step 01 选择"文件"|"导出"命令或单击标准工具栏上的"导出"按钮 ，打开"导出"对话框，如右图所示。

Step 02 在"文件名"文本框中输入文件名，在"保存类型"下拉列表框中选择要导出的文件格式。

Step 03 单击"导出"按钮，在打开的相应对话框中设置好相关参数后，单击"确定"按钮就可完成文件的导出。

"导出"对话框

1.3　辅助绘图工具的应用

CorelDRAW X6除了有强大的绘图功能以外，还有许多辅助绘图设置，如辅助线和网格在精确绘图时是必不可少的。

1.3.1　辅助线

标尺可以协助设计者确定图形的大小或设定精确的位置。将光标放到标尺上，按住鼠标左键并向工作区中拖曳鼠标，即可创建辅助线。从水平标尺上可拖曳出水平辅助线，从垂直标尺上可拖曳出垂直辅助线（如左下图所示）。双击创建的辅助线，可打开如右下图所示的"选项"对话框，在此对话框中可以设置辅助线的角度、位置和单位等属性，还可以在精确的坐标位置添加或删除辅助线。

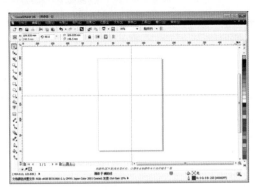

添加辅助线

"选项"对话框

选中辅助线，按住鼠标左键并拖动，可以水平或垂直移动辅助线的位置（如左下图所示）。选中辅助线，再在辅助线上单击鼠标左键，辅助线两端会出现双箭头 ⬌，拖曳鼠标，即可对辅助线进行自由旋转（如右下图所示），在属性栏中可以观察到旋转的角度。

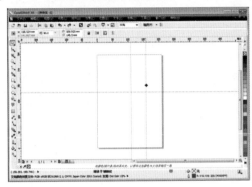

移动辅助线

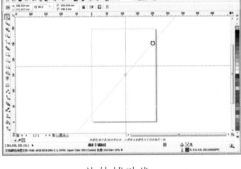

旋转辅助线

1.3.2　网格

网格的功能和辅助线一样，适用于更严格的定位需求和更精细的制图标准。选择"视图"|"网格"|"文档网格"命令，可显示文档网格，如左下图所示；选择"视图"|"网格"|"基线网格"命令，可显示基线网格，如右下图所示。如果不需要显示网格，再次执行相同的命令即可。

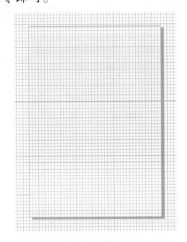

文档网格

基线网格

1.4 版面设置

CorelDRAW的页面默认时只有一页，通过版面设置可以设置页面方向、插入页面、删除页面或定位页面。

1.4.1 选择和自定义页面类型

CorelDRAW X6默认的页面为A4页面，单击属性栏上的"纵向"按钮█或"横向"按钮▭，可以改变纸张的方向，下图分别为纵向和横向的效果。

纵向页面

横向页面

在CorelDRAW中用户可以任意设置页面的大小，设置页面大小有以下两种方法。

❀ 在属性栏的"纸张类型\大小"下拉列表框中可选择纸张类型，如左下图所示。

❀ 选择"布局"|"页面设置"命令，打开如右下图所示的"选项"对话框，在该对话框中可以对绘画页面的参数进行设定。

"纸张类型/大小"列表

"选项"对话框

1.4.2　插入页面

在CorelDRAW文件中可以插入多个页面，插入页面有以下两种方法。

❀ 选择"布局"|"插入页面"命令，打开如左下图所示的"插入页面"对话框。在该对话框中直接输入要插入的页数或者单击"页码数"后面的 按钮增加页数，设置好后单击"确定"按钮，即可插入页面。

❀ 在页面控制栏页面标签上单击鼠标右键，在弹出的快捷菜单中选择"在后面插入页面"命令或"在前面插入页面"命令，也可以插入页面，如右下图所示。

"插入页面"对话框

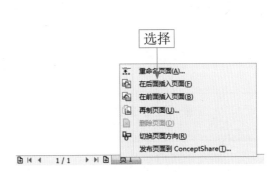

页面控制栏

1.4.3　重命名页面

在CorelDRAW中可以重命名页面，重命名页面的操作步骤如下。

Step 01 单击需要重命名的页面，选择"布局"|"重命名页面"命令，打开如左下图所示的"重命名页面"对话框。

Step 02 在"页名"文本框中输入新的页面名称，单击"确定"按钮即可。

在页面控制栏要重命名的页面标签上单击鼠标右键，在弹出的快捷菜单中选择"重命名页面"命令，也可重命名页面，如右下图所示。

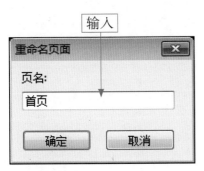

"重命名页面"对话框

选择"重命名页面"命令

1.4.4　设置页面背景

页面的背景系统默认是白色，在CorelDRAW中还可以改变页面背景为其他颜色，或者用位图作为背景，其操作步骤如下。

Step 01 选择"布局"|"页面背景"命令，将打开"选项"对话框，如左下图所示。

Step 02 如选中"纯色"单选按钮，在颜色下拉列表框中选择其他的颜色（如右下图所示），单击"确定"按钮，即可将所选颜色作为背景色。

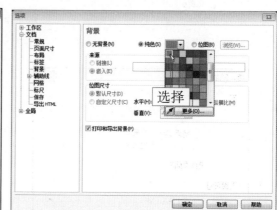

"选项"对话框   选择背景色

Step 03 如选中"位图"单选按钮，单击"浏览"按钮，打开"导入"对话框，选择一幅位图，如左下图所示。单击"导入"按钮返回，再单击"选项"对话框中的"确定"按钮，得到如右下图所示的效果。

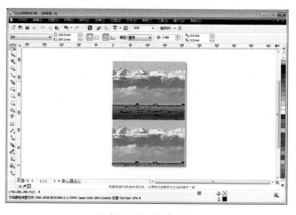

"导入"对话框   用位图作为背景

1.4.5 删除页面

在CorelDRAW中可以删除不需要的页面，删除页面的操作步骤如下。

Step 01 选择"布局"|"删除页面"命令，打开如左下图所示的"删除页面"对话框。

Step 02 在"删除页面"选项中设置要删除页面的序号，如"2"表示删除第2页，单击"确定"按钮即可。

Step 03 在页面控制栏要删除的页面标签上单击鼠标右键，在弹出的快捷菜单中选择"删除页面"命令，也可删除页面，如右下图所示。

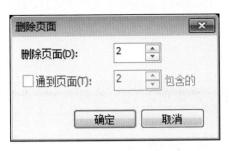

"删除页面"对话框　　　　　　　　　　选择"删除页面"命令

1.5 视图的显示与预览

图像在CorelDRAW中有多种显示模式，用户也可以通过多种方式预览图像。下面分别介绍CorelDRAW中视图的显示与预览方式。

1.5.1 视图的显示模式

在CorelDRAW X6中，为了快速浏览或提高运行速度，可以以不同的方式查看当前图形的效果。在"视图"菜单的子菜单中有"简单线框"、"线框"、"草稿"、"正常"和"增强"等几种模式。下图所示为不同显示模式下的显示效果。

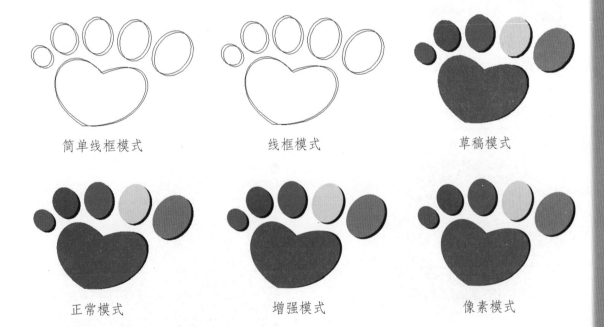

简单线框模式　　　　　　线框模式　　　　　　草稿模式

正常模式　　　　　　　　增强模式　　　　　　像素模式

1.5.2 视图的预览

CorelDRAW提供了"全屏预览"、"只预览选定的对象"和"页面分类视图"三种预览显示方式。

❀ 全屏预览：选择"视图"|"全屏预览"命令，或按【F9】键，可以将绘制的图形显示在整个屏幕上。

❀ 只预览选定的对象：选中要显示的对象，选择"视图"|"只预览选定的对象"命

令，此时在图像窗口中只显示选中的对象，如左下图所示。

❀ 页面分类视图：如果在CorelDRAW文档中有多个页面，选择"视图"|"页面分类视图"命令，可将多个页面同时显示出来，如右下图所示。

只预览选定的对象   页面分类视图

1.6 CorelDRAW X6的图像知识

在认识CorelDRAW X6窗口后，用户必须掌握图形绘制与设计中的一些基本概念，如矢量图与位图、常用的图像文件格式、常用的色彩模式等相关知识。

1.6.1 矢量图像

矢量图形又称为向量图形。矢量图形是由精确定义的直线和曲线组成，这些直线和曲线称为向量。矢量图像的最大优点是分辨率独立，无论如何放大和缩小都不会使图像失去光滑感，在打印输出时会自动适应打印设备的最高分辨率。下图所示为矢量图的图像和对其局部进行放大后的效果。

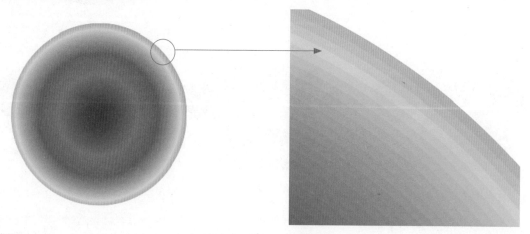

矢量图和其放大后的效果

1.6.2 位图图像

位图又叫点阵图或像素图，计算机屏幕上的图像是由屏幕上的发光点（即像素）构成的，这些点是离散的，类似于矩阵。多个像素的色彩组合就形成了图像，称之为位图。

位图在放大到一定程度时会发现它是由一个个小方格组成的，这些小方格被称作像素点，一个像素是图像中最小的图像元素，在处理位图图像时，所编辑的是像素而不是对象或形状，它的大小和质量取决于图像中像素点的多少，每英寸中所含像素越多，图像越清晰，颜色之间的混合也越平滑，计算机存储位图图像实际上是存储图像各个像素的位置和颜色数据等信息，所以图像越清晰，像素越多，相应的存储容量也越大。

　　位图图像表现力强、细腻、层次多、细节多；但是对图像进行放大时，图像会变模糊。下图所示为一幅位图图像和对其局部进行放大后的效果。

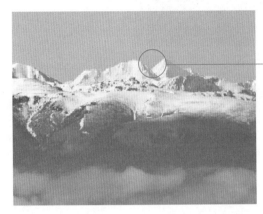 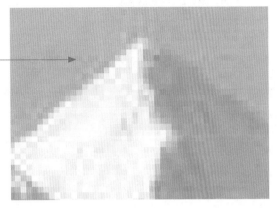

位图和对其放大后的效果

1.6.3　色彩模式

　　色彩模式是色彩被呈现的具体形式，电脑中的色彩在呈现的时候有多种不同的方式，即色彩模式。在CorelDRAW中打开"均匀填充"对话框，在"模型"下拉列表框中可以选择不同的色彩模式，如右图所示。常用的色彩模式有RGB模式、CMYK模式、HSB模式以及Lab模式等。

"模型"下拉列表

1．CMY模式

　　CMY模式是指采用青色（Cyan）、品红色（Magenta）和黄色（Yellow）3种基本颜色按一定比例合成颜色的方法，这是一种依靠反光显色的色彩模式，如左下图所示。在CMY模型中，显示的色彩不是直接来自于光线的色彩，而是光线被物体吸收掉一部分之后反射回来的剩余光线所产生的。因此，当光线都被吸收时显示为黑色（减色法），当光线完全被反射时显示为白色（加色法）。

2．CMYK模式

　　CMYK是一种减色模式，CMYK分别代表青色Cyan、品红Magenta、黄色Yellow和黑色Black，如右下图所示。CMYK模式是最佳的打印模式，RGB模式尽管色彩多，但不能完全打印出来。

CMY模式

CMYK模式

3. RGB模式

RGB模式是基于自然界中3种基色光的混合原理,将红（R）、绿（G）和蓝（B）3种基色按照从0（黑）到255（白色）的亮度值在每个色阶中分配,从而指定其色彩,如左下图所示。因为3种颜色每一种都有256个亮度水平级,所以当不同亮度的基色混合后,便会形成1670万种颜色。RGB模式是最常见的色彩模式之一,它在生活中被广泛应用,电视机和计算机的监视器都是基于RGB颜色模式来创建其颜色的。

CMYK模式在本质上与RGB模式没有什么区别,只是产生色彩的原理不同。在RGB模式中,由光源发出的色光混合生成颜色;而在CMYK模式中,由光线照到有不同比例C、M、Y、K油墨的纸上,部分光谱被吸收后,反射到人眼的光产生颜色。

4. HSB模式

HSB模式基于人眼对色彩的观察来定义,在此模式中,所有的颜色都用色相或色调、饱和度、亮度三个特性来描述,如右下图所示。色相是指我们所看到的事物的颜色;饱和度也叫纯度,即颜色的鲜艳度;亮度是颜色明暗的相对关系,范围为0～100（由黑到白）。

RGB模式

HSB模式

5．Lab模式

Lab模式的原型是由CIE协会在1931年制定的一个衡量颜色的标准，在1976年被重新定义并命名为CIELab。此模式解决了由于不同的显示器和打印设备所造成的颜色负值的差异，就是说它不依赖于设备。

Lab模式由三个通道组成，一个通道是亮度，即L，另外两个是色彩通道，用a和b来表示，如左下图所示。a通道的颜色是从深绿（低亮度值）到灰（中亮度值），再到亮粉红色（高亮度值）；b通道则是从亮蓝色（低亮度值）到灰（中亮度值），再到焦黄色（高亮度值）。在处理图像时，如果只需要处理图像的亮度，而又不想影响到它的色彩，就可以使用Lab模式，只在L通道中进行处理。

6．灰度模式

灰度模式的图像中没有颜色信息，只有亮度信息，由0～255共256级灰阶组成，如右下图所示。它与黑白模式不同的是，黑白模式只有黑白两种色质。

Lab模式　　　　　　　　　　　　　　　　灰度模式

1.6.4 图像文件格式

CorelDRAW X6支持JPEG、TIFF、GIF、BMP等多种图像格式，导出图像时可以在"导出"对话框的"保存类型"下拉列表框中选择所需的文件格式，如右图所示。下面介绍其中几种常用的图像文件格式。

1．JPEG格式

JPEG是平时最常用的图像格式，被大多数图形处理软件所支持。如果对图像质量要求不高，但又要存储大量图片，可以使用JPEG格式。但是对于要求进行图像输出打印，最好不使用JPEG格式，因为使用JPEG格式保存的图像经过高倍率的

常用图像文件格式

压缩，可以使图像变得很小，但同时也会丢失部分数据，成像质量低。

2．BMP格式

BMP格式是一种标准的点阵式图像文件格式。BMP格式采用了一种叫RLE的无损压缩格式，对图像质量不会产生什么影响，这种格式被大多数软件所支持，也可以在PC和Macintosh机上通用。

3．GIF格式

GIF是输出图像到网页的一种常用格式，它可以支持动画。GIF格式可以用LZW压缩，从而使文件占用较小的空间。如果使用GIF格式，一定要转换为索引模式，使用色彩数目转为256或更少。

4．PNG格式

PNG格式是专门为Web创造的，是一种将图像压缩到Web上的文件格式。和GIF格式不同的是，PNG格式支持24位图像，不仅限于256色。

1.7　CorelDRAW X6新功能应用

CorelDRAW X6相对于CorelDRAW X5功能更为强大，新增了许多新工具及新功能。此外，CorelDRAW X6还增加了对大量新文件格式的支持，包括Microsoft Office Publisher、Illustrator、Photoshop、PDF、AutoCAD DXF/DWG、Painter等。

1.7.1　新增的手绘选择工具

在CorelDRAW X6以前的版本中，只有手绘工具一种选择对象的工具，而新版本中增加了手绘选择工具，该工具的使用方法如下。

选择工具箱中的手绘选择工具，然后按住鼠标左键并拖动鼠标框选对象（如左下图所示），释放鼠标后即可选中被框选的对象，如右下图所示。

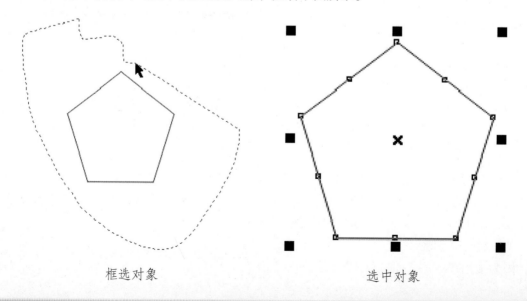

框选对象　　　　　　　　　　　　　选中对象

1.7.2 新增的涂抹工具、转动工具、吸引工具和排斥工具

形状工具组中增加了几个变形工具，它们分别是涂抹工具、转动工具、吸引工具和排斥工具。选中对象（如左下图所示），选择工具箱中的涂抹工具，按住鼠标左键不放，从对象中向外拖动涂抹对象，如右下图所示。

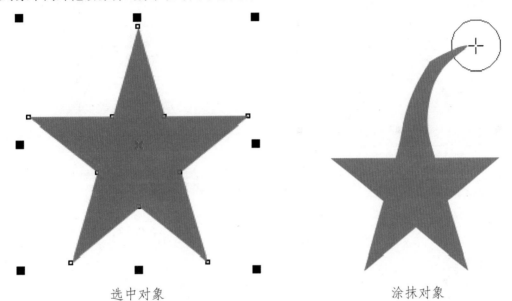

选中对象   涂抹对象

选中对象，然后选择工具箱中的转动工具，按住鼠标左键不放，在对象上顺时针拖动，即可转动对象，如左下图所示。

选中对象，然后选择工具箱中的吸引工具，按住鼠标左键不放，从对象中间向外拖动，即可修改对象，效果如右下图所示。

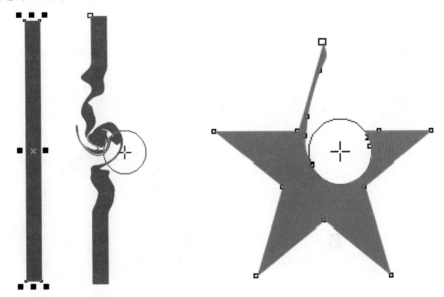

旋转对象   吸引对象

选中对象（如左下图所示），然后选择工具箱中的排斥工具，按住鼠标左键不放，从对象中间向外拖动，也可以修改对象，效果如右下图所示。

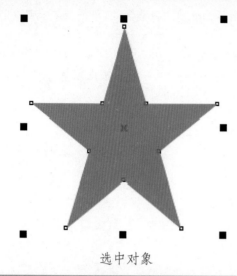
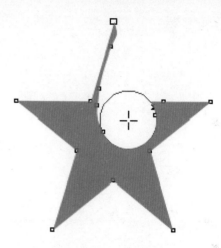

选中对象   排斥对象

1.7.3 轮廓图工具新增的轮廓圆角设置选项

CorelDRAW X6的轮廓图工具中新增了圆角轮廓，可以使对象的边角呈圆角显示。选中对象（如左下图所示），然后选择工具箱中的轮廓图工具⬛，用户可以进行右下图所示的参数设置。

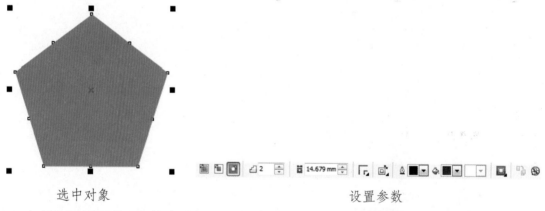

选中对象   设置参数

如果在属性栏中选择轮廓图角为"圆角"选项（如左下图所示），对象将显示为右下图所示的效果。

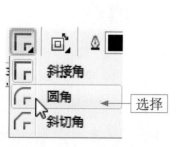

选择"圆角"选项

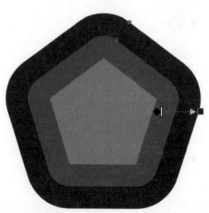

圆角轮廓效果

1.7.4　增强的"图框精确剪裁"功能

"效果"菜单下新增了"图框精确剪裁"功能，与以往的版本相比，X6版本的"图框精确剪裁"功能更为强大，在X6版本中可以使图像内容居中，可以锁定内容，可以按比例调整内容，如下图所示。

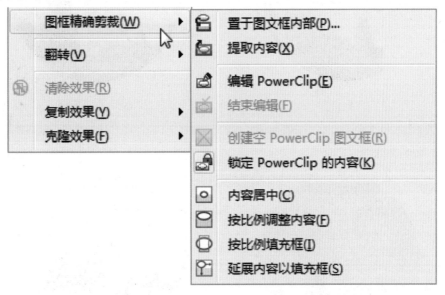

"图框精确剪裁"命令的子菜单

下面通过一个实例介绍"图框精确剪裁"功能的使用方法，其操作步骤如下。

Step 01 选择工具箱中的椭圆形工具 ◯，或按【F7】键，绘制一个椭圆（如左下图所示），按【Ctrl+I】组合键，导入一幅素材图像，如右下图所示。

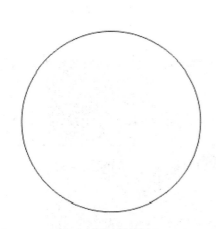

绘制椭圆　　　　　　　　　　　　　　导入素材图像

Step 02 选中素材图片，按住鼠标右键不放，将图片拖动到绘制的椭圆中，当光标变为 ⊕ 形状时释放鼠标，在弹出的快捷菜单中选择"图框精确裁剪内部"命令，得到左下图所示的效果。

Step 03 选择"效果"|"图框精确剪裁"|"内容居中"命令，可使图像居中显示，如右下图所示。

剪裁对象

内容居中

Step 04 选择"效果"|"图框精确剪裁"|"锁定PowerClip的内容"命令，可锁定对象，在缩小或放大椭圆时，图片不会随椭圆大小的改变而改变，如下图所示。

图片大小未改变

Step 05 选中剪裁的对象，选择"效果"|"图框精确剪裁"|"置于图文框内部"命令，用箭头单击另一个图框剪裁对象（如左下图所示），剪裁对象后的效果如右下图所示。

箭头单击另一个图框剪裁对象

再次剪裁对象

经验分享

　　使用图框精确剪裁图像时，另一对象也必须是图框剪裁对象，才可以执行"置于图文框内部"命令。

Chapter 第02章

标志设计

课前导读

　　标志是表明事物特征的符号，它以单纯、显著、易识别的物象、图形或文字符号为直观语言，除表示什么、代替什么之外，还具有表达意义、情感和指令行动等作用。设计师在前期要做相关的调查，分析企业的相关资料，并绘制出相关标志草图，再到电脑上完成最后的制作。本章主要介绍一些标志设计相关的基础知识，以及几个经典标志的制作方法。

本章学习要点

❀ 标志设计理论　　　　　　❀ 房产标志设计
❀ 咖啡标志设计　　　　　　❀ 汽车公司标志设计
❀ 水果店标志设计

精彩效果赏析

2.1 标志设计理念

在进行标志设计之前，需要掌握相关的理论知识。本节将介绍标志的分类、标志设计原则、标志的设计步骤等相关知识。

2.1.1 标志的分类

标志又称logo，是表明事物特征的记号。它以单纯、显著、易识别的物象、图形或文字符号为直观语言，除表示什么、代替什么之外，还具有表达意义、情感和指令行动等作用。标志可分为文字标志、图形标志及图文组合标志。

1. 文字标志

文字标志可以由中文、外文或汉语拼音的单词构成，还可以将文字进行变形，也可以通过绘制图形组成文字的形状。

2. 图形标志

图形标志是通过几何图案或象形图案来表示的标志。图形标志又可分为具象图形标志、抽象图形标志与具象抽象相结合的标志，如左下图所示。

3. 图文组合标志

图文组合标志是将图形和文字同时运用于标志中，图文组合标志集中了文字标志和图形标志的长处，克服了两者的不足，如右下图所示。

YOUR SLOGAN HERE
Company

图形标志   图文组合标志

2.1.2 标志设计原则

标志设计不仅是实用物的设计，也是一种图形艺术的设计。它与其他图形艺术表现手段既有相同之处，又有自己的艺术规律。标志设计具有以下几大设计原则：

❀ 标志的图形、符号既要简练、概括，又要讲究艺术性，吸引眼球，引人注目。标志的色彩要强烈、醒目，抓住产品的特点。

❀ 标志设计必须有独特的个性，容易使公众识别，并留下深刻的印象。

❀ 原创可以是无中生有，也可以在传统与日常生活中加入设计创意，推陈出新。

❀ 标志设计不可与时代脱节，使人有陈旧落后的印象。

❀ 标志可具有明显的地域特征；但相对来说，也可以具有较强的国际形象。

❀ 标志设计必须适用于机构企业所采用的视觉传递媒体。每种媒体都具有不同的特点，商标的应用需适应各类媒体的条件，如下图所示。

旅馆标志

企业标志

2.1.3 标志设计步骤

标志设计不可闭门造车，凭空而来。在设计之前，要收集大量的资料，进行深入的调研，标志设计的步骤如下。

1. 调研分析

在进行标志设计之前，首先要对企业做全面深入的了解，包括经营战略、市场分析以及企业最高领导者的基本意愿，这些都是标志设计开发的重要依据。

2. 提炼要素

提炼要素是为设计开发工作做进一步的准备。依据对调查结果的分析，提炼出标志的结构类型、色彩取向，列出标志所要体现的精神和特点，挖掘相关的图形元素，找出标志设计的方向，使设计工作有的放矢，而不是对文字图形的无目的组合。

3. 进入设计

通过设计师对标志的理解，充分发挥想象，用不同的表现方式，将设计要素融入设计中，标志必须达到含义深刻、特征明显、色彩搭配能适合企业，避免大众化。经过讨论分析或修改，找出适合企业的标志。

4. 标志修正

确定的标志可能在细节上还不太完善，经过对标志的标准制图、大小修正、黑白应用、线条应用等不同表现形式的修正，使标志的使用更加规范，如下图所示。

设
计
师
实
战
应
用

化妆品公司标志　　　　　　　　集团公司标志

2.2　房产标志设计

案例效果

 源文件路径：
光盘\源文件\第2章

 素材路径：
光盘\素材\第2章

 教学视频路径：
光盘\视频教学\第2章

 制作时间：
25分钟

LONGYUANBIEYUAN
龙缘别苑

设 计 与 制 作 思 路

　　本实例制作的是一个房产标志。该标志根据楼盘的名称以"龙"为主要造型元素，同时龙在中国也是高贵、神秘的象征，体现了楼盘的高档品质。标志以圆形为其基本形状，寓意家庭美满团圆。以红色到橙色这两种暖色调的渐变色为主色调，给人以温暖的感觉，寓意生活在小区的居民生活红红火火、沐浴在灿烂的阳光之中。

　　在制作过程中主要通过椭圆形工具、钢笔工具、修剪命令等绘制立体图形，然后使用钢笔工具、形状工具、渐变色的填充等制作"龙"图形，再使用椭圆形工具、交互式透明工具等制作高光，使标志更具立体感，最后使用文字工具输入楼盘名称。

2.2.1　绘制圆形

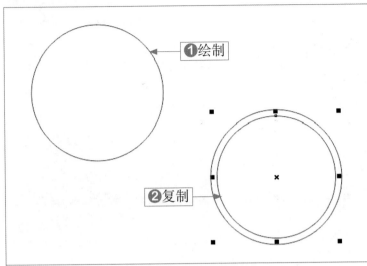

Step 01 绘制圆形❶选择工具箱中的椭圆形工具◯，或按【F7】键，按住【Ctrl】键的同时绘制一个正圆。❷保持圆的选中状态，按住【Shift】键，将光标放到四个角的任意一个控制点上，按住鼠标左键不放，向内等比例缩小对象，到一定位置后单击鼠标右键，复制圆。

❶绘制

❷复制

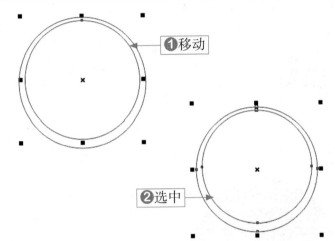

Step 02 移动圆❶按下小键盘上的向上箭头按钮，垂直向上移动复制的圆。❷选择工具箱中的选择工具，然后框选绘制的两个圆形。

❶移动

❷选中

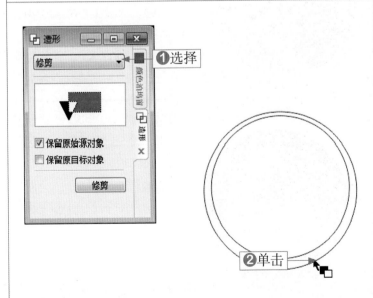

Step 03 修剪圆❶选择"排列"|"造形"|"造形"命令，打开"造形"泊坞窗，在下拉列表框中选择"修剪"选项，并选中"保留原始源对象"复选框。❷单击"修剪"按钮，再单击圆环底部位置，得到修剪后的效果。

❶选择

❷单击

经验分享

这里小圆为原始对象，大圆为目标对象，选中"保留原始源对象"选项后，小圆将被保留。

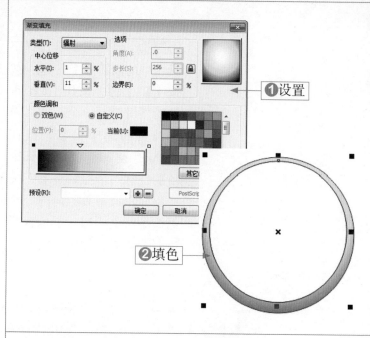

Step 04 填充图形 ❶选中修剪后的图形，用鼠标左键单击工具箱中填充工具 ✿ 右下角的三角形符号，在弹出的隐藏工具组中单击渐变填充按钮 ■，打开"渐变填充"对话框，设置类型为"辐射"，选中"自定义"单选按钮，分别设置几个位置点颜色的CMYK值为：0（C0，M0，Y0，K100）、40（C0，M0，Y0，K20）、100（C0，M0，Y0，K0），如左图所示。❷单击"确定"按钮，对图形进行渐变填充。

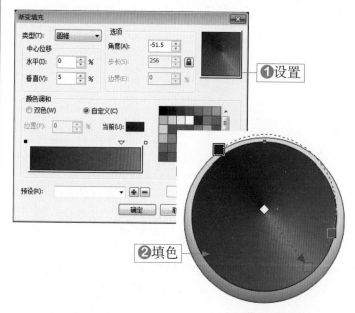

Step 05 填充圆形 ❶选中圆，用鼠标左键单击填充工具 ✿ 右下角的三角形符号，在弹出的隐藏工具组中单击渐变填充按钮 ■，打开"渐变填充"对话框，设置类型为"圆锥"，选择"自定义"选项，分别设置几个位置点颜色的CMYK值为：0（C0，M100，Y100，K60）、80（C0，M90，Y100，K0）、100（C0，M60，Y100，K0），如左图所示。❷单击"确定"按钮，对小圆图形进行渐变填充。

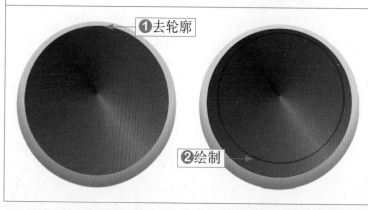

Step 06 绘制圆 ❶框选所有图形，单击调色板中的⊠图标，去掉轮廓。❷选择工具箱中的椭圆形工具 ◯，绘制一个圆，并按下【Ctrl+G】组合键将其转换为曲线。

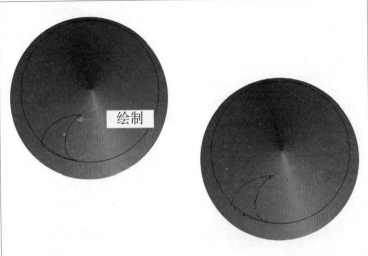

绘制

Step 07 绘制图形 选择工具箱中的钢笔工具 🖊，绘制一个三角形，然后使用形状工具对其进行编辑，得到如左图所示的图形。

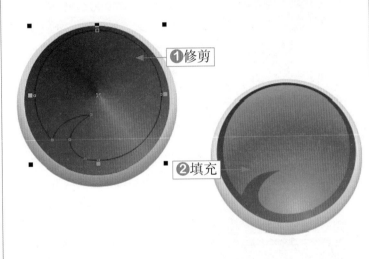

❶修剪

❷填充

Step 08 修剪图形❶选择工具箱中的选择工具 ▷，按住【Shift】键，同时选中圆和新绘制的图形，单击属性栏中的"移除前面对象"按钮 🗗，修剪图形。❷按下【F11】键，打开"渐变填充"对话框，对图像应用辐射渐变填充，设置颜色从黄色（C0，M20，Y100，K0）到红色（C0，M100，Y100，K0）。

2.2.2 制作其余图形与文字

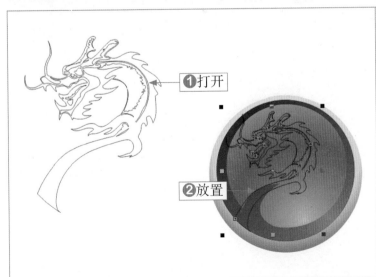

❶打开

❷放置

Step 01 导入图形❶按下【Ctrl+O】组合键，打开本书配套光盘中的"光盘\素材\第2章\龙.cdr"文件。❷复制一次素材图形，将其放到渐变圆形中，如左图所示。

设计师实战应用

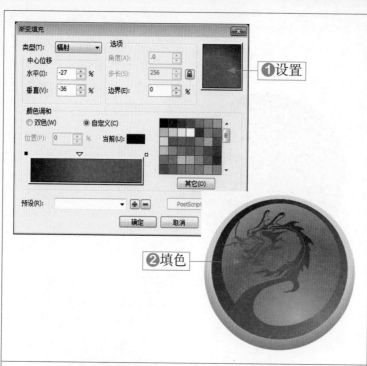

❶设置

❷填色

Step 02 填充图形❶选中图形，用鼠标左键单击工具箱中填充工具 右下角的三角形符号，在弹出的隐藏工具组中单击渐变填充按钮，打开"渐变填充"对话框，设置类型为"辐射"，选择"自定义"选项，分别设置几个位置点颜色的值为：0（C56，M100，Y86，K48）、44（C2，M100，Y100，K0）、100（C0，M91，Y100，K6），如左图所示。❷单击"确定"按钮，对导入的图形进行渐变填充，并去掉其轮廓。

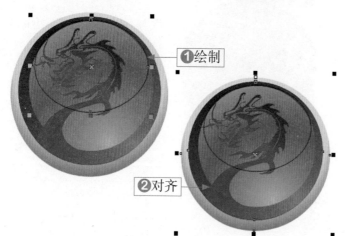

❶绘制

❷对齐

Step 03 绘制椭圆❶选择工具箱中的椭圆形工具 ，绘制一个椭圆。❷选择工具箱中的选择工具 ，按住【Shift】键，同时选中椭圆和最外面的图形，按下【C】键，将它们居中对齐。

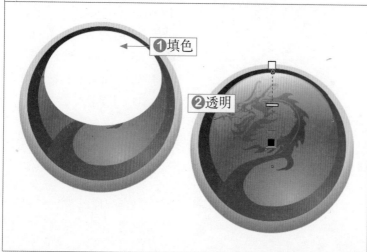

❶填色

❷透明

Step 04 制作高光效果❶选中椭圆，填充椭圆为白色，并去掉轮廓。❷选择工具箱中的透明度工具 ，为椭圆应用透明效果，在属性栏的"透明度类型"下拉列表框中选择"线性"选项，色块起始位置如左图所示。

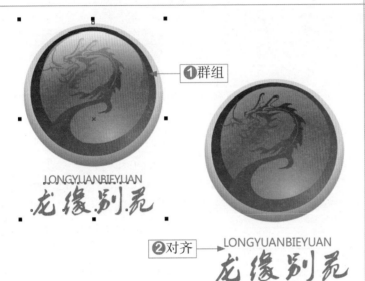

Step 05 输入文字❶选择工具箱中的文字工具**字**，输入名称拼音，设置文字字体为方正大黑简体、颜色为橘色（C0，M75，Y100，K0）。❷选择文字工具**字**，输入公司名称中文，设置文字字体为方正大黑简体、颜色为橘色（C0，M75，Y100，K0）。

Step 06 对齐文字❶选择工具箱中的选择工具，按住【Shift】键，同时选中下面的两行文字，按下【Ctrl+G】组合键，将文字群组。❷选择工具箱中的选择工具，按住【Shift】键，同时选中群组的文字与最外面的圆环，按下【C】键，将它们居中对齐。

知 识 链 接

选中群组的对象，按下【Ctrl+U】组合键可以将群组的对象解散。

2.3 咖啡标志设计

案例效果

源文件路径：
光盘\源文件\第2章

素材路径：
无

教学视频路径：
光盘\视频教学\第2章

制作时间：
18分钟

设计师实战应用

设计与制作思路

　　本实例制作的是一个咖啡标志。此标志基本上为一个对称的造型，给人以平稳、舒适的感觉。在细节上两杯咖啡在设计上有所差异，咖啡杯上飘出的烟雾造型上有所不同，在统一中体现了变化。

　　在制作过程中主要通过矩形工具、钢笔工具、文字工具等绘制基本图形，然后使用钢笔工具、形状工具、对象的镜像等制作咖啡杯图形。

2.3.1 绘制标志造型

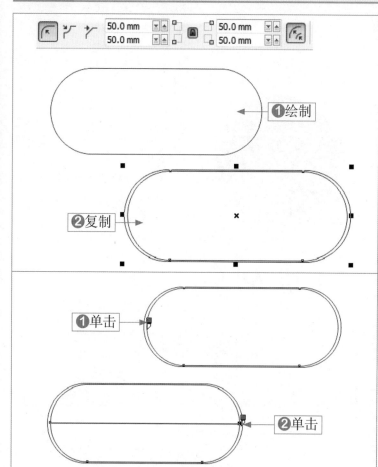

Step 01 绘制矩形①选择工具箱中的矩形工具□，在属性栏中单击圆角图标，设置圆角半径为50mm，拖曳鼠标，绘制圆角矩形。②保持圆角矩形的选中状态，按住【Shift】键，将光标放到矩形四个角的任意一个控制点上，按住鼠标左键不放，向内等比例缩小对象，到一定位置后单击鼠标右键，复制圆角矩形。

Step 02 分割图形①选择工具箱中的刻刀工具✐，将光标放于左上图所示的位置，单击鼠标左键。②再将光标放于左下图所示的位置，单击鼠标左键，切割矩形。

经验分享

　　刻刀工具为▮形状时，才可切割对象。

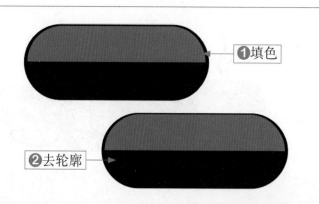

Step 03 填充图形①选中圆角矩形，填充图形颜色为黑色；选中上面的图形，填充图形颜色为浅绿色（C100，M0，Y100，K0）；选中下面的图形，填充图形颜色为深绿色（C92，M64，Y84，K53）。②选择工具箱中的选择工具▯，同时框选三个图形，去掉轮廓。

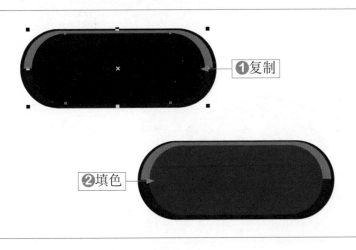

Step 04 复制图形❶选中最下面的圆角矩形，按住【Shift】键，将光标放到四个角的任意一个控制点上，按住鼠标左键不放，向内等比例缩小对象，到一定位置后单击鼠标右键，复制圆角矩形。❷改变图形颜色为绿色（C95，M52，Y95，K25）。

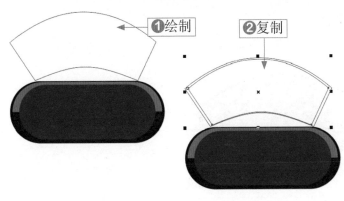

Step 05 绘制图形❶选择工具箱中的钢笔工具 🖊，绘制图形，使用形状工具 ♦ 调整图形。❷保持图形的选中状态，按住【Shift】键，将光标放到四个角的任意一个控制点上，按住鼠标左键不放，向内等比例缩小对象，到一定位置后单击鼠标右键，复制图形。

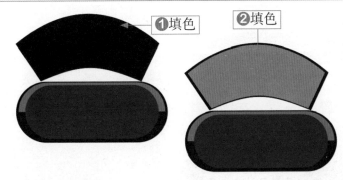

Step 06 填充图形❶选择工具箱中的选择工具 🔦，选中下面的图形，填充图形颜色为黑色。❷选中上面的图形，填充图形颜色为黄色（C0，M60，Y100，K0）。

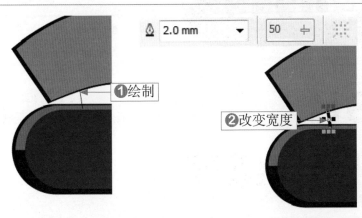

Step 07 绘制直线❶选择贝塞尔工具 ✎，绘制直线。❷在属性栏中设置直线的轮廓宽度为2mm。

经验分享

选择"排列"|"将轮廓转换为对象"命令，可以将轮廓对象变为普通对象，进行填色。

设
计
师
实
战
应
用

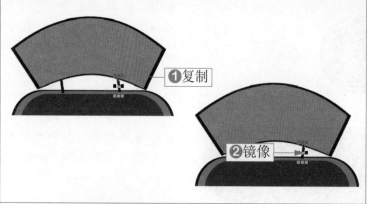

❶复制

❷镜像

Step 08 复制图形❶保持图形的选中状态，按住【Ctrl】键，按住鼠标左键不放，向右拖动对象到一定位置后单击鼠标右键，复制图形。❷单击属性栏中的"水平镜像"按钮，将复制的图形水平镜像。

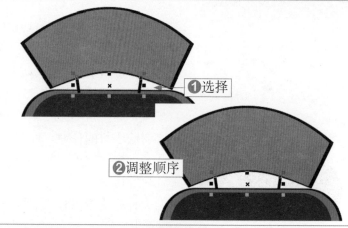

❶选择

❷调整顺序

Step 09 调整图层顺序❶选择工具箱中的选择工具，按住【Shift】键，同时选中椭圆和最外面的图形。❷按下【Shift+PageDown】组合键，将它们的图层顺序调整到最下面一层。

❶输入

❷填色

Step 10 输入文字❶选择工具箱中的文字工具字，或按下【F8】键，输入文字，然后设置文字字体为BookmanOldStyle、颜色为黑色。❷按下【Ctrl+C】组合键，再按下【Ctrl+V】组合键，在原处复制文字。改变复制的文字颜色为白色，选择工具箱中的选择工具，将复制的文字向左上角移动一定距离，如左图所示。

CHERISH

❶输入

❷调整

CHERISH

Step 11 输入文字❶选择文字工具，输入文字，设置文字字体为ArialBlack、颜色为黑色。❷按下【F10】键，向左拖动，调整文字的间距。

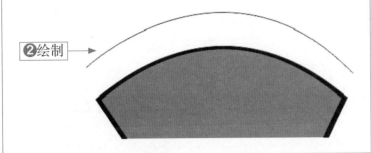

①调整

②绘制

Step 12 绘制曲线❶选中文字，将光标放到上方中间的控制点上，向上拖动，增加文字的高度。❷选择工具箱中的钢笔工具 🖋，绘制一条曲线，其弧度与下面的图形基本一致。

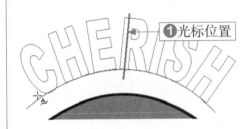

❶光标位置

❷单击

Step 13 使文本适合路径❶选中文字，选择"文本"|"使文本适合路径"命令，将光标移到曲线上，如左上图所示。❷单击鼠标左键，得到如左下图所示的效果。

知识链接

在曲线中输入文字时，需要注意光标插入的位置，输入的文字将从插入的位置向后移动。

❶放置

❷复制

Step 14 复制文字❶选择"排列"|"拆分在一路径上的文本"命令，将文字和曲线拆分。删除曲线，将文字适当缩小后放到图形上。❷按下【Ctrl+C】组合键，再按下【Ctrl+V】组合键，在原处复制文字。改变复制的文字颜色为白色，选择工具箱中的选择工具 ↖，将复制的文字向左上角移动一定距离。

2.3.2 绘制咖啡杯

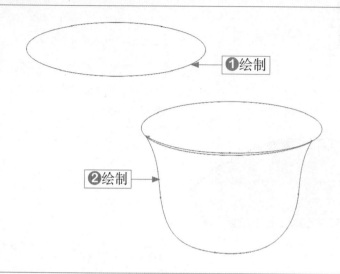

①绘制

②绘制

Step 01 绘制杯身❶选择工具箱中的椭圆形工具◯，绘制一个椭圆。❷选择工具箱中的钢笔工具🖋，绘制杯身，并使用形状工具🔧，调整杯身形状，如左图所示。

经验分享

　　复制一个杯身图形，放在一旁，下面的操作中将会用到它。

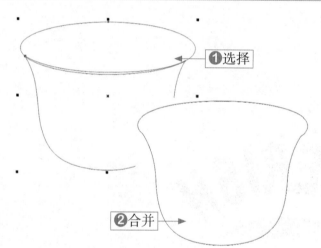

①选择

②合并

Step 02 合并图形❶选择工具箱中的选择工具�，框选两个图形。❷单击属性栏中的"合并"按钮🖵，合并图形，如左图所示。

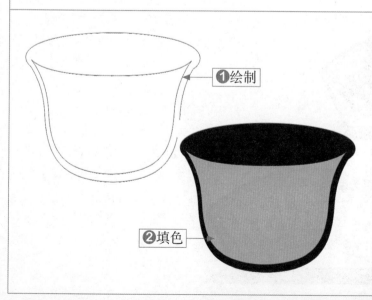

①绘制

②填色

Step 03 填充图形❶在如左图所示的位置再绘制一个杯身造型。❷填充结合后的图形颜色为深棕色（C49，M67，Y89，K63），填充上面图形颜色为浅棕色（C0，M30，Y60，K0），然后去掉其轮廓。

Step 04 绘制椭圆 ❶选择工具箱中的椭圆形工具 ◯，绘制一个椭圆。❷填充椭圆的颜色为浅棕色（C0，M60，Y80，K20），并去掉其轮廓，如左图所示。

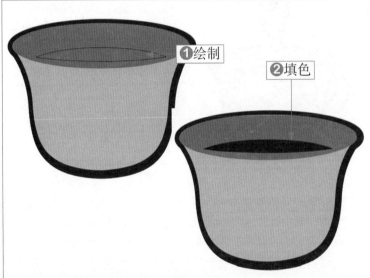

Step 05 绘制图形 ❶选择工具箱中的钢笔工具 ⟨，绘制图形，使用形状工具 ⟨，调整图形形状。❷填充图形颜色为深棕色（C49，M67，Y89，K63），去掉轮廓。

Step 06 绘制图形 ❶选择工具箱中的钢笔工具 ⟨，结合形状工具 ⟨，绘制图形。❷填充图形颜色为红浅棕色（C0，M40，Y70，K0），去掉轮廓，如左图所示。

设计师实战应用

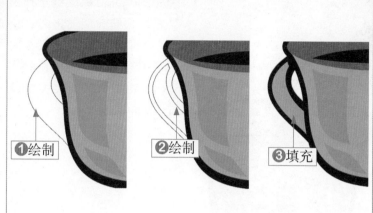

①绘制　②绘制　③填充

Step 07 绘制把手❶选择工具箱中的钢笔工具 🖋，绘制图形，使用形状工具 ⬚，调整图形形状。❷使用相同的方法，再绘制一个图形。❸填充第一个图形颜色为深棕色（C49，M67，Y89，K63），填充第二个图形颜色为浅棕色（C0，M30，Y60，K0），去掉轮廓。

①绘制　②填色

Step 08 绘制热烟❶选择工具箱中的钢笔工具 🖋，结合形状工具 ⬚，绘制图形。❷填充图形颜色为深棕色（C49，M67，Y89，K63），去掉轮廓。

①镜像　②显示节点

Step 09 复制并镜像❶复制一个咖啡杯图形，单击属性栏中的"水平镜像"按钮 ⬛，将复制的图形水平镜像。❷选中左边的烟雾图形，选择工具箱中的形状工具 ⬚，显示节点。

①调整　②调整

Step 10 改变形状❶通过调整节点位置和节点两边的调节杆，调整图形形状。❷选中右边的烟雾图形，选择工具箱中的形状工具 ⬚，调整图形形状，如左图所示。

Step 11 放置图形❶选择工具箱中的选择工具 ▾，分别选中两个咖啡杯图形，按下【Ctrl+G】组合键，分别将两个咖啡杯群组。❷将两个咖啡杯放在文字图形的两端，同时选中两个咖啡杯，按下【T】键，将它们的顶部对齐。❸按下【Shift+PageDown】组合键，将它们的图层顺序调整到最下面一层，如左图所示。

2.4 汽车公司标志设计

案例效果

 源文件路径：
光盘\源文件\第2章

 素材路径：
无

 教学视频路径：
光盘\视频教学\第2章

 制作时间：
20分钟

设计与制作思路

　　本实例制作的是一个汽车公司的标志。根据公司名称"DOUBLE HORSES"，以两个马头为基本造型元素，以马来象征车子的速度和耐力，同时标志中还使用了圆形为造型元素，放于马头下方，带给人以车轮高速旋转的感觉，中间的字母"M"是"马"的声母，圆环中的文字是公司的英文名称，字母"M"左右对称的形状与左右对称的马头相呼应。在制作过程中主要通过钢笔工具、形状工具、对象的镜像绘制马头，再使用椭圆形工具、文字工具等制作下方的圆和文字。本例的难点是弯曲文字的制作，在制作过程中还要注意标志的精确制图方法，所有图形和文字都必须居中。

2.4.1 绘制马头

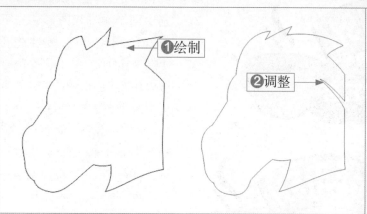

❶绘制

❷调整

Step 01 绘制图形❶选择工具箱中的钢笔工具 🖋，绘制马头的轮廓部分。❷选择工具箱中的形状工具 🖎，调整所绘图形形状。

经验分享

使用钢笔工具绘制图形时，按住【Alt】键可使调节杆回到节点处。

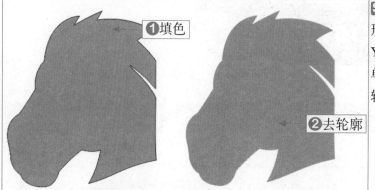

❶填色

❷去轮廓

Step 02 填充图形❶填充图形颜色为黄色（C0，M30，Y100，K15）。❷用鼠标右键单击调色板中的⊠按钮，去掉轮廓。

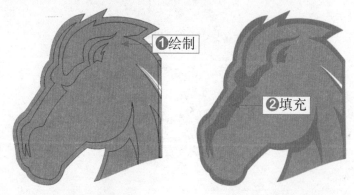

❶绘制

❷填充

Step 03 绘制图形❶选择工具箱中的钢笔工具 🖋，结合形状工具 🖎，绘制图形。❷填充图形颜色为蓝色（C100，M0，Y0，K0），去掉轮廓。

❶绘制

❷填充

Step 04 绘制图形❶选择工具箱中的钢笔工具 🖋，结合形状工具 🖎，绘制马的眼睛和嘴等部分。❷填充图形颜色为蓝色（C100，M0，Y0，K0），去掉轮廓。

Step 05 绘制眼珠❶选择工具箱中的钢笔工具✒，结合形状工具↖，绘制眼珠部分。❷填充图形颜色为白色，去掉轮廓。

①绘制　②填充

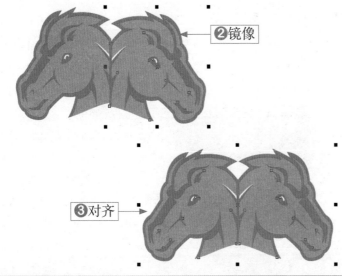

Step 06 复制马头❶选择工具箱中的选择工具↖，框选马头图形，按下【Ctrl+G】组合键，将图形群组。❷复制马头，单击属性栏中的水平镜像按钮，水平镜像图形。❸选择工具箱中的选择工具↖，按住【Shift】键，同时选中群组的两个马头图形，按下【T】键，将它们顶部对齐。

②镜像　③对齐

2.4.2 制作圆形及文字

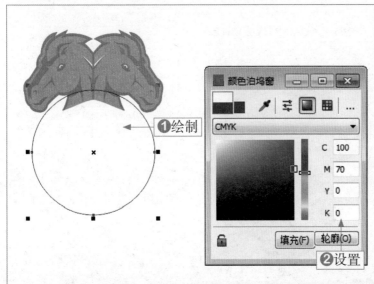

Step 01 绘制圆❶选择工具箱中的椭圆形工具○，按住【Ctrl】键的同时绘制一个圆。❷选择"窗口"|"泊坞窗"|"彩色"命令，打开"颜色泊坞窗"，在"颜色泊坞窗"中设置颜色参数，然后单击"轮廓"按钮，对圆形的轮廓部分进行填充。

①绘制

颜色泊坞窗

CMYK

C 100
M 70
Y 0
K 0

填充(F)　轮廓(O)
②设置

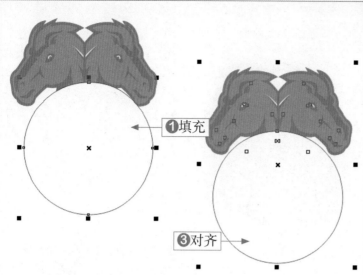

①填充

③对齐

Step 02 填充圆 ❶填充圆的颜色为白色。❷选择工具箱中的选择工具 ，框选两个马头，按下【Ctrl+G】组合键，将图形群组。❸选择工具箱中的选择工具 ，按住【Shift】键，同时选中群组的马头与圆，按下【C】键，将它们居中对齐。

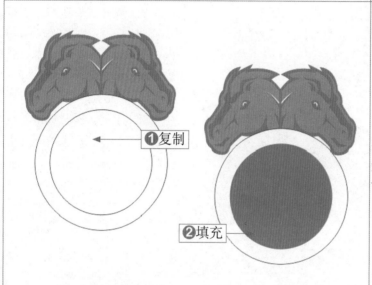

①复制

②填充

Step 03 复制圆 ❶保持圆的选中状态，按住【Shift】键，将光标放到四个角的任意一个控制点上，按住鼠标左键不放，向内等比例缩小对象，到一定位置后单击鼠标右键，复制圆。❷填充图形颜色为蓝色（C100，M0，Y0，K0），去掉轮廓。

DOUBLEHORSES AUTOMOBILE COMPANY LIMITED

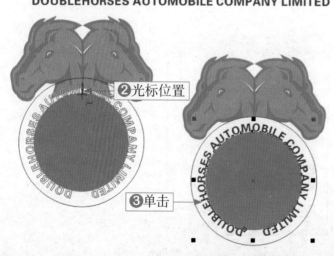

②光标位置

③单击

Step 04 使文本适合路径 ❶选择工具箱中的文字工具，输入公司名称，设置文字字体为方正大黑简体、颜色为蓝色（C99，M73，Y11，K0）。❷选中文字，选择"文本"|"使文本适合路径"命令，将光标移到小圆上。❸单击鼠标左键，得到如左图所示的效果。

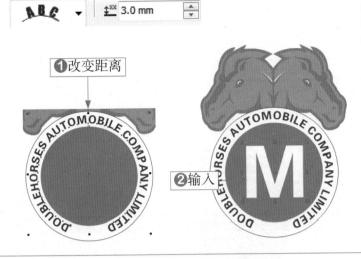

Step 05 输入文字 **①** 在属性栏中设置"改变与路径的距离"为3mm，得到如左图所示的效果。 **②** 选择工具箱中的文字工具，输入字母"M"，设置文字字体为方正大黑简体、颜色为白色。

①改变距离

②输入

Step 06 文字居中选择工具箱中的选择工具 ，按住【Shift】键，同时选中字母与最外面的圆，按下【C】键和【E】键，将它们居中对齐。

2.5　水果店标志设计

案例效果

	源文件路径： 光盘\源文件\第2章
	素材路径： 无
	教学视频路径： 光盘\视频教学\第2章
	制作时间： 20分钟

设计与制作思路

本实例制作的是一个水果店的标志。该标志由英文"FRUIT"的变形图形组成，其造型活泼可爱。其中使用了红、绿、黄等多种颜色，体现了水果的多样化、丰富性。字母"I"上的叶子起到了画龙点睛的作用，让人耳目一新，且易吸引眼球。

2.5.1 绘制字母图形

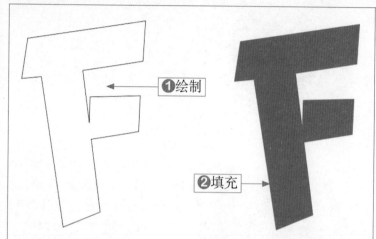

Step 01 绘制图形 ❶选择工具箱中的钢笔工具 🖋，绘制图形。❷填充图形颜色为绿色（C100，M0，Y100，K0），用鼠标右键单击调色板中的无轮廓图标⊠，去除轮廓色。

❶绘制
❷填充

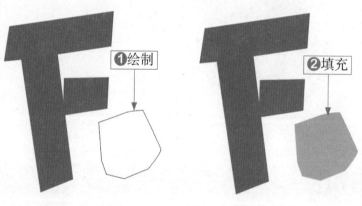

Step 02 绘制图形 ❶选择工具箱中的钢笔工具 🖋，绘制图形。❷填充图形颜色为浅绿色（C40，M0，Y100，K0），去掉轮廓。

❶绘制
❷填充

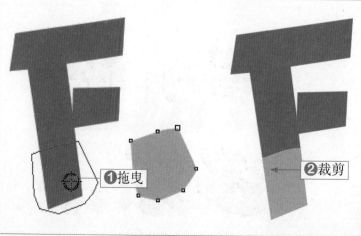

Step 03 裁剪图形 ❶选中图形，按住鼠标右键不放，将图形拖曳到图形"F"中。❷释放鼠标，在弹出的快捷菜单中选择"图框精确裁剪内部"命令，得到如左图所示的效果。

❶拖曳
❷裁剪

经验分享

释放鼠标时蓝线框的位置即为图形修剪后的位置。

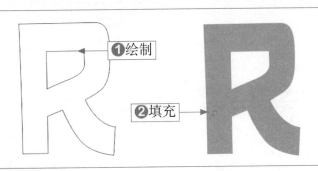

①绘制

②填充

Step 04 绘制图形❶选择工具箱中的钢笔工具 ✎，绘制图形，使用形状工具 ↳调整图形。❷填充图形颜色为浅红色（C0，M45，Y51，K0），去掉轮廓。

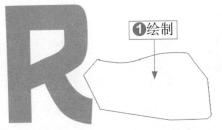

①绘制

②填充

Step 05 绘制图形❶选择工具箱中的钢笔工具 ✎，绘制图形，使用形状工具 ↳调整图形。❷填充图形颜色为红色（C0，M96，Y96，K0），去掉轮廓。

知识链接

在绘制曲线图形时，通常情况下都是结合贝塞尔工具、钢笔工具和形状的使用，绘制出各种造型的曲线图像。

Step 06 裁剪图形❶选中图形，按住鼠标右键不放，将图形拖曳到图形"R"中。❷释放鼠标，在弹出的快捷菜单中选择"图框精确裁剪内部"命令，得到如左图所示的效果。

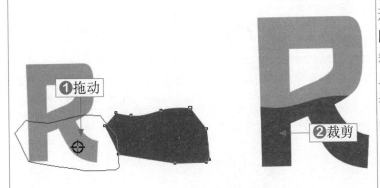

①拖动

②裁剪

Step 07 绘制图形❶选择工具箱中的钢笔工具 ✎，绘制图形，使用形状工具 ↳调整图形。❷填充图形颜色为黄色（C4，M7，Y94，K0），去掉轮廓。

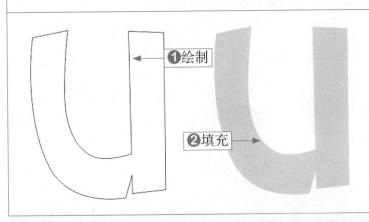

①绘制

②填充

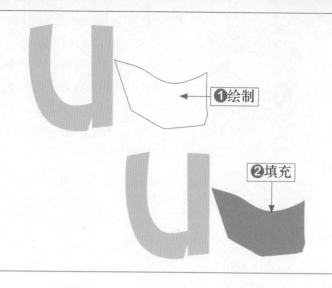

Step 08 绘 制 图 形 ❶ 选 择 工具箱中的钢笔工具 🖋，绘制图形，使用形状工具 ↖ 调整图形。❷ 填充图形颜色为浅橘色（C0，M40，Y80，K0），去掉轮廓。

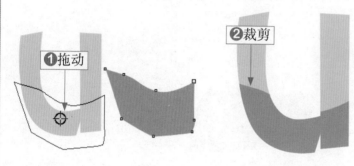

Step 09 裁剪图形 ❶ 选中图形，按住鼠标右键不放，将图形拖曳到图形"U"中。❷ 释放鼠标，在弹出的快捷菜单中选择"图框精确裁剪内部"命令，得到如左图所示的效果。

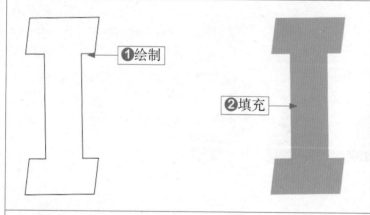

Step 10 绘 制 图 形 ❶ 选 择 工具箱中的钢笔工具 🖋，绘制图形，使用形状工具 ↖ 调整图形。❷ 填充图形颜色为黄色（C2，M24，Y85，K0），去掉轮廓。

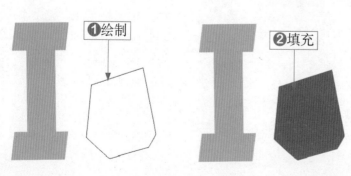

Step 11 绘 制 图 形 ❶ 选 择 工具箱中的钢笔工具 🖋，绘制图形，使用形状工具 ↖ 调整图形。❷ 填充图形颜色为橘黄色（C1，M73，Y86，K0），去掉轮廓。

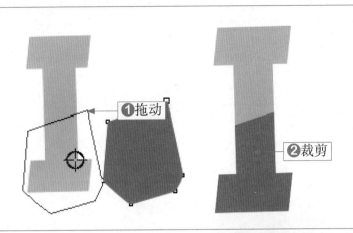

Step 12 裁剪图形❶选中图形，按住鼠标右键不放，将图形拖曳到图形"I"中。❷释放鼠标，在弹出的快捷菜单中选择"图框精确裁剪内部"命令，得到如左图所示的效果。

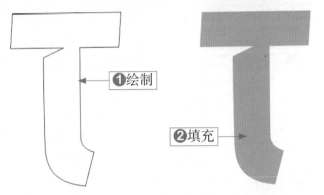

Step 13 绘制图形❶选择工具箱中的钢笔工具，绘制图形，使用形状工具调整图形。❷填充图形颜色为浅绿色（C44，M1，Y100，K0），去掉轮廓。

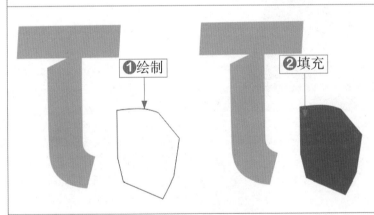

Step 14 绘制图形❶选择工具箱中的钢笔工具，绘制图形，使用形状工具调整图形。❷填充图形颜色为绿色（C79，M26，Y97，K1），去掉轮廓。

Step 15 裁剪图形❶选中图形，按住鼠标右键不放，将图形拖曳到图形"T"中。❷释放鼠标，在弹出的快捷菜单中选择"图框精确裁剪内部"命令，得到如左图所示的效果。

2.5.2 绘制树叶

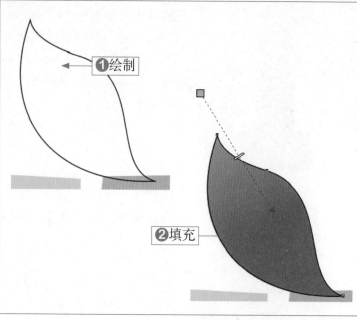

Step 01 绘制图形❶选择工具箱中的钢笔工具，绘制图形，选择形状工具，通过调整节点的位置和节点两端的调节杆调整图形形状。❷单击渐变填充按钮，打开"渐变填充"对话框，设置类型为"线性"，选中"自定义"单选按钮，分别设置几个位置点颜色的CMYK值为：0（C40，M0，Y100，K0）、100（C76，M25，Y100，K0），对图形进行填充。

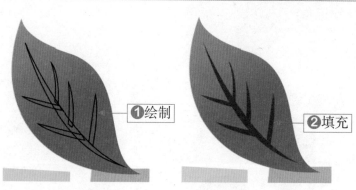

Step 02 绘制图形❶选择工具箱中的钢笔工具，绘制图形，使用形状工具调整图形。❷填充图形颜色为绿色（C91，M51，Y100，K22），去掉轮廓。

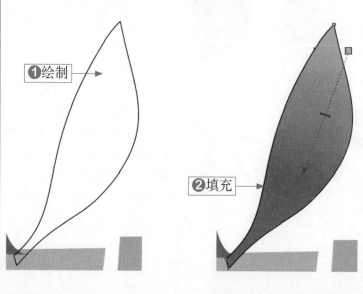

Step 03 绘制图形❶选择工具箱中的钢笔工具，绘制图形，选择形状工具，通过调整节点的位置和节点两端的调节杆调整图形形状。❷单击渐变填充按钮，打开"渐变填充"对话框，设置类型为"辐射"，选中"自定义"单选按钮，分别设置几个位置点颜色的CMYK值为：0（C40，M0，Y100，K0）、100（C76，M25，Y100，K0），对图形进行填充，效果如左图所示。

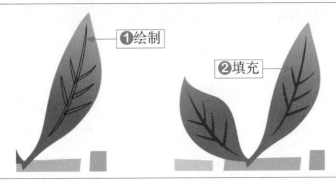

①绘制

②填充

Step 04 绘制图形 ① 选择工具箱中的钢笔工具 ，绘制图形，使用形状工具 调整图形。② 填充图形颜色为绿色（C91，M51，Y100，K22），去掉轮廓。

①调整

②复制

Step 05 调整图形 ① 选择工具箱中的选择工具 ，框选树叶，按下【Shift+Page Down】组合键，将它的图层顺序调整到最下面一层。② 按下【Ctrl+C】组合键，再按下【Ctrl+V】组合键，在原处复制图形，改变复制图形的颜色为黑色，将图形向右下方移动一定位置。

①调整

②输入

Step 06 输入文字 ① 选中复制的图形，按下【Shift+PageDown】组合键，将它的图层顺序调整到最下面一层。② 选择文字工具，输入文字，设置文字字体为方正琥珀简体、大小为45pt。按下【G】键，从上向下拖动，为文字应用线性渐变填充，设置起点为橘色、终点为黄色。

①复制

②调整

Step 07 调整图形 ① 选中文字，按下【Ctrl+C】组合键，再按下【Ctrl+V】组合键，在原处复制图形，改变文字颜色为黑色，将图形向右下方移动一定位置。② 按下【Shift+PageDown】组合键，将它的图层顺序调整到最下面一层。

2.6　CorelDRAW技术库

在本章案例的制作过程中，运用到了矩形工具、椭圆形工具和颜色的填充等操作，下面将具体介绍它们的应用。

2.6.1　绘制矩形

选择工具箱中的矩形工具□，或按下【F6】键，在工作区中按住鼠标左键并拖动，确定大小后，释放鼠标左键，即可完成矩形的绘制，如左下图所示。

用户可以通过矩形工具属性栏改变其位置与大小。在属性栏上的对象位置 x: -175.459 mm y: 164.673 mm 文本框中设置矩形的位置，在对象的大小 170.554 mm 121.299 mm 文本框中可以设置矩形的大小，如右下图所示。

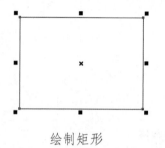

绘制矩形　　　　　　　　　　　　　　矩形工具属性栏

在绘制出矩形后，选择形状工具 ，选中矩形边角上的一个节点并按住鼠标左键拖动（如左下图所示），矩形将变成有弧度的圆角矩形（如右下图所示）。此外，也可以通过属性栏中的参数设置绘制圆角矩形。

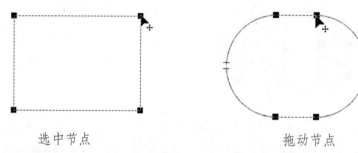

选中节点　　　　　　　　　　　　　　拖动节点

2.6.2　绘制椭圆

选择工具箱中的椭圆形工具○，或按下【F7】键，在工作区中按住鼠标左键并拖动鼠标到需要的位置，确定大小后，释放鼠标左键，即可完成椭圆的绘制，如左下图所示。右下图所示为椭圆形工具属性栏。在对象的大小 159.527 mm 155.116 mm 文本框中可以设置椭圆的大小。

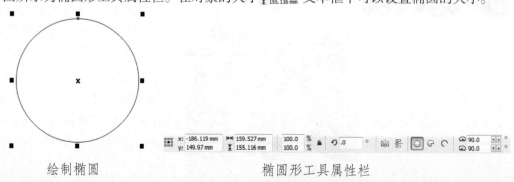

绘制椭圆　　　　　　　　　　　　　　椭圆形工具属性栏

单击属性栏中的饼图按钮 ⟨，可以得到饼形；单击属性栏中的弧形按钮 ⟨，可以得到弧线，如下图所示。

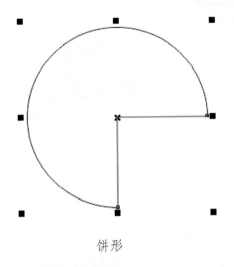

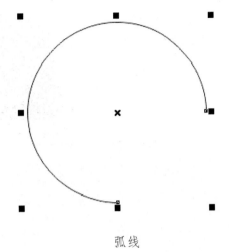

饼形   弧线

经 验 分 享

在绘制椭圆时，按住【Ctrl】键再拖曳鼠标，可以绘制正圆；按住【Shift】键，则可以绘制以起点为中心的椭圆；同时按住【Ctrl+Shift】组合键，可以绘制以起点为中心的正圆。需注意的是，完成绘制后要先释放鼠标左键，再释放【Ctrl】键和【Shift】键。

2.6.3 颜色的填充

在CorelDRAW X6中，主要是通过填充来完成图形对象的色彩设计。CorelDRAW X6提供了多种色彩填充方式，下面将分别进行介绍。

1. 使用调色板填色

CorelDRAW有预制的十多个调色板，可通过选择"窗口"|"调色板"命令将其打开，在要使用的颜色块上按下鼠标左键，就可以使用该颜色填充目标对象。

用户也可将调色板中的颜色拖曳至目标对象上，当光标变为 ▸■形状时释放，即可完成对对象的填充。

2. 使用自定义标准填充

虽然CorelDRAW拥有十几个默认的调色板，但相对于数量上百万的可用颜色来说，也只是其中很少的一部分。很多情况下，都需要自行对标准填充所使用的颜色进行设定，大家可以通过"均匀填充"对话框来进行设置，其操作步骤如下：

Step 01 先选中要填色的目标对象（如左下图所示），再单击工具箱中的均匀填充按钮■，弹出"均匀填充"对话框，单击"模型"选项卡，如中图所示。

Step 02 在"均匀填充"对话框的颜色窗口中，直观地选定所需的颜色，也可以在右侧通过输入准确的颜色值进行设置。单击"确定"按钮后，即可用所设定的颜色对对象进行填充，如右下图所示。

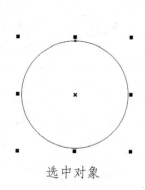 

选中对象　　　　　　　"均匀填充"对话框　　　　　　填充对象

3. 用"颜色泊坞窗"填色

使用"颜色泊坞窗"也可填充图形，它是标准填充的另一种形式。选择"窗口"|"泊坞窗"|"彩色"命令，可打开"颜色泊坞窗"，其操作步骤如下：

Step 01 选中对象（如左下图所示），在"颜色泊坞窗"中拖动色块可显示不同的颜色，再在泊坞窗中单击就可以设置精确的颜色参数，如中图所示。

Step 02 单击泊坞窗中的"填充"按钮，即可填充颜色，如右下图所示。

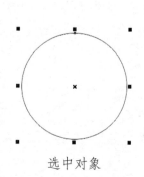  

选中对象　　　　　　　设置颜色　　　　　　　填充对象

4. 使用颜色吸管工具填充

使用颜色吸管工具可以将一种对象的颜色填充到另外一个图形对象上。通过这种取色方式，会记录下源对象的填充属性，包括标准填充、渐变填充、图案填充、底纹填充、PostScript填充以及位图的颜色，然后可使用油漆桶对目标对象进行相同的填充，类似于直接拷贝源对象的填充，其操作步骤如下：

Step 01 单击工具箱中的颜色吸管工具，在源对象上的任意位置单击鼠标左键吸取颜色，如左下图所示。

Step 02 再直接在目标对象（如圆形）上单击鼠标左键，即可将吸取的颜色填充到目标对象上，如右下图所示。

吸取颜色　　　　　　　　　　　　　　　　填充对象

5. 渐变填充

渐变填充也称喷泉式填充，在CorelDRAW X6中，为用户提供了线形、射线、圆锥和方角四种渐变填充类型；颜色的调和方式主要提供了双色调和与自定义调和两种。双色调和用于简单的渐变填充，自定义调和用于多种渐变色的填充，需要在渐变轴上自定义设置颜色的控制点和颜色参数。选中对象，单击工具箱中的渐变填充工具■或按下【F11】键，将弹出如左下图所示的"渐变填充"对话框。选中"自定义"单选按钮后，该对话框如右下图所示。

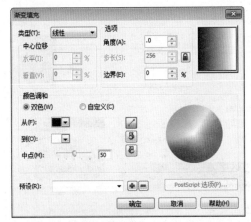

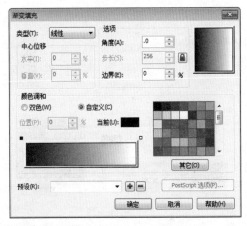

"渐变填充"对话框　　　　　　　　　　　选中"自定义"单选按钮

（1）双色渐变填充

CorelDRAW中的渐变类型主要提供了线性、射线、圆锥和方角四种渐变填充方式，可以在"类型"下拉列表框中设置需要的渐变填充方式，下图所示分别为双色填充的四种渐变效果。

线性填充　　　　　　射线填充　　　　　　圆锥填充　　　　　　方角填充

渐变填充方式

❀ 角度：用于设置渐变填充的角度，其范围在−360°～360°之间。

❀ 步长：用于设置渐变的阶层数，默认设置为256。数值越大，渐变的层次就越多，对渐变色的表现就越细腻。

❀ 边界：用于设置边缘的宽度，其取值范围在0～49之间，数值越大，相邻颜色间的边缘就越窄，其颜色的变化就越明显。

❀ 颜色调和：在"颜色调和"中提供了"双色"和"自定义"两个选项。在"双色"选项栏中分别提供了两个颜色挑选器，用于选择渐变填充的起始色，"中点"滑块用于设置两种颜色的中心点位置；在"颜色调和"选项栏中还为用户提供了选择颜色线形变化方式的三个按钮，渐变中的取色将由线条曲线经过色彩的路径进行设置。

▱：此按钮表示两种颜色在色轮上以直线方向渐变。

▣：此按钮表示两种颜色在色轮上以逆时针方向渐变。

▣：此按钮表示两种颜色在色轮上以顺时针方向渐变。

❀ 预设：在"预设"下拉列表框中可以选择预设中的样式。

（2）自定义渐变填充

选中"自定义"单选按钮，此时的对话框如左下图所示。用户可以在渐变色彩轴上双击左键增加控制点，然后在右侧的调色板中设置颜色，如右下图所示。

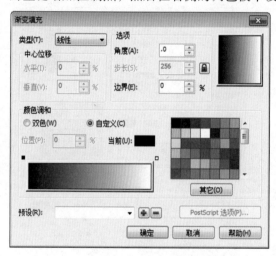
选中"自定义"单选按钮

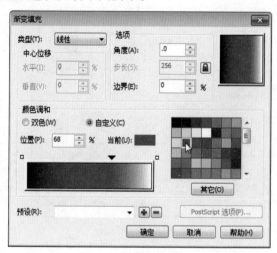
添加色块

在"位置"数值框中可显示当前控制点所占的相对位置；"当前"选项显示当前控制点的颜色。通过在渐变色彩轴上双击鼠标左键，可以插入颜色点；在倒三角形上双击鼠标左键，可以删除已有的颜色点。单击三角形将它选中，此时该三角形显示为黑色选中状态，单击右侧的"其他"按钮，就可以在打开的"选择颜色"对话框中设置所需的颜色。

2.7 设计理论深化

为了提高读者的设计理念，使读者掌握更多的设计理论知识，为读者以后的设计工作提供理论指导和参考，做到有的放矢，大家需要理解和熟悉以下的内容。

2.7.1 标志设计的表现手法

标志设计的表现手法有视感手法、象征手法、表象手法、寓意手法等，下面进行详细的介绍。

1. 视感手法

采用并无特殊含义的简洁而形态独特的抽象图形、文字或符号，可以给人一种强烈的现代感、视觉冲击感或舒适感，引起人们注意并难以忘怀。这种手法不靠图形含义，而主要靠图形、文字或符号的视觉效果来表现标志。

2. 象征手法

采用与标志内容有某种意义上联系的事物图形、文字、符号、色彩等，以比喻、形容等方式象征标志对象的抽象内涵。如鸽子象征和平，感叹号象征惊讶，白色象征纯洁，紫色象征高贵等，如左下图所示。

3. 表象手法

使用与标志对象有直接关联或具有典型特征的形象。如以咖啡杯表现咖啡店的形象，以方向盘的形象为汽车业标志图形，如右下图所示。

象征手法

表象手法

4. 寓意手法

采用与标志含义相近或具有寓意性的形象，以影射、暗示、示意的方式表现标志的内容和特点。如用男、女形象区分男女厕所，用箭头示意方向等。

5. 模拟手法

用特性相近的事物的形象模仿或比拟标志对象的特征或含义的手法，如用奔跑的马比拟快递。

2.7.2 标志设计的未来发展趋势

经过以上的学习，相信读者已能得心应手地进行标志设计，最后介绍一下标志的未来发展趋势。

1. 由复杂向简约的演变

标志的发展更加注重标志的表达手法及技巧，以简单的图形元素，使得标志具备更加突出的视觉效果。

2. 由具象向抽象的演变

在飞速发展的当今社会，人们快速的生活方式，简单、抽象的标志更容易被观者记忆于心，因此标志的设计更具有创意性以及形式美感，如左下图所示。

3. 色彩向多样性的演变

现代标志设计中，图形色彩更为丰富，渐变效果的应用更加广泛，标志更具备光泽感，如右下图所示。

4. 平面化趋向立体化

标志作为企业形象识别系统的核心，同时也是平面系统的重要组成部分。标志的发展逐渐走向立体化，三维立体的表达手法，使得标志视觉效果更为突出。

壁纸标志

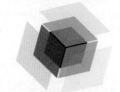

集团公司标志

Chapter 第03章

DM单设计

课前导读

DM单是英文direct mail advertising的省略表述，直译为"直接邮寄广告"，在国外多为邮寄到家中的广告。本章将介绍DM单的相关理论，并结合现代经典案例对DM单的设计与制作进行详细讲解。

本章学习要点

❀ DM单设计理论
❀ 女鞋店开业DM单
❀ 水果店DM单

精彩效果赏析

3.1 DM单设计理论

DM单是为扩大影响力而制作的一种纸面宣传材料，其分为两大类，一类主要用于推销产品、发布一些商业信息告示；另外一类是义务宣传，如节日宣传、禁烟宣传等。

3.1.1 DM单的设计要求

DM是中国广告业的盲点，它有着大量的空间有待我们去拓展。DM单的设计有以下几点要求。

（1）设计人员要了解DM单的商品，熟知消费者对产品的消费心理。

（2）设计时选择与所传递信息有强烈关联的图案，以刺激记忆。

（3）要多选用能引起人们注意的色彩。

（4）设计要新颖有创意，印刷要精致美观，以吸引消费者眼球。

（5）不能过于夸大，否则会失去消费者的信任。

（6）店名、店址和电话号码等要讲究宣传技巧，让顾客牢牢记住。

（7）主题口号一定要响亮，要能抓住消费者的眼球。好的标题是成功的一半，好的标题不仅能给人耳目一新的感觉，而且还会产生较强的诱惑力，引发读者的好奇心，如下图所示。

房产DM单

3.1.2 DM单的制作流程

同标志设计一样，在进行DM单设计之前，需要收集大量的资料，然后进行深入的调研，DM单的制作流程如下。

1. 设计前的准备

在进行DM单设计前需要做大量的准备工作，如进行市场调研、掌握产品相关信息、编写文案、收集整理设计素材等。

2．设计过程

根据DM单的设计要求进行设计。在设计时要把握版式的设计，要抓住重点，突出重点文字，让消费者一目了然，如下图所示。

服装DM单

开业DM单

3．印刷

一般画面的选铜版纸；文字信息类的选新闻纸。DM单印刷因其使用印刷介质的不同，要采用不同的印刷方式。电脑DM单纸一定要采用激光打印机印刷；普通DM单纸一定要采用DM单胶印刷机印刷；特种DM单介质一定要采用丝网印刷机印刷。

3.2　女鞋店开业DM单

案例效果

 源文件路径：
光盘\源文件\第3章

 素材路径：
光盘\素材\第3章

 教学视频路径：
光盘\视频教学\第3章

 制作时间：
20分钟

设计师实战应用

─ 设 计 与 制 作 思 路 ─

　　本实例制作的是一个女鞋店开业的DM宣传单。以虚线构成的倾斜方块为背景，使得整个画面极为丰富。DM单正面突出了店名、宣传目的以及最吸引人眼球的广告语，以绚烂的花朵与时尚女鞋为素材，给人以美的享受。DM单背面采用左右对称的构图方法，如花朵盛开的图案搭配长腿模特，极具视觉冲击力。

3.2.1　制作DM单正面

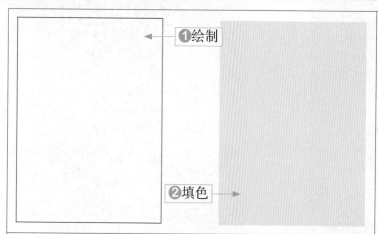

Step 01 绘制矩形❶选择工具箱中的矩形工具□，或按下【F6】键，绘制矩形。❷填充矩形颜色为浅粉色（C2，M15，Y0，K0）。❸用鼠标右键单击调色板中的无轮廓图标⊠，去除轮廓色，如左图所示。

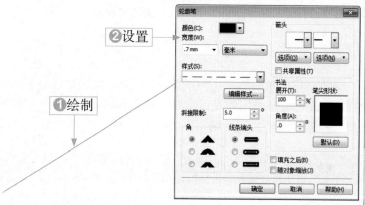

Step 02 绘制直线❶选择工具箱中的钢笔工具，绘制一条直线。❷按下【F12】键，打开"轮廓笔"对话框，在该对话框中设置样式为虚线。

经 验 分 享

　　在属性栏中同样可以设置轮廓宽度、轮廓样式等属性。

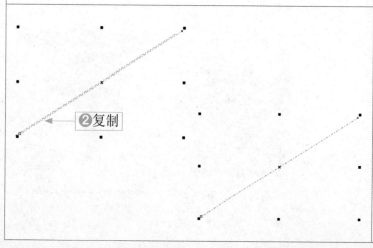

Step 03 复制直线❶单击"确定"按钮，得到左图所示的虚线。❷选中虚线，按住鼠标左键不放，将虚线移到一定位置后单击鼠标右键，复制虚线。

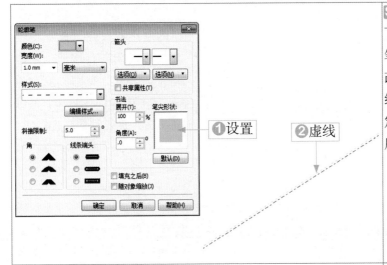

Step 04 改变轮廓色 ❶按下【F12】键，打开"轮廓笔"对话框，在该对话框中改变虚线样式，并改变虚线颜色为黄色。❷单击"确定"按钮，即可得到如左图所示的虚线。

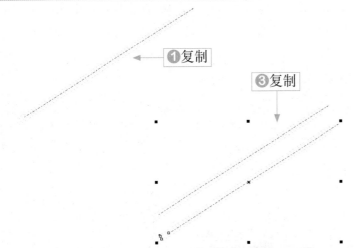

Step 05 复制直线 ❶用相同的方法复制三条黄色的虚线。❷选择工具箱中的选择工具 ，框选五条虚线，按下【Ctrl+G】组合键，将它们群组。❸选中群组的虚线，按住鼠标左键不放，将虚线向下移到一定位置后单击鼠标右键，复制虚线。

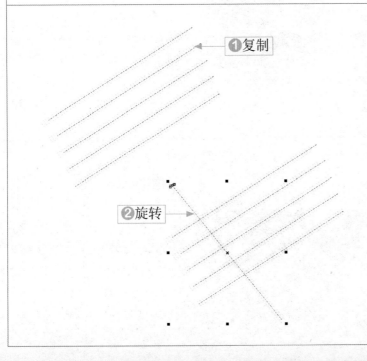

Step 06 复制直线 ❶按下【Ctrl+R】组合键三次，再复制三组虚线。❷再复制一组虚线，选中虚线后再单击对象，显示旋转控制点，然后按住四角的任意一个控制点，旋转对象到如左图所示的位置。

知 识 链 接

　　按下【Ctrl+R】组合键可以依照复制的第一个对象的方向进行重复的复制。按下【Ctrl+D】组合键可以重复复制对象。

设计师实战应用

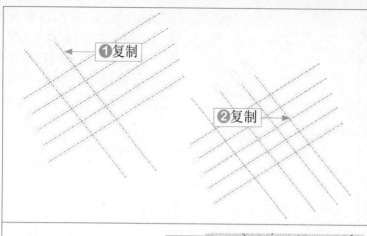

Step 07 复制直线 ❶选中群组的虚线，按住鼠标左键不放，将虚线向右移到一定位置后单击鼠标右键，复制虚线。❷按下【Ctrl+R】组合键两次，再复制两组虚线。

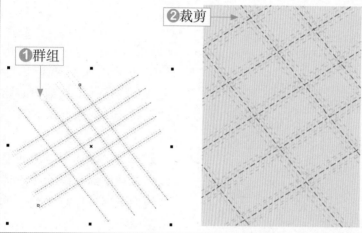

Step 08 群组直线 ❶选择工具箱中的选择工具 ，框选所有虚线。按下【Ctrl+G】组合键，群组虚线。❷选中群组的虚线，按住鼠标右键不放，将虚线拖动到矩形中，当光标变为 ⊕ 形状时释放鼠标，在弹出的快捷菜单中选择"图框精确裁剪内部"命令，得到左图所示的效果。

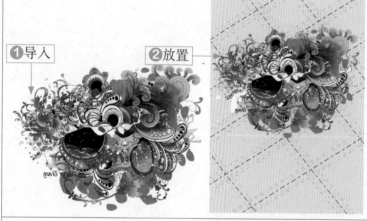

Step 09 导入素材 ❶按下【Ctrl+I】组合键，导入本书配套光盘中的"光盘\素材\第3章\花.png"文件。❷把素材图像放到背景中，如左图所示。

Step 10 导入素材 ❶按下【Ctrl+I】组合键，导入本书配套光盘中的"光盘\素材\第3章\女鞋.png"文件。❷把素材图像放到背景中，如左图所示。

①输入

②填充

Step 11 绘制矩形 ❶选择文字工具**字**，或按下【F8】键，输入文字，设置文字字体为方正大黑简体、大小为60pt、文字颜色为洋红色。❷选择工具箱中的矩形工具□，或按下【F6】键，绘制矩形。填充矩形颜色为黄色，去掉轮廓。

①输入

②对齐

Step 12 输入文字 ❶按下【F8】键，输入文字，设置文字字体为方正大黑简体、大小为42pt、文字颜色为洋红色。❷选择工具箱中的选择工具，按住【Shift】键，同时选中文字与下面的矩形，按下【C】键，将它们居中对齐。

	轮廓笔	F12
	轮廓色	位移+F12
✕	无轮廓	
⚂	细线轮廓	
—	0.1 mm	
—	0.2 mm	
—	0.25 mm	
—	0.5 mm	
—	0.75 mm	
—	1 mm	
▬	1.5 mm	
▬	2 mm	
▬	2.5 mm	
▦	彩色(C)	

①输入

②选择

Step 13 输入文字 ❶按下【F8】键，输入文字，设置文字字体为方正粗倩简体、大小为100pt、颜色为黄色。❷用鼠标右键单击调色板中的黑色图标，添加黑色轮廓。单击工具箱中的轮廓笔工具，在弹出的菜单中设置轮廓宽度为1.5mm。

	轮廓笔	F12
	轮廓色	位移+F12
✕	无轮廓	
⚂	细线轮廓	
—	0.1 mm	
—	0.2 mm	
—	0.25 mm	
—	0.5 mm	
—	0.75 mm	
▬	1 mm	
▬	1.5 mm	
▬	2 mm	
▬	2.5 mm	
▦	彩色(C)	

①输入

②选择

Step 14 输入文字 ❶按下【F8】键，输入英文，设置文字字体为方正粗倩简体，大小为45pt。❷用鼠标右键单击调色板中黑色图标，添加黑色轮廓。单击工具箱中的轮廓笔工具，在弹出的菜单中设置轮廓宽度为1mm。

设计师实战应用

❶输入

❷改变大小

Step 15 输入文字 ❶ 按下【F8】键，输入文字，设置文字字体为叶根友毛笔行书。❷ 将光标放在文字"三"的前面，按住鼠标左键不放，拖动光标，选中文字"三"，在属性栏中改变文字的大小为90。

❶改变颜色

❷改变颜色

Step 16 改变文字颜色 ❶ 选中文字"全"，用鼠标左键单击调色板中的洋红按钮，改变文字颜色。❷ 用相同的方法，改变文字"场"的颜色为黄色，改变文字"三"的颜色为红色，改变文字"折"的颜色为绿色。

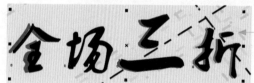

❶复制

❷调整

Step 17 制作文字阴影 ❶ 选中文字，按下【Ctrl+C】组合键，再按下【Ctrl+V】组合键，在原处复制文字。改变复制的文字颜色为黑色，将文字向右下方移动一定距离。❷ 按下【Ctrl+PageDown】组合键，调整文字图层顺序。

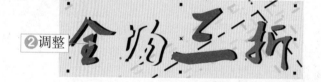

❶群组

❷对齐

Step 18 居中文字 ❶ 选择工具箱中的选择工具 ▸，按住【Shift】键，同时选中上下层的两个文字，按下【Ctrl+G】组合键，群组文字。❷ 选择工具箱中的选择工具 ▸，按住【Shift】键，同时选中中间的文字，最后选中背景，按下【C】键，将文字居中。

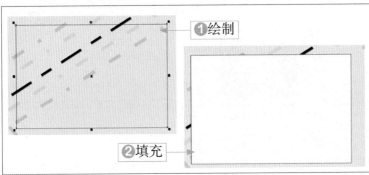

Step 19 绘制矩形 ❶选择工具箱中的矩形工具□，或按下【F6】键，绘制矩形。❷填充矩形颜色为浅粉色（C2，M0，Y20，K0）。

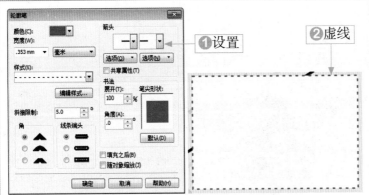

Step 20 制作虚线框 ❶按下【F12】键，打开"轮廓笔"对话框，在该对话框中设置样式为虚线、颜色为红色。❷单击"确定"按钮，得到如左图所示的虚线。

Step 21 输入文字 ❶按下【F8】键，输入文字，设置文字字体为方正粗倩简体、大小为18pt、颜色为红色。❷按下【F8】键，输入数字"20"，设置文字字体为方正大黑简体、大小为56pt、颜色为红色。按下【F8】键，输入文字"元"，设置文字字体为宋体、大小为30pt、颜色为红色。

3.2.2　制作DM单反面

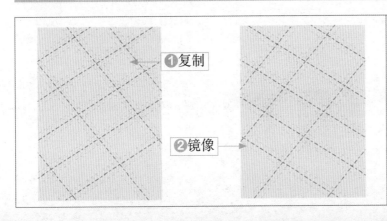

Step 01 镜像图形 ❶复制DM单正面中的背景图像。❷单击属性栏中的"水平镜像"按钮，将复制的图形水平镜像。

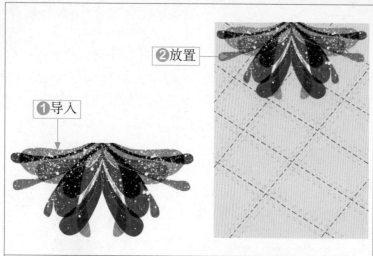

Step 02 导入素材 ❶ 按下【Ctrl+I】组合键，导入本书配套光盘中的"光盘\素材\第3章\多彩图形.png"文件。❷ 把素材图像放到背景中，如左图所示。

②放置

①导入

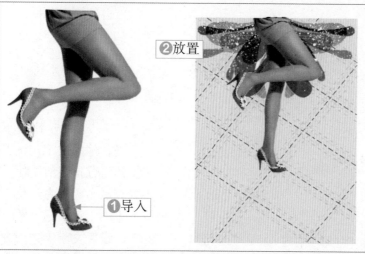

Step 03 导入素材 ❶ 按下【Ctrl+I】组合键，导入本书配套光盘中的"光盘\素材\第3章\美女.png"文件。❷ 把素材图像放到背景中，如左图所示。

②放置

①导入

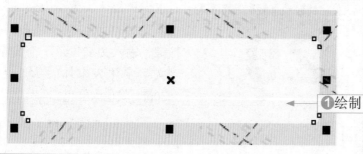

Step 04 绘制矩形 ❶ 选择工具箱中的矩形工具口，或按下【F6】键，绘制矩形。❷ 填充矩形颜色为浅粉色（C2，M15，Y20，K0），去掉轮廓。

①绘制

①输入

来就给力

Step 05 输入文字 ❶ 按下【F8】键，输入文字。❷ 设置文字字体为方正综艺简体、大小为24pt、颜色为洋红，如左图所示。

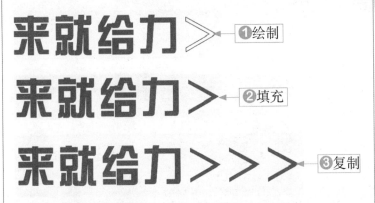

Step 06 绘制图形❶选择工具箱中的钢笔工具🖊，绘制图形。❷填充图形颜色为洋红色，去掉轮廓。❸选中图形，按住【Ctrl】键的同时按住鼠标左键不放，将图形右移一定位置后单击鼠标右键，水平复制图形。按下【Ctrl+R】组合键，再复制一个图形。

来就给力>>>

1、凡购物满100返10元优惠券，满200返20元优惠券，最高返30元优惠券。
2、免费办理会员积分卡。例：满100积10分抵扣10元购物款。

❶输入

，最高返30元优惠券。
元购物款。

本次活动最终解释权归本店所有 ❷输入

Step 07 输入文字❶按下【F8】键，输入文字，设置文字字体为方正大黑简体、大小为16pt。❷按下【F8】键，输入文字，设置文字字体为方正大黑简体、大小为10pt。

---

❶调整

使用说明

1、请于购物时出示此券，每次限用一张，不兑现不找零，影印无效。
2、本店保留对此券的最终解释权。

❷输入

Step 08 输入文字❶复制DM单正面中的虚线图形，调整图形的大小。❷按下【F8】键，输入文字，设置文字字体为黑体。

Step 09 最终效果至此，完成本案例的制作，最终效果如左图所示。

3.3 水果店DM单

案例效果

 源文件路径：
光盘\源文件\第3章

 素材路径：
光盘\素材\第3章

 教学视频路径：
光盘\视频教学\第3章

 制作时间：
25分钟

设 计 与 制 作 思 路

　　本实例制作的是一个水果店DM单，主体色选用了暖色调的橙色。DM单的正面采用了上下分割型版式，上面是由彩虹、水果素材、立体文字等组成的图形，下面是文字内容。DM单的反面将重点广告语放在了突出的位置，让人一目了然。

3.3.1 制作DM单正面

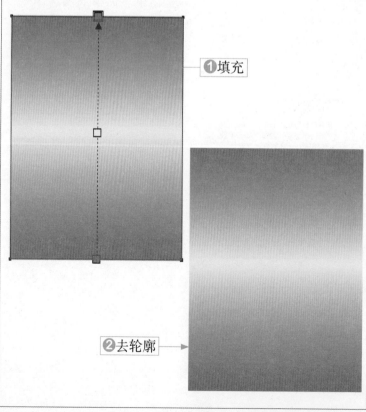

①填充

②去轮廓

Step 01 绘制矩形 ❶选择工具箱中的矩形工具▢，或按下【F6】键，绘制矩形。单击渐变填充按钮▣，打开"渐变填充"对话框，设置类型为"线性"，选中"自定义"单选按钮，分别设置几个位置点颜色的CMYK值为：0（C0，M60，Y100，K0）、50（C7，M0，Y34，K0）、100（C0，M60，Y100，K0）。❷用鼠标右键单击调色板中的☒按钮，去掉轮廓。

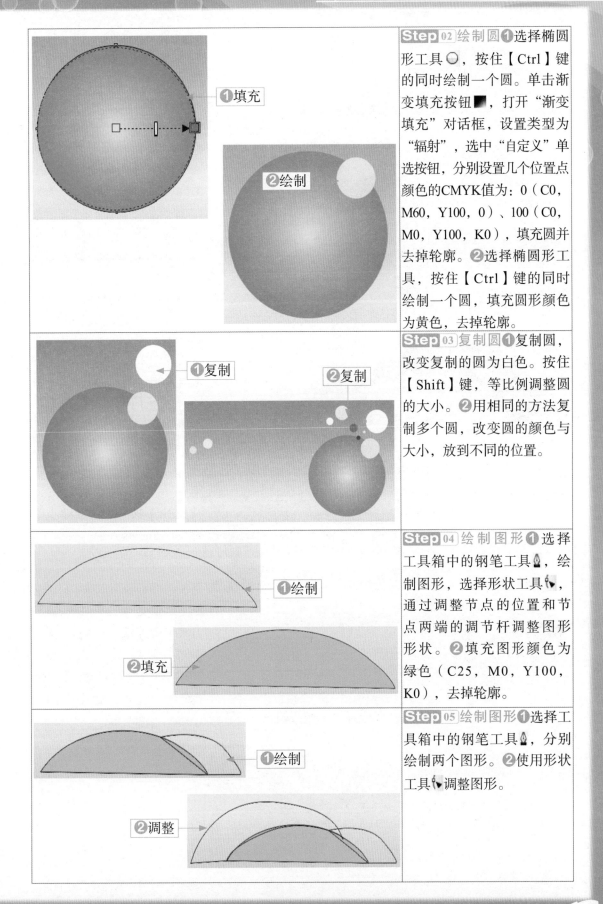

Step 02 绘制圆 ❶选择椭圆形工具 ◯，按住【Ctrl】键的同时绘制一个圆。单击渐变填充按钮 ▣，打开"渐变填充"对话框，设置类型为"辐射"，选中"自定义"单选按钮，分别设置几个位置点颜色的CMYK值为：0（C0，M60，Y100，0）、100（C0，M0，Y100，K0），填充圆并去掉轮廓。❷选择椭圆形工具，按住【Ctrl】键的同时绘制一个圆，填充圆形颜色为黄色，去掉轮廓。

Step 03 复制圆 ❶复制圆，改变复制的圆为白色。按住【Shift】键，等比例调整圆的大小。❷用相同的方法复制多个圆，改变圆的颜色与大小，放到不同的位置。

Step 04 绘制图形 ❶选择工具箱中的钢笔工具 🖊，绘制图形，选择形状工具 ►，通过调整节点的位置和节点两端的调节杆调整图形形状。❷填充图形颜色为绿色（C25，M0，Y100，K0），去掉轮廓。

Step 05 绘制图形 ❶选择工具箱中的钢笔工具 🖊，分别绘制两个图形。❷使用形状工具 ►调整图形。

设
计
师
实
战
应
用

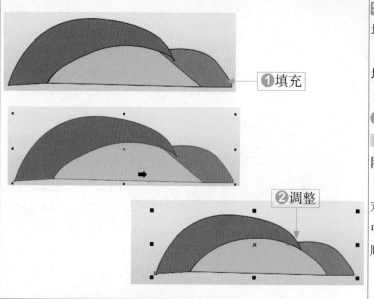

❶填充

❷调整

Step 06 调整图形顺序❶
填充左侧图形颜色为深绿色
（C0，M0，Y0，K0），
填充右侧图形颜色为浅绿色
（C0，M0，Y0，K0）。
❷选择工具箱中的选择工具
，按住【Shift】键，选中
刚填充的两个图形，选择
"排列"｜"顺序"｜"置于此
对象后"命令，用箭头单击
中间的绿色图形，调整图形
顺序。

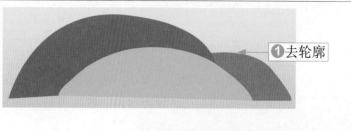

❶去轮廓

❷复制

Step 07 复制图形❶选择
工具箱中的选择工具，按
住【Shift】键，同时选中三
个图形，用鼠标右键单击调
色板中的无轮廓图标☒，
去除轮廓色。❷复制这三个
图形，然后将光标放在任
意一角的控制点上，按住
【Shift】键，等比例缩小复
制的图形。

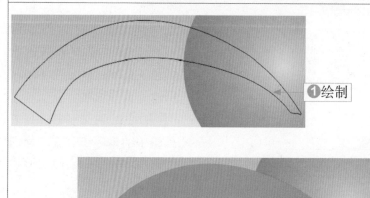

❶绘制

❷填充

Step 08 绘制图形❶选择工
具箱中的钢笔工具，绘制
图形，使用形状工具调整
图形形状。❷填充图形颜色
为蓝色（C60，M0，Y20，
K0），去掉轮廓。

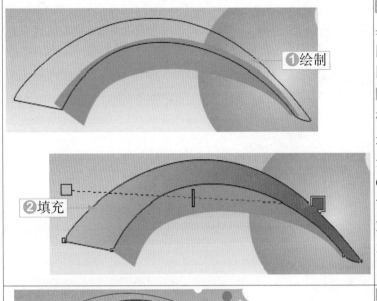

①绘制

②填充

Step 09 绘制图形❶选择工具箱中的钢笔工具，绘制图形，使用形状工具调整图形。❷单击渐变填充按钮，打开"渐变填充"对话框，设置类型为"辐射"，选中"自定义"单选按钮，分别设置几个位置点颜色的CMYK值为：0（C25，M0，Y100，K0）、100（C100，M0，Y100，0）。❸用鼠标右键单击调色板中的无轮廓图标，去除轮廓色。

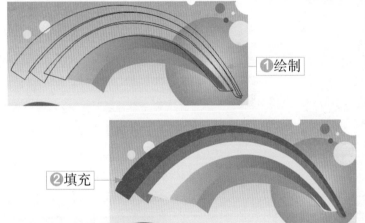

①绘制

②填充

Step 10 绘制图形❶选择工具箱中的钢笔工具，分别绘制三个图形，使用形状工具调整图形。❷依次填充三个图形的颜色为黄色、橘色、红色，去掉轮廓。

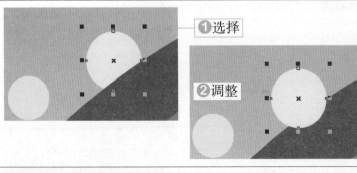

①选择

②调整

Step 11 调整图层顺序❶选择工具箱中的选择工具，选中左图中的圆。❷按下【Ctrl+PageUp】组合键，将它的图层顺序调整到最上面一层。

①绘制

②填充

Step 12 绘制图形❶选择工具箱中的钢笔工具，绘制图形，使用形状工具调整图形。❷填充图形颜色为白色，去掉轮廓。

②缩小

Step 13 复制图形 ①复制一个图形。②将光标放在任意一角的控制点上，按住【Shift】键，等比例缩小复制的图形。

①输入

②显示虚框

③透视

Step 14 输入文字 ①按下【F8】键，输入文字，设置文字字体为方正剪纸简体、颜色为橘色，用鼠标右键单击调色板中的白色图标，添加白色轮廓。②选择"效果"|"添加透视"命令，显示虚线框。③调整虚线框右边的两个角，制作文字透视效果。

①导入

②裁剪

Step 15 裁剪图形 ①按下【Ctrl+I】组合键，导入本书配套光盘中的"光盘\素材\第3章\水果.jpg"文件。②选中素材图片，按住鼠标右键不放，将图片拖动到文字中，当光标变为⊕形状时松开鼠标，在弹出的快捷菜单中选择"图框精确裁剪内部"命令，得到如左图所示的效果。

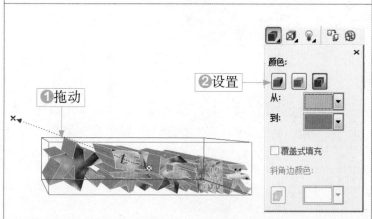

①拖动

②设置

颜色：
从：
到：
☐ 覆盖式填充
斜角边颜色：

Step 16 制作立体效果 ①选中文字，选择工具箱中的立体化工具 ，从文字中向左上方拖动鼠标，制作立体效果。②单击属性栏中的立体化颜色按钮 ，在弹出的面板中选择使用递减的颜色按钮 ，设置开始的颜色为黄色、结束的颜色为橘色。

经 验 分 享

应用立体化效果后，默认的立体色与字体的填充色相同。

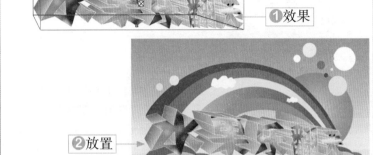

❶效果

❷放置

Step 17 放置文字❶添加递减的立体色的文字效果，如左图所示。❷将立体文字放到DM单中。

❶导入

❷放置

Step 18 导入素材❶按下【Ctrl+I】组合键，导入本书配套光盘中的"光盘\素材\第3章\苹果.png"文件。❷把素材图像放到DM单中，如左图所示。

❶导入

❷放置

Step 19 导入素材❶按下【Ctrl+I】组合键，导入本书配套光盘中的"光盘\素材\第3章\橙子.png"文件。❷把素材图像放到DM单中，如左图所示。

设计师实战应用

②单击

Step 20 调整顺序 ❶选中素材，选择"排列"|"顺序"|"置于此对象后"命令。❷用箭头单击立体文字，调整素材顺序，如左图所示。

②放置

①打开

Step 21 打开标志 ❶按下【Ctrl+O】组合键，打开本书配套光盘中的"光盘\源文件\第2章\水果店标志.cdr"文件。❷复制标志，将其放到DM单的左上角，如左图所示。

①输入

Step 22 输入文字 ❶按下【F8】键，输入文字，设置文字字体为方正粗倩简体、大小为30pt。❷按下【Ctrl+C】组合键，再按下【Ctrl+V】组合键，在原处复制文字。

①设置

Step 23 添加轮廓 ❶按下【F12】键，打开"轮廓笔"对话框，在对话框中设置轮廓宽度为1.5mm、轮廓角为圆形。❷单击"确定"按钮，得到左图所示的效果。用鼠标左键单击无轮廓图标⊠，去掉文字颜色。❸选择"排列"|"将轮廓转换为对象"命令。

经验分享

选择"排列"|"将轮廓转换为对象"命令，可以将轮廓转换为普通对象，作为普通图形对其进行渐变色的填充。

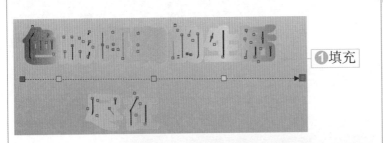

①填充

②调整

①复制

②填充

③透明

①输入

②输入

Step 24 填充渐变色① 单击渐变填充按钮 ■，打开"渐变填充"对话框，设置类型为"线性"，分别设置几个位置点颜色的值为：0（C0，M100，Y100，K0）、13（C0，M20，Y100，K0）、47（C40，M0，Y100，K0）、72（C20，M0，Y60，K0）、100（C100，M0，Y0，K0）。② 按下【Ctrl+Pagedown】组合键，调整图形顺序。

Step 25 绘制矩形① 复制标志中的文字，放在DM单正面。② 按下【F6】键，绘制矩形，填充矩形颜色为浅黄色（C2，M60，Y100，K0），去掉轮廓。③ 选择工具箱中的透明度工具，为图形应用透明效果，在属性栏透明度类型中选择线性，调整色块起始位置。

Step 26 输入文字① 按下【F8】键，输入文字，设置字体为黑体、大小为12pt。② 按下【F8】键，输入文字，设置文字字体为方正琥珀简体、大小为13pt。

地址：二环路南一段小南坝街8号

金秋十月，喜迎国庆，多乐果惊喜不断！为答谢众消费者对多乐果水果的支持与信赖，特推出系列抽奖活动，机不可失，失不再来！

3.3.2　制作DM单反面

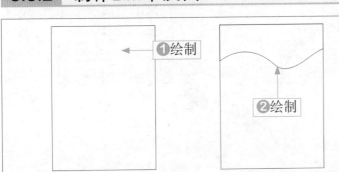

①绘制

②绘制

Step 01 绘制矩形及图形① 选择矩形工具，或按下【F6】键，绘制矩形。② 选择工具箱中的钢笔工具 ，绘制图形，再选择形状工具，通过调整节点的位置和节点两端的调节杆调整图形形状。

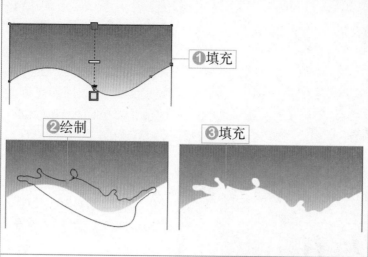

①填充

②绘制

③填充

Step 02 绘制图形①单击渐变填充按钮■，打开"渐变填充"对话框，设置类型为"线性"，分别设置几个位置点颜色的CMYK值为：0（C0，M60，Y100，K0）、100（C0，M0，Y60，K0），去掉轮廓。②选择工具箱中的钢笔工具，绘制图形，使用形状工具调整图形。③填充该图形颜色为白色，去掉轮廓。

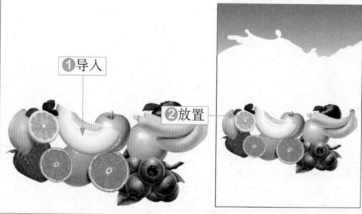

①导入

②放置

Step 03 导入素材①按下【Ctrl+I】组合键，导入本书配套光盘中的"光盘\素材\第3章\水果.png"文件。②将素材放到DM单中，如左图所示。

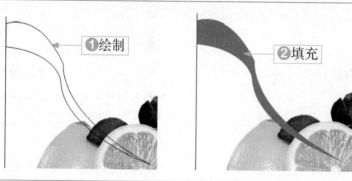

①绘制

②填充

Step 04 绘制图形①选择工具箱中的钢笔工具，绘制图形，使用形状工具调整图形。②填充图形颜色为绿色，去掉轮廓。

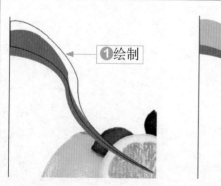

①绘制

②填充

Step 05 绘制图形①选择工具箱中的钢笔工具，绘制图形，使用形状工具调整图形。②填充图形颜色为黄色，去掉轮廓。

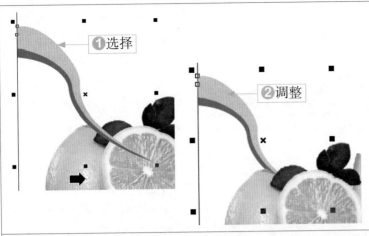

Step 06 调整图形顺序❶选择工具箱中的选择工具❶，按住【Shift】键，同时选中两个图形。❷选择"排列"|"顺序"|"置于此对象后"命令，用箭头单击水果，调整图形顺序，如左图所示。

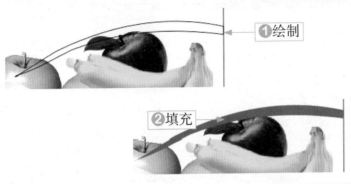

Step 07 绘制图形❶选择工具箱中的钢笔工具❶，绘制图形，使用形状工具❶调整图形。❷填充图形颜色为绿色，去掉轮廓。

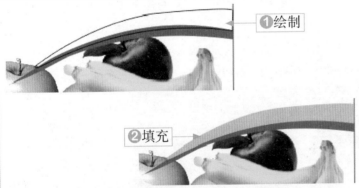

Step 08 绘制图形❶选择工具箱中的钢笔工具❶，绘制图形，使用形状工具❶调整图形。❷填充图形颜色为黄色，去掉轮廓。

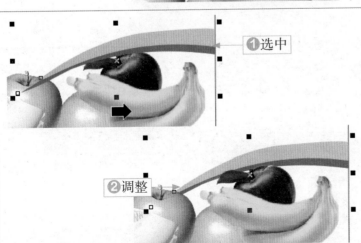

Step 09 调整图形顺序❶选择工具箱中的选择工具❶，按住【Shift】键，同时选中两个图形。❷选择"排列"|"顺序"|"置于此对象后"命令，用箭头单击水果，调整图形顺序，如左图所示。

设计师实战应用

①输入

②改变

Step 10 输入文字❶按下【F8】键，输入文字，设置文字字体为方正少儿简体、大小为72pt。按下【G】键，从下向上拖动，为文字应用线性渐变，设置起点为橘色、终点为黄色。❷将光标放在数字"5"的前面，按住鼠标左键不放，拖动光标，选中数字"5"，在属性栏中改变数字的大小为158、颜色为红色。

①输入

②拖动

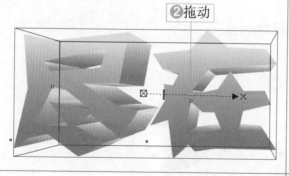

Step 11 制作立体文字❶按下【F8】键，输入文字，设置文字字体为方正剪纸简体、大小为63pt。按下【G】键，从下向上拖动，为文字应用线性渐变，设置起点为橘色、终点为黄色。❷选中文字，选择工具箱中的立体化工具，从文字中向右拖动鼠标，制作立体效果，如左图所示。

①复制

②拖动

Step 12 制作立体文字❶复制标志中的文字，调整大小后放在如左图所示的位置。❷选中文字"多乐果"，选择工具箱中的立体化工具，从文字中向左上方拖动鼠标，制作立体效果。

Step 13 导入素材❶按下【Ctrl+I】组合键，导入本书配套光盘中的"光盘\素材\第3章\西瓜.png"文件。❷把素材图像放到DM单中，如左图所示。

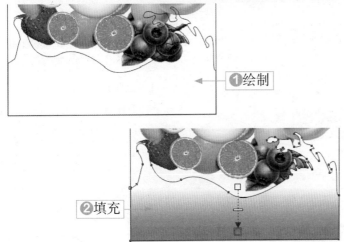

Step 14 绘制图形❶选择工具箱中的钢笔工具，绘制图形，使用形状工具调整图形。❷按下【G】键，从上向下拖动，为图形应用线性渐变填充，设置起点为白色、终点为橘色。

Step 15 输入文字按下【F8】键，输入文字，设置文字字体为方正琥珀简体、大小为30pt、颜色为橘色。

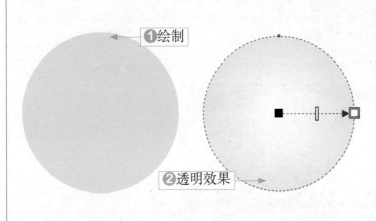

Step 16 绘制圆❶选择椭圆形工具，按住【Ctrl】键的同时拖动鼠标，绘制一个圆。填充圆的颜色为浅黄（C10，M0，Y60，K0），去掉轮廓。❷单击工具箱中的透明工具，为图形应用透明效果，在属性栏中设置透明度类型为"辐射"。

设计师实战应用

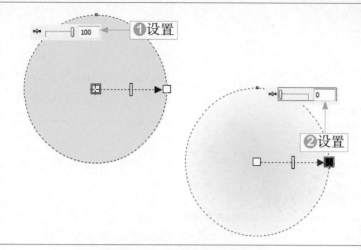

Step 17 制作渐隐效果❶ 选中中间的黑色色块，在属性栏中设置透明中心点为100。❷再选中外面的白色色块，设置透明中心点为0。

Step 18 复制图形❶复制一个图形，将光标放在任意一角的控制点上，按住【Shift】键，等比例缩小复制的图形。❷用相同的方法再复制几个圆，调整它们的大小。

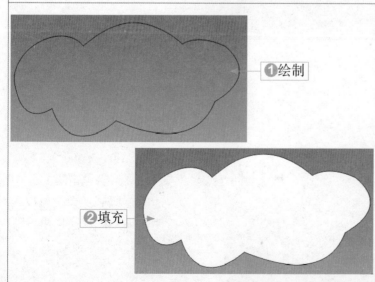

Step 19 绘制图形❶选择工具箱中的钢笔工具 ，绘制图形，使用形状工具 调整图形。❷填充图形颜色为白色，去掉轮廓。

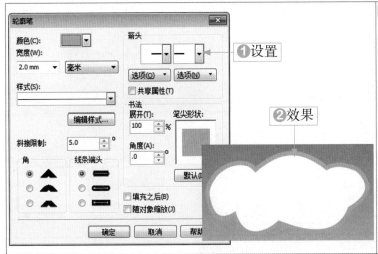

Step 20 添加轮廓 ❶ 按下【F12】键，打开"轮廓笔"对话框，在对话框中设置轮廓宽度为2mm、轮廓色为黄色。❷ 单击"确定"按钮，得到如左图所示的效果。

Step 21 复制标志 ❶ 复制标志，将其放到刚绘制的图形上。❷ 至此，完成本案例的制作，效果如左图所示。

3.4　CorelDRAW技术库

在应用CorelDRAW进行设计绘图时，掌握对象的常用操作可以提高绘图的效率，其中包括选取对象、复制对象及属性、删除对象、调整对象大小、旋转对象、倾斜对象等，下面将详细介绍这些常用的操作方法。

3.4.1　选取对象

对图形进行操作之前，首先需要选取要操作的对象。在CorelDRAW中选取对象的方式包括使用选择工具选取对象和使用菜单命令选取对象两种。

1．使用选择工具选取对象

使用选择工具选取对象有直接选取和框选两种方法。在CorelDRAW X6中，要对图形进行编辑和处理，必须先选中对象。

方法1：选择选择工具 ，将光标放到对象上（如左下图所示），在要选取的对象上单击鼠标左键，对象周围将出现八个黑色的控制点，表示对象被选中，如右下图所示。

设计师实战应用

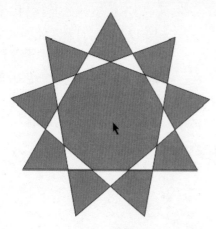
将光标放到对象上

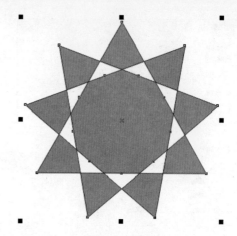
选中对象

方法2：选择工具箱中的手绘选择工具 ，在对象外按住鼠标左键不放，拖曳出一个虚线框，使对象全部包含在虚线框内，也可以选中对象，如左下图所示。当所选对象全部被框住时松开鼠标，即可完成对该对象的选取，如右下图所示。

拖曳出虚线框

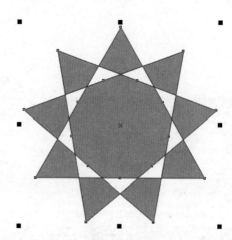
选中对象

2. 使用菜单命令选取对象

选择"编辑"|"全选"命令，系统将会自动弹出如右图所示的子菜单，通过选择子菜单中的选项，可以将文档中的对象、文本、辅助线或节点全部选中。如果想选择整个文档页面中的所有对象，选择"编辑"|"全选"|"对象"命令即可。

"全选"子菜单

3.4.2 复制对象及属性

在CorelDRAW中经常要用到对象的复制操作，既可以复制整个对象，也可以只复制对象的颜色、轮廓宽度、轮廓色等部分属性。

1. 复制整个对象

复制整个对象的操作方法如下：

Step 01 选中要复制的对象，按住鼠标左键不放，将对象向右拖动一定位置并单击鼠标右键（如左下图所示），复制的对象如右下图所示。

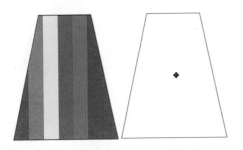

拖动鼠标并右击　　　　　　　　　　　　　　复制对象

Step 02 选中对象，按【Ctrl+C】组合键，再按【Ctrl+V】组合键也可复制对象。

2. 复制对象部分属性

复制对象部分属性的操作方法如下：

Step 01 选择工具箱中的选择工具 ，然后选中要获取其他对象的源对象，如左下图所示。

Step 02 选择"编辑"|"复制属性自"命令，打开如右下图所示的"复制属性"对话框。在该对话框中选择想要复制的属性，如轮廓笔、轮廓色、填充及文本属性等。

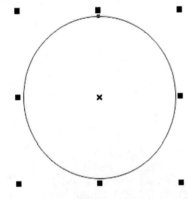

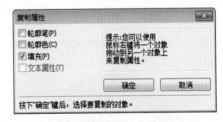

选中对象　　　　　　　　　　　　　　"复制属性"对话框

Step 03 单击"确定"按钮，此时光标将成为黑色箭头形状，移动光标到其他对象上单击（如左下图所示），即可将该对象的属性复制到所选对象上，如右下图所示。

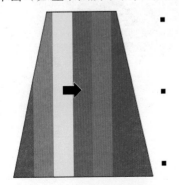

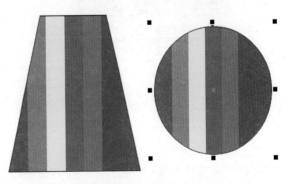

移动光标到其他对象上　　　　　　　　　　　　复制属性

3.4.3 调整对象大小

调整对象大小的具体操作步骤如下：

Step 01 先选中对象，然后将光标移至对象任一角的控制点上，光标将变为倾斜的箭头符号，如左下图所示。

Step 02 按住并拖动鼠标到如右下图所示的位置后释放鼠标左键，即可完成对象大小的调整。

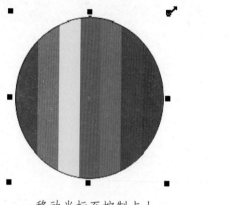 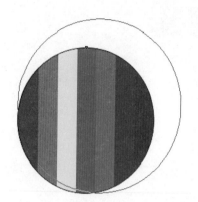

移动光标至控制点上 改变大小

3.4.4 旋转对象

旋转对象的具体操作步骤如下：

Step 01 选择工具箱中的选择工具 ，选中对象。将光标移到对象的中心位置，单击鼠标左键，对象的四个角上的控制点变为 形状，将光标移至对象任一角的控制点上，如左下图所示。

Step 02 单击并拖动鼠标到需要的位置后，释放鼠标即可旋转对象，如右下图所示。

将光标移至对象任一角的控制点上 旋转对象

3.4.5 倾斜对象

倾斜对象的具体操作步骤如下：

Step 01 选择工具箱中的选择工具 ，选中对象。将光标放到对象的中心位置，单击鼠标左键，对象的四边中心出现倾斜控制点。

Step 02 将光标移至倾斜控制点上，光标变为倾斜符号 ⇌ ，如左下图所示。单击并拖动鼠标到需要的位置（如中图所示），释放鼠标即可倾斜对象，如右下图所示。

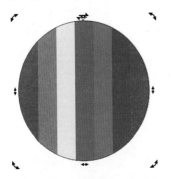
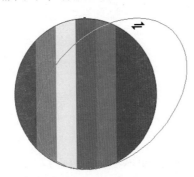
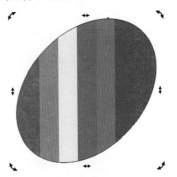

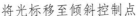

将光标移至倾斜控制点　　　　　拖动鼠标　　　　　倾斜对象

3.4.6　镜像对象

镜像对象的具体操作步骤如下：

Step 01 选择工具箱中的选择工具 ，选中要镜像的对象（如左下图所示），单击属性栏中的水平镜像按钮 ，得到如右下图所示的效果。

选中对象　　　　　　　　　　　水平镜像对象

Step 02 选择工具箱中的选择工具 ，选中要镜像的对象（如左下图所示），单击属性栏中的垂直镜像按钮 ，得到如右下图所示的效果。

选中对象　　　　　　　　　　　垂直镜像对象

3.4.7 利用"变换"泊坞窗变换对象

使用"变换泊坞窗"可以精确地移动对象、旋转对象、缩小对象、倾斜对象等，下面分别介绍具体操作方法。

1. 精确移动对象

使用"位置"命令可以精确地移动对象，其具体操作方法如下：

Step 01 选中对象，选择"排列"|"变换"|"位置"命令，打开"变换"泊坞窗中的"位置"面板，如左下图所示。

Step 02 在泊坞窗中设置横坐标与纵坐标的位置，"x"表示对象所在位置的横坐标，"y"表示对象所在位置的纵坐标。

Step 03 选中"相对位置"复选框，对象将相对于原位置的中心进行移动。在"副本"中还可以设置复制的对象个数。单击"应用"按钮，即可将对象进行精确的移动。

2. 精确旋转对象

使用"旋转"命令可以精确地旋转对象，其具体操作方法如下：

Step 01 选中对象，选择"排列"|"变换"|"旋转"命令，打开"变换"泊坞窗中的"旋转"面板，如右下图所示。

Step 02 在泊坞窗的"角度"参数框中输入要旋转的角度值，完成后单击"应用"按钮即可。

在"中心"选项下的两个参数框中，通过设置水平和垂直方向上的参数值可以确定对象的旋转中心。参数值为默认值的情况下，旋转中心为对象的中心。选中"相对中心"复选框，可以在下方的指示器中选择旋转中心的相对位置。

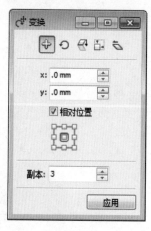

"位置"面板

"旋转"面板

3. 缩放和镜像对象

使用"缩放和镜像"命令可以精确地缩放对象，其具体操作方法如下：

Step 01 选中对象，选择"排列"|"变换"|"比例"命令，打开"变换"泊坞窗中的"比例"面板，如左下图所示。

Step 02 在"x"选项中设置对象水平方向的缩放比例,在"y"选项中设置对象垂直方向的缩放比例。单击水平镜像按钮可以使对象沿水平方向翻转镜像,单击垂直镜像按钮可以使对象沿垂直方向翻转镜像。完成后单击"应用"按钮即可。

4. 精确设定对象大小

使用"大小"命令可以精确地改变对象大小,其具体操作方法如下:

Step 01 选中对象,选择"排列"|"变换"|"大小"命令,打开"变换"泊坞窗中的"大小"面板,如中下图所示。

Step 02 在"x"选项中设置对象水平方向的大小,在"y"选项中设置对象垂直方向的大小,完成后单击"应用"按钮即可。

若选中"按比例"复选框,改变其中一个方向的大小,另一个方向也会发生相应的变化。

5. 倾斜对象

使用"倾斜"命令可以精确地倾斜对象,其具体操作方法如下:

Step 01 选中对象,选择"排列"|"变换"|"倾斜"命令,打开"变换"泊坞窗中的"倾斜"面板,如右下图所示。

Step 02 在"x"选项中设置对象水平方向的倾斜角度,在"y"选项中设置对象垂直方向的倾斜角度,完成后单击"应用"按钮即可。

"比例"面板　　　　　　　　"大小"面板　　　　　　　　"倾斜"面板

3.4.8 删除对象

在CorelDRAW X6中可以轻松地将不需要的对象删除,在CorelDRAW X6中删除对象有以下几种方法。

❀ 选中要删除的单个或多个对象,按下【Delete】键直接删除。

❀ 选中要删除的对象,选择"编辑"|"删除"命令,即可删除对象。

❀ 在要删除的对象上单击鼠标右键,在弹出的快捷菜单中选择"删除"命令即可。

3.5 设计理论深化

为了使读者提高设计理念,掌握更多的设计理论知识,为以后的设计工作提供理论指导和参考，做到有的放矢，需要理解和熟悉以下DM单设计的相关知识内容。

3.5.1　DM单的特点

与其他广告形式相比，DM单需要具有针对性、广告持续时间长、灵活性、具有可测定性等特点，DM单的特点主要有以下几点。

（1）DM广告直接将广告信息传递给真正的受众，具有强烈的选择性和针对性。

（2）相比其他广告，DM单广告持续时间较长。在受众做出最后决定之前，可以反复翻阅直邮广告信息，并以此作为参照物来详尽了解产品的各项性能指标，直到最后做出购买或舍弃决定。

（3）不同于报纸杂志广告，DM广告的广告主可以根据自身具体情况来任意选择版面大小，并自行确定广告信息的长短及选择全色或单色的印刷形式，具有更大的灵活性。

（4）广告主在发出DM单之后，可以借助产品销售数量的增减变化情况及变化幅度来了解广告信息传出之后产生的效果。

（5）DM广告是一种深入潜行的非轰动性广告，不易引起竞争对手的察觉和重视。

（6）DM广告无法借助报纸、电视、杂志、电台等在公众中已建立的信任度，因此DM广告只能以自身的优势和良好的创意、设计、印刷及诚实、诙谐、幽默等富有吸引力的语言来吸引目标对象，以达到较好的效果，如下图所示。

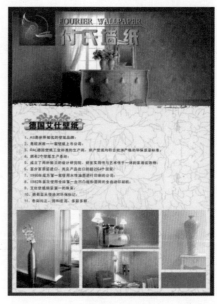

电脑DM单　　　　　　　　　　　　　　　　　墙纸DM单

3.5.2　DM版式设计的基本类型

版式设计的类型有满版型、上下分割型、左右分割型、中轴型、曲线型、倾斜型、对称型、重心型、三角型、并置型、自由型和四角型等。

❀ 中轴型：将图形作水平方向或垂直方向排列，文字配置在上下或左右。水平排列的版面，给人稳定、安静、平和与含蓄之感；垂直排列的版面，给人强烈的动感。

❀ 曲线型：图片和文字排列成曲线，产生韵律与节奏的感觉。

❀ 倾斜型：版面主体形象或多幅图像作倾斜编排，造成版面强烈的动感和不稳定因素，引人注目。

❀ 对称型：对称分为绝对对称和相对对称。上下或左右对称的版式，给人稳定、理性的感觉。

❀ 重心型：重心型将重心放在版面的一个点上，产生视觉焦点，使其更加突出。

❀ 三角型：在圆形、矩形、三角形等基本图形中，正三角形最具有安全稳定因素。

❀ 四角型：在版面四角以及连接四角的对角线结构上编排图形，给人以严谨、规范的感觉。

❀ 并置型：将相同或不同的图片进行大小相同而位置不同的重复排列。

❀ 自由型：无规律的、随意的编排构成，给人以活泼、轻快的感觉。

❀ 上下分割型：上下分割型的整个版面分成上下两部分，在上半部或下半部配置图片，可以是单幅或多幅，另一部分则配置文字，如左下图所示。

❀ 左右分割型：整个版面分割为左右两部分，分别配置文字和图片。左右两部分形成强弱对比时，会因为视觉习惯的对称，造成视觉心理的不平衡。可以将分割线虚化处理，或者用文字左右重复穿插，使左右自然和谐。

❀ 满版型：满版型的版面以图像充满整版，主要以图像为主，视觉传达直观而强烈。文字配置在上下、左右或中部的图像上。满版型给人大方、舒展的感觉，如右下图所示。

上下分割型

满版型

课前导读

VI（Visual Identity）是指在企业经营理念的指导下，利用平面设计等手法将企业的内在气质和市场定位视觉化、形象化的结果；是企业作为独立法人的社会存在与其周围的经营及生存的经济环境和社会环境相互区别、联系和沟通的最直接和常用的信息平台。

本章将学习VI设计的制作方法。在本章的学习中，首先将介绍VI设计理念，然后通过理论结合实战对VI设计的制作进行详细讲解。

本章学习要点

* VI设计理念
* 儿童用品标志设计
* 工作牌设计

* 桌旗设计
* 指示牌设计

精彩效果赏析

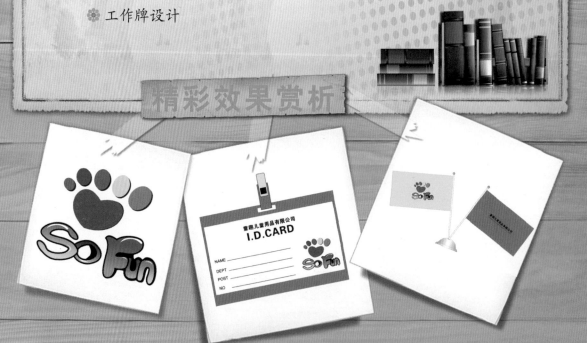

4.1　VI设计理念

VI即视觉识别，是指企业识别（或品牌识别）的视觉化。通过企业或品牌的统一化、标准化、美观化的对内对外展示，传递企业或品牌个性（或独特的品牌文化）。

4.1.1　VI与CI简介

VI是CI中的一种。CI是英文Corporate Identity的缩写，意译为企业形象设计。CI也称CIS，是英文Corporate Identity System的缩写，意译为组织形象识别系统。CI是指组织有意识、有计划地将自己的组织及品牌的各种特征向社会公众主动地展示与传播，使公众在市场环境中对某一个特定的组织有一个标准化、差别化的印象，以便更好地识别并留下良好的记忆，达到产生社会效益和经济效益的目的。

CI分为VI（Visual Identity）视觉识别、MI（Mind Identity）理念识别和BI（Behavior Identity）行为识别三个方面。

VI是品牌识别的视觉化，通过组织形象标志（或品牌标志）、标志组合、组织环境和对外媒体向大众充分展示、传达品牌个性。VI包括基础要素和应用要素两大部分。基础要素包括品牌名称或品牌标志、标准字、标准色、辅助色、辅助图形、标志的标准组合、标志的标语组合、吉祥物等；应用要素包括办公事物用品、公关关系赠品、标志符号指示系统、员工服装、活动展示、品牌广告、交通工具等，如下图所示。

员工服装设计

彩旗设计

MI是指组织思想的整合化，通过组织的价值准则、文化观念、经营目标等，向大众传达组织独特的思想。

BI是企业思想的行为化，通过企业思想指导下的员工对内对外的各种行为，以及企业的各种生产经营活动，传达企业的管理特色。

4.1.2　VI设计的基本原则

由于VI是指企业识别（或品牌识别）的视觉化，因此在VI的设计过程中，设计人员应该注意以下几大基本原则：

1. 同一性原则

为了达成企业形象对外传播的一致性与一贯性，应该运用统一设计。对企业识别的各种要素，从企业理念到视觉要素予以标准化，采用统一的规范设计，如下图所示。

2. 差异性的原则

企业形象为了能获得社会大众的认同，必须是个性化的、与众不同的，因此差异性的原则十分重要。

3. 民族性

企业形象的塑造与传播应该依据不同的民族文化，增强民族个性并尊重民族风俗。

4. 可实施性原则

VI设计必须具有可实施性。如果因成本昂贵等原因而影响实施，再好的VI设计也只是纸上谈兵。

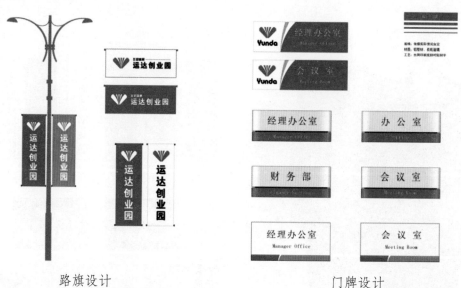

路旗设计 门牌设计

4.1.3 VI的设计流程

前面介绍了什么是CI和VI的基本原则，下面将介绍一下VI的设计流程，以便大家在工作中进行参考。VI设计的主要流程如下：

（1）准备阶段：理解MI，确定贯穿VI设计的基本形式，搜集整理相关资料。

（2）设计开发阶段：寻找MI与VI的结合点。在各项准备工作就绪之后，即可进入具体的设计阶段。

（3）反馈修正阶段：在VI设计基本定型后，还要进行较大范围的调研，以便通过一定数量、不同层次的调研对象的信息反馈来检验VI设计的各细节部分。

（4）编制VI设计手册：完成以上的步骤后，即可进行VI手册的编制。

4.2　儿童用品标志设计

案例效果

	源文件路径： 光盘\源文件\第4章
	素材路径： 无
	教学视频路径： 光盘\视频教学\第4章
	制作时间： 20分钟

设计与制作思路

　　本实例制作的是一个儿童用品公司的标志设计，根据企业产品的特点，选用了活泼艳丽的色彩。标志图案的原形是一个脚印，变形为一个心形和五个彩色椭圆，充满了童趣，同时也寓意企业脚踏实地、用心做事的企业精神。标志的文字部分使用了立体及渐变的效果，与图形完美地结合在一起。

　　在制作过程中主要通过钢笔工具和贝塞尔工具绘制基本图形和文字，文字制作时使用了渐变色的填充，增添了标志的动感和视觉效果。

4.2.1　绘制圆形

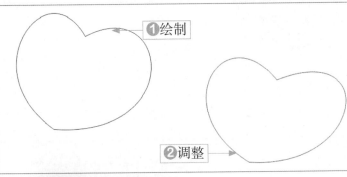

Step 01 绘制心形❶选择工具箱中的钢笔工具，绘制一个心形。❷选择工具箱中的形状工具，通过调整节点两端的调节杆调整图形的形状。

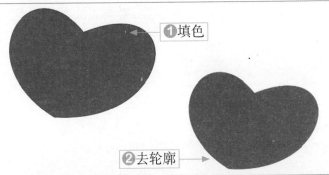

Step 02 填充颜色❶单击调色板中的洋红按钮，填充图形颜色。❷用鼠标右键单击调色板中的无轮廓图标⊠，去除轮廓色。

设计师实战应用

经验分享

使用钢笔工具绘制路径时，如果在第一次绘制时没有达到理想的效果，可以使用形状工具进行调整。钢笔工具是CorelDRAW最重要的绘图工具之一，应多加练习，这样才能熟能生巧。

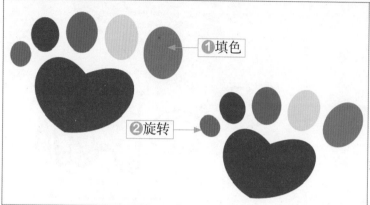

Step 03 绘制椭圆 ❶选择工具箱中的椭圆形工具 ◯，或按下【F7】键，绘制几个椭圆，分别单击调色板中的绿色、红色、蓝色、黄色和橘色图标，为椭圆填色，去掉椭圆轮廓。❷分别将椭圆旋转一定角度。

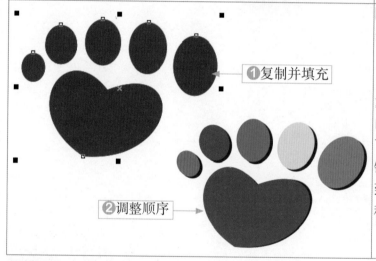

Step 04 绘制阴影 ❶框选所有图形，然后按下【Ctrl+C】组合键，再按下【Ctrl+V】组合键，在原处复制图形，改变复制图形的颜色为90%的黑色。❷按下【Shift+PageDown】组合键，将它们的图层顺序调整到最下面一层，并向右下方移动一定距离。

4.2.2 绘制文字圆形

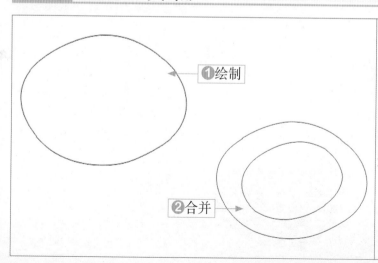

Step 01 绘制图形 ❶选择工具箱中的贝塞尔工具 ✎，绘制一个较大的图形。❷绘制一个较小的图形，同时选中两个图形，单击属性栏中的"合并"按钮，合并图形，如左图所示。

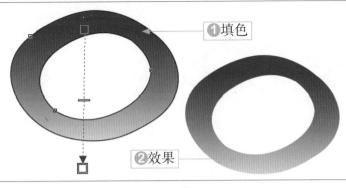

Step 02 填充图形 ❶为图形应用线性渐变填充，分别设置几个位置点颜色的CMYK值为：0（51、97、19、0）、100（0、0、0、0）。❷去掉轮廓，线性渐变填充后的效果如左图所示。

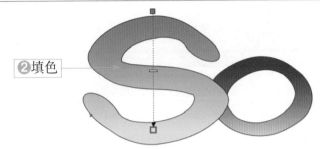

Step 03 绘制图形 ❶选择工具箱中的钢笔工具 ✒，结合形状工具 ▸，绘制图形。❷为其应用线性渐变填充，分别设置几个位置点颜色的CMYK值为：0（81、11、100、0）、100（12、0、87、0）。❸改变图形的轮廓宽度为0.5mm。

经 验 分 享

　　图形文字不拘泥于任何字体，直接使用钢笔工具可绘制任意形状的文字。

Step 04 制作立体效果 ❶选择工具箱中的钢笔工具 ✒，绘制图形，填充图形的颜色为黑色。❷按下【Shift+PageDown】组合键，将它们的图层顺序调整到最下面一层。

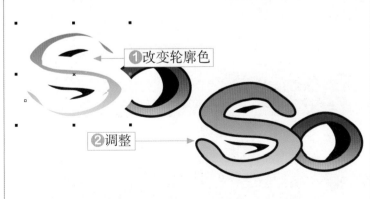

Step 05 制作白色图形 ❶选中"S"图形，按下【Ctrl+C】组合键，再按下【Ctrl+V】组合键，在原处复制图形，改变图形的轮廓色为白色、轮廓宽度为3mm。❷按下【Shift+PageDown】组合键，将它的图层顺序调整到最下面一层。

Step 06 绘制白色高光❶选择工具箱中的贝塞尔工具，绘制图形。❷填充图形的颜色为白色，去掉轮廓。

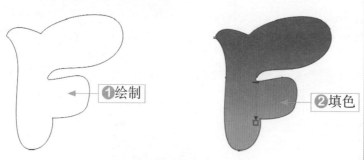

Step 07 绘制图形❶选择工具箱中的钢笔工具❖，结合形状工具❖，绘制图形。❷为其应用线性渐变填充，分别设置几个位置点颜色的CMYK值为：0（84、38、22、0）、100（54、9、34、0）。

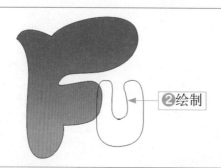

Step 08 绘制图形❶选择工具箱中的钢笔工具❖。❷结合形状工具❖，绘制图形。

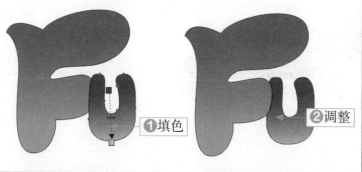

Step 09 绘制图形❶为其应用线性渐变填充，分别设置几个位置点颜色的CMYK值为：0（26、87、99、0）、100（5、16、73、0）。❷按【Shift+PageDown】组合键，将图形的图层顺序调整到最下面一层。

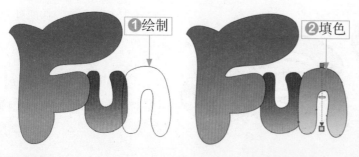

Step 10 绘制图形❶选择工具箱中的贝塞尔工具❖，绘制图形。❷为其应用线性渐变填充，分别设置几个位置点颜色的CMYK值为：0（81、11、100、0）、100（12、0、87、0）。

96

改变轮廓

Step 11 改变轮廓改变图形的轮廓宽度为0.5mm。

❶绘制

❷调整

Step 12 制作阴影❶选择工具箱中的钢笔工具✒，绘制阴影图形，填充阴影图形的颜色为黑色。❷按下【Shift+PageDown】组合键，将它们的图层顺序调整到最下面一层。

❶绘制

❷填色

Step 13 制作白色高光❶选择工具箱中的贝塞尔工具✎，绘制三个高光图形。❷填充图形的颜色为白色，去掉轮廓，完成标志的制作。

4.3　工作牌设计

案例效果

	源文件路径： 光盘\源文件\第4章
	素材路径： 无
	教学视频路径： 光盘\视频教学\第4章
	制作时间： 15分钟

童趣儿童用品有限公司

I.D.CARD

NAME _____

DEPT _____

POST _____

NO _____

设计师实战应用

── 设 计 与 制 作 思 路 ──

　　本实例制作的是一个儿童用品公司企业工作牌设计。工作牌的主色调选用了冰蓝色，选用冰蓝色为主色调的原因有三个：其一是标志的标准色彩中有冰蓝色，这样能使整体的色彩协调统一；其二是标志的中心图案心形为洋红色，选用与之互补的冰蓝色为主色调，在变化中得到了统一；其三是儿童用品这一特点决定了整套VI必须选用艳丽的颜色为主色调。

　　在本例的制作过程中，需要运用矩形工具、文本工具、钢笔工具等基本操作工具。

4.3.1　绘制工作牌基本造型

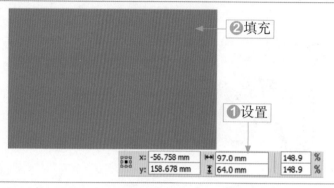

Step 01 绘制矩形❶按下【F6】键，绘制一个矩形，在属性栏的对象大小增量框中分别输入97mm、64mm。❷填充图形颜色为冰蓝色，并去掉轮廓。

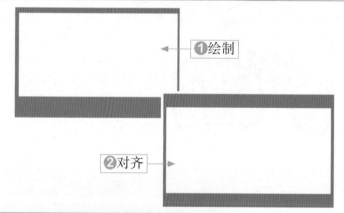

Step 02 绘制矩形❶使用同样的方法绘制矩形，将矩形填充为白色，去掉轮廓。❷按住【Shift】键的同时单击冰蓝色矩形，按下【C】和【E】键，使其居中对齐。

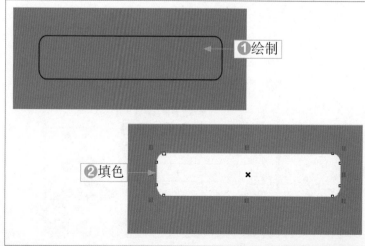

Step 03 绘制圆角矩形❶按下【F6】键，在属性栏中设置矩形的"圆角半径"参数为40，在工作区中拖曳鼠标，绘制一个圆角矩形。❷填充矩形的颜色为白色，去掉轮廓。

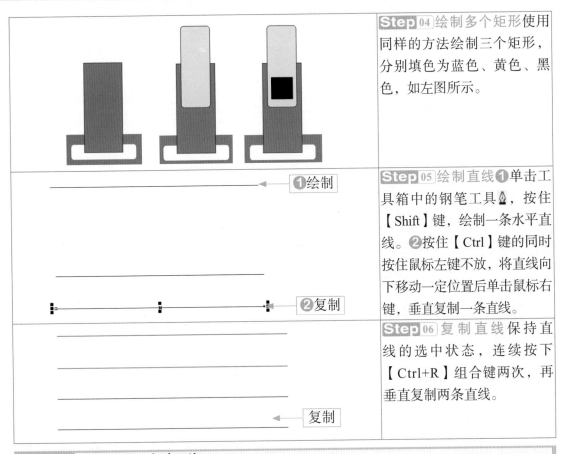

Step 04 绘制多个矩形使用同样的方法绘制三个矩形，分别填色为蓝色、黄色、黑色，如左图所示。

Step 05 绘制直线 ❶单击工具箱中的钢笔工具 ✒，按住【Shift】键，绘制一条水平直线。❷按住【Ctrl】键的同时按住鼠标左键不放，将直线向下移动一定位置后单击鼠标右键，垂直复制一条直线。

Step 06 复制直线保持直线的选中状态，连续按下【Ctrl+R】组合键两次，再垂直复制两条直线。

4.3.2　制作文字部分

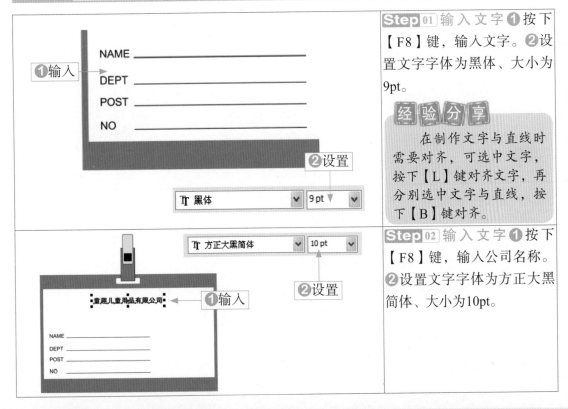

Step 01 输入文字 ❶按下【F8】键，输入文字。❷设置文字字体为黑体、大小为9pt。

经 验 分 享

在制作文字与直线时需要对齐，可选中文字，按下【L】键对齐文字，再分别选中文字与直线，按下【B】键对齐。

Step 02 输入文字 ❶按下【F8】键，输入公司名称。❷设置文字字体为方正大黑简体、大小为10pt。

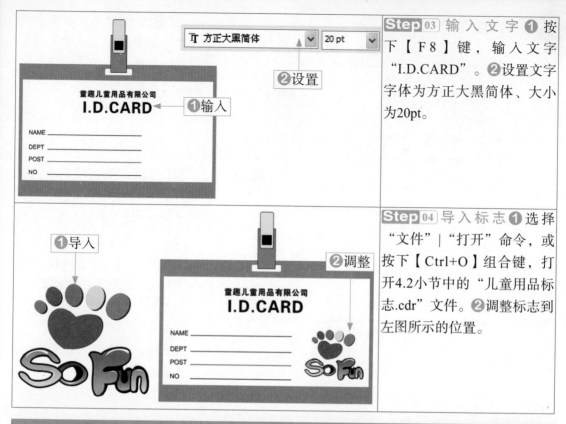

Step 03 输入文字❶按下【F8】键，输入文字"I.D.CARD"。❷设置文字字体为方正大黑简体、大小为20pt。

Step 04 导入标志❶选择"文件"|"打开"命令，或按下【Ctrl+O】组合键，打开4.2小节中的"儿童用品标志.cdr"文件。❷调整标志到左图所示的位置。

4.4　桌旗设计

案例效果

 源文件路径：
光盘\源文件\第4章

 素材路径：
无

 教学视频路径：
光盘\视频教学\第4章

 制作时间：
20分钟

设计与制作思路

　　本实例制作的是一个儿童用品公司桌旗设计。为了保证VI色调的统一，桌旗的主色调之一选用了与工作证相同的蓝色以及与之对比鲜明的黄色。两面桌旗一面放上了标志，另一面放上了公司中英文名称，整体设计简洁明了、主题突出。

　　在本例的制作过程中，需要运用矩形工具、椭圆形工具、文本工具、交互式填充工具等基本操作工具。

4.4.1 绘制黄色旗帜

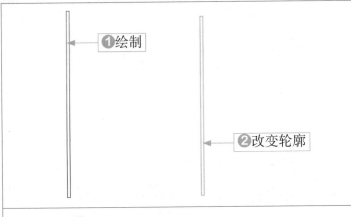

Step 01 绘制矩形 ❶ 按 下 【F6】键，绘制一个矩形。 ❷ 用鼠标右键单击调色板中 的20%黑色按钮，改变轮廓 色，效果如左图所示。

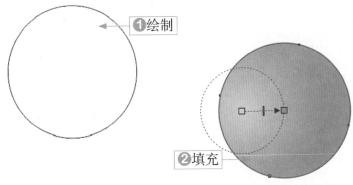

Step 02 绘制圆 ❶ 选择椭圆 形工具，或按下【F7】键， 按住【Ctrl】键的同时拖动鼠 标，绘制一个圆。❷ 为圆应 用辐射渐变填充，设置起点 色块的颜色为40%的黑色、 终点色块的颜色为20%的黑 色，效果如左图所示。

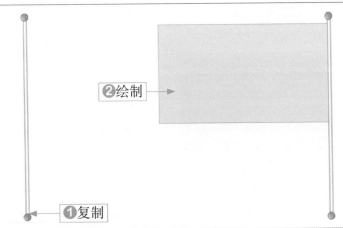

Step 03 复制圆和绘制矩形 ❶ 选中圆形，按住【Ctrl】 键的同时，垂直向下移动圆 到矩形最下方后单击鼠标右 键，复制圆。❷ 选择矩形工 具，或按下【F6】键，绘 制一个矩形，填充矩形为黄 色。❸ 复制所有图形，放在 一旁，以备后用。

Step 04 导入标志 选择"文 件"|"打开"命令或按下 【Ctrl+O】组合键，打开 4.2小节中的"儿童用品标 志.cdr"文件。

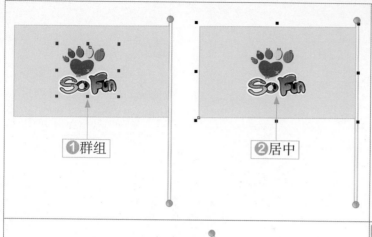

①群组

②居中

Step 05 居中标志❶单击工具箱中的选择工具，框选标志，并按下【Ctrl+G】组合键，将其群组。❷先选中标志，再选中黄色矩形，分别按下【C】键和【E】键将标志居中。

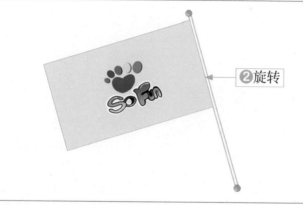

②旋转

Step 06 旋转旗帜❶框选旗帜对象，复制一次对象，放到另一边。❷选择选择工具 ，框选黄色旗帜，在属性栏的"旋转角度"数值框中设置参数为18，然后按空格键旋转旗帜。

4.4.2 制作蓝色旗帜

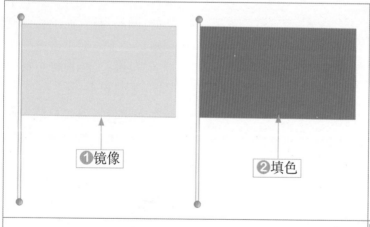

①镜像

②填色

Step 01 改变颜色❶选中前面复制的旗帜图形，单击属性栏中的水平镜像按钮 ，将复制的图形水平镜像。❷单击调色板中的冰蓝按钮，改变矩形的颜色为冰蓝。

童趣儿童用品有限公司 **①中文**

童趣儿童用品有限公司
Tongqu Children Product co., LTD. **②英文**

Step 02 输入文字❶按下【F8】键，输入公司中文名称，设置文字字体为方正大黑简体、大小为9pt。❷按下【F8】键，输入公司英文名称，设置文字字体为黑体、大小为5pt。

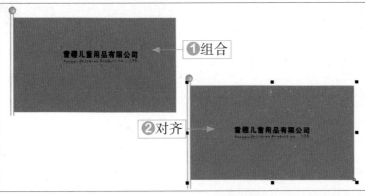

Step 03 居中文字❶选中文字，将文字移到矩形中。按下【Ctrl+G】组合键，将文字组合。❷先选中文字，再选中矩形，分别按下【C】键和【E】键将文字居中。

Step 04 移动旗帜适当旋转后，将蓝色旗帜移到黄色旗帜的右侧，如左图所示。

经 验 分 享

在制作过程中两面旗帜需要保持在同一高度，可分别将两面旗帜群组，然后按下【T】键将它们顶部对齐。

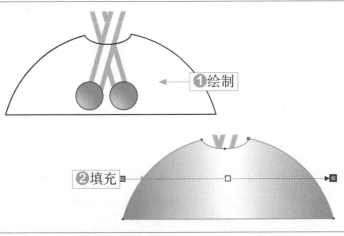

Step 05 绘制图形❶选择工具箱中的钢笔工具，结合形状工具，绘制图形。❷单击工具箱中的交互式填充工具，为图形应用线性渐变填充，设置起点色块的颜色为（C35，M25，Y22，K7）、中间色块的颜色为白色、终点色块的颜色为（C35，M25，Y22，K7），调整色块起始位置。

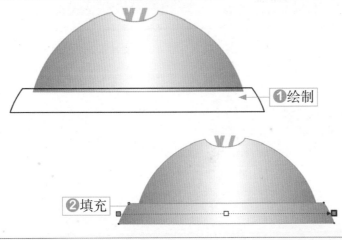

Step 06 绘制图形❶使用工具箱中的钢笔工具，绘制图形。❷单击工具箱中的交互式填充工具，为图形应用线性渐变填充，设置起点色块的颜色为（C35，M25，Y22，K7）、中间色块的颜色为白色、终点色块的颜色为（C35，M25，Y22，K7），调整色块起始位置。

设计师实战应用

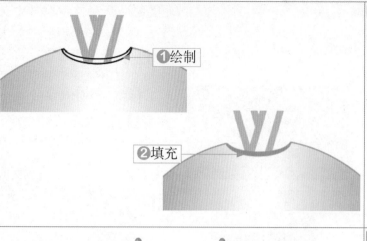

①绘制

②填充

Step 07 绘制图形❶使用工具箱中的钢笔工具🖊,绘制图形。❷填充图形颜色为(C35,M25,Y22,K7),去掉轮廓,效果如左图所示。

Step 08 最终效果至此,完成桌旗的制作,其最终效果如左图所示。

4.5 指示牌设计

案例效果

 源文件路径:
光盘\源文件\第4章

 素材路径:
无

 教学视频路径:
光盘\视频教学\第4章

 制作时间:
18分钟

设计与制作思路

　　本实例制作的是一个儿童用品公司指示牌设计。为了保证VI色调的统一,指示牌的主色调选用了与工作牌和桌旗相同的蓝色,指示牌整体设计简洁明了、一目了然。

　　在本例的制作过程中,需要运用矩形工具、钢笔工具、文本工具、修剪工具等基本操作工具。

4.5.1　绘制基本图形

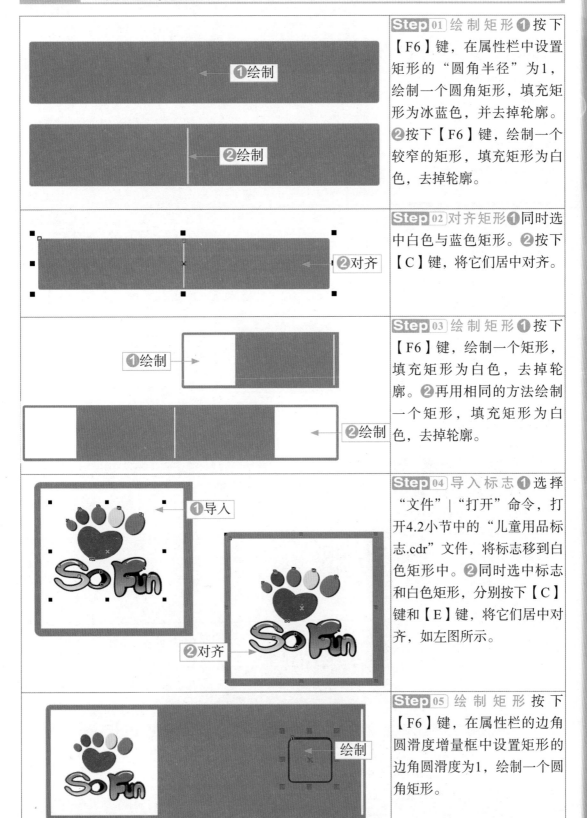

Step 01 绘制矩形❶按下【F6】键，在属性栏中设置矩形的"圆角半径"为1，绘制一个圆角矩形，填充矩形为冰蓝色，并去掉轮廓。❷按下【F6】键，绘制一个较窄的矩形，填充矩形为白色，去掉轮廓。

Step 02 对齐矩形❶同时选中白色与蓝色矩形。❷按下【C】键，将它们居中对齐。

Step 03 绘制矩形❶按下【F6】键，绘制一个矩形，填充矩形为白色，去掉轮廓。❷再用相同的方法绘制一个矩形，填充矩形为白色，去掉轮廓。

Step 04 导入标志❶选择"文件"|"打开"命令，打开4.2小节中的"儿童用品标志.cdr"文件，将标志移到白色矩形中。❷同时选中标志和白色矩形，分别按下【C】键和【E】键，将它们居中对齐，如左图所示。

Step 05 绘制矩形按下【F6】键，在属性栏的边角圆滑度增量框中设置矩形的边角圆滑度为1，绘制一个圆角矩形。

设计师实战应用

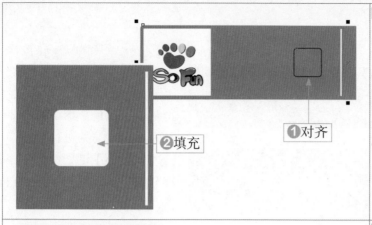

Step 06 对齐并填充矩形❶同时选中白色的圆角矩形和下面冰蓝色的圆角矩形,按下【E】键,将它们居中对齐。❷将圆角矩形填充为白色,单击调色板上方的☒按钮,去掉轮廓。

Step 07 绘制箭头❶选择工具箱中的贝塞尔工具✎,结合形状工具✎,绘制一个箭头图形。❷填充图形颜色为冰蓝色,去掉轮廓。❸同时选中矩形与箭头图形,按下【Ctrl+G】组合键,将它们群组。

4.5.2 制作文字

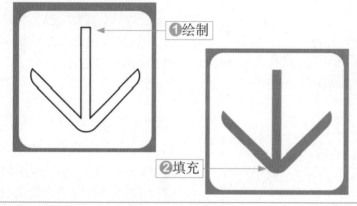

Step 01 输入文字❶按下【F8】键,输入文字"活动部",设置文字字体为黑体、大小为18pt。❷按下【F8】键,输入英文,设置文字字体为黑体、大小为9pt。

Step 02 对齐文字❶同时选中中英文,按下【C】键,将它们居中对齐,再按下【Ctrl+G】组合键,将它们群组。❷再同时选中文字与右侧的群组图形,按下【C】键,将它们居中对齐。

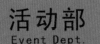

复制

Step 03 复制文字选中文字和图形，按住【Ctrl】键的同时按住鼠标左键不放，将它们水平向右移到一定位置后单击鼠标右键，复制文字和图形。

❶修改

❷修改

Step 04 修改文字❶按下【F8】键，选中文字"活动"，将复制的文字"活动部"改为"行政部"。❷选中英文"Event"，将复制的英文"Event Dept."改为"Administration Dept."。

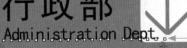

❷调整

❸对齐

Step 05 调整文字❶选中复制的文字，按下【Ctrl+U】组合键取消群组。❷选中"Administration Dept."，按下【F10】键，调整文字间距。❸同时选中"行政部"的中英文，按下【C】键，将它们居中对齐。

❸对齐

❷调整

Step 06 调整文字❶再选中左侧的文字，按下【Ctrl+U】组合键取消群组。❷选中英文"Event Dept."，按下【F10】键，调整文字间距。❸同时选中"活动部"的中英文，按下【C】键，将它们居中对齐。

4.5.3 绘制图形

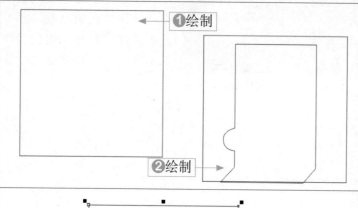

❶绘制

❷绘制

Step 01 绘制图形❶按下【F6】键，按住【Ctrl】键的同时拖动鼠标，绘制一个正方形。❷选择工具箱中的钢笔工具 ✍，绘制图形。

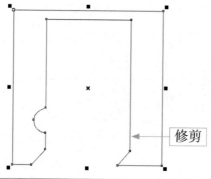

修剪

Step 02 修剪图形同时选中图形和正方形，单击属性栏中的"移除前面对象"按钮 ⬚，修剪图形。

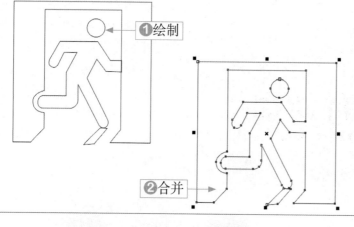

❶绘制

❷合并

Step 03 绘制与合并图形❶选择工具箱中的钢笔工具 ✍，绘制图形。❷选择工具箱中的选择工具 ⬚，框选左图所示的图形，单击属性栏中的合并按钮 ⬚，合并图形。

填充

Step 04 填充图形填充图形为洋红色，并去掉轮廓。

知识链接

选择"排列"|"修整"|"修整"命令，可打开"造形"泊坞窗，在该泊坞窗中，有与属性栏中对应的几个功能选项。先选择的对象作为来源对象，后选择的对象作为目标对象。

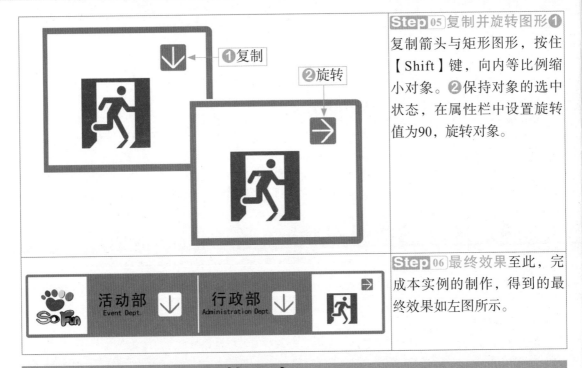

Step 05 复制并旋转图形❶复制箭头与矩形图形，按住【Shift】键，向内等比例缩小对象。❷保持对象的选中状态，在属性栏中设置旋转值为90，旋转对象。

Step 06 最终效果至此，完成本实例的制作，得到的最终效果如左图所示。

4.6 CorelDRAW技术库

在本章案例的制作过程中，运用到了钢笔工具、贝塞尔工具和文字工具的操作，下面将针对这几个工具的功能及应用进行重点介绍。

4.6.1 贝塞尔工具

使用贝塞尔工具可以随意地绘制图形，下面介绍使用贝塞尔工具绘制直线和曲线的方法。

1. 用贝塞尔工具绘制直线

用贝塞尔工具绘制直线的具体操作步骤如下：

Step 01 用鼠标左键单击手绘工具右下角的三角形按钮，在弹出的隐藏工具组中选择贝塞尔工具，在工作区中单击鼠标左键确定直线起点。

Step 02 拖曳鼠标到需要的位置，然后单击鼠标左键，即可绘制出一条直线，如左下图所示。

Step 03 如果再继续确定下一个点，可以绘制一个折线，再继续确定节点，可绘制出多个折角的折线，如右下图所示，完成后按下空格键，即可完成直线或折线的绘制。

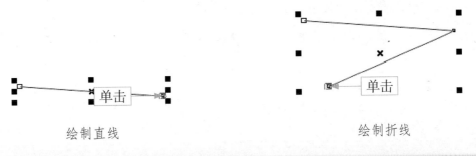

绘制直线　　　　　　　　　　　　　　　　　绘制折线

使用工具箱上的贝塞尔工具 可以精确地绘制直线和圆滑的曲线，它通过改变节点控制点的位置来控制及调整曲线的弯曲程度。

2. 用贝塞尔工具绘制曲线

用贝塞尔工具绘制曲线的具体操作步骤如下：

Step 01 用鼠标左键单击手绘工具 右下角的三角形按钮，在弹出的隐藏工具组中选择贝塞尔工具 。

Step 02 在绘图区的适当位置单击确定曲线的起始点，再在需要的位置单击鼠标，并按下住鼠标左键不放拖曳鼠标，此时将显示出一条带有两个节点和一个控点的蓝色虚线调节杆，如左下图所示。

Step 03 再在需要的位置释放鼠标，即可确定第二个点，按空格键完成曲线的绘制，如右下图所示。

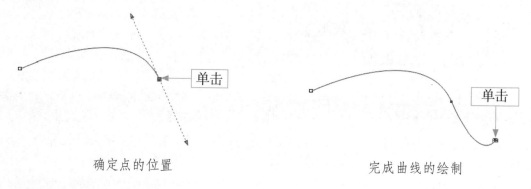

确定点的位置　　　　　　　　　　完成曲线的绘制

4.6.2　钢笔工具

与贝塞尔工具一样，钢笔工具也可以随意地绘制图形，下面介绍使用钢笔工具绘制直线和曲线的方法。

1. 用钢笔工具绘制直线

用钢笔工具绘制直线的具体操作步骤如下：

Step 01 用鼠标左键单击手绘工具 右下角的三角形按钮，在弹出的隐藏工具组中选择钢笔工具 。

Step 02 在工作区中任意位置单击鼠标左键，以确定直线起点。移动鼠标到需要的位置，再单击鼠标可绘制出一条直线，如左下图所示。

Step 03 再继续移动鼠标到下一个点，然后单击鼠标确定节点，可绘制出折线，如中图所示，完成后双击鼠标，可完成直线或折线的绘制，如右下图所示。

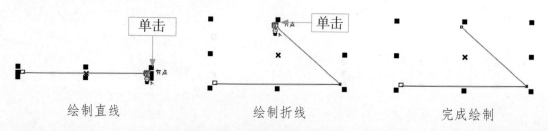

绘制直线　　　　　　　　绘制折线　　　　　　　　完成绘制

工具箱中的钢笔工具▲与贝塞尔工具↖功能相似，既可以绘制直线，也可以绘制曲线。在绘制曲线时，使用钢笔工具更为方便。

2. 用钢笔工具绘制曲线

用钢笔工具绘制曲线的具体操作步骤如下：

Step 01 用鼠标左键单击手绘工具↖右下角的三角形按钮，在弹出的隐藏工具组中选择钢笔工具▲。

Step 02 在工作区中任意位置单击鼠标左键，以确定直线起点。再在需要确定第二个点的位置按住鼠标左键不放并拖动鼠标，此时将显示出一条带有两个节点和一个控点的蓝色虚线调节杆，如左下图所示。

Step 03 移动鼠标，在第一个节点和光标之间生成一条弯曲的线，随着鼠标的移动，曲线的形状也会发生变化，移动鼠标到需要的位置后，释放鼠标，即可绘制出一条曲线。参照上述方法，继续确定曲线的其他点，然后双击鼠标即可完成曲线的绘制，如右下图所示。

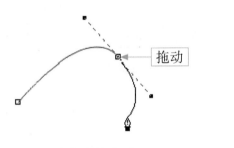
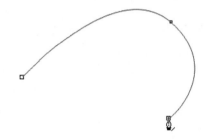

确定点的位置   完成曲线的绘制

4.6.3 美术文本的创建及属性栏

要在页面中创建美术文本，只需选择工具箱中的文字工具，在页面上单击鼠标左键，然后输入相应的文字即可，其操作步骤如下：

Step 01 新建一个空白文件，在工具箱中选择文本工具**字**。

Step 02 在工作窗口中的适当位置单击鼠标左键，单击位置将出现闪动的光标。

Step 03 通过键盘直接输入要编辑的文字即可。

创建美术文本后通常要设置文本的字体类型、字号大小、粗细、对齐方式以及文本的排列方式等基本属性。其属性栏如下图所示，属性栏中各项参数的含义如下：

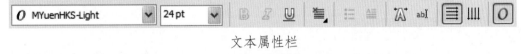

文本属性栏

❀ 单击 ❚ ❚ ❚ 按钮可以设定文字为粗体、斜体，或为文字添加下划线。

❀ 单击属性栏上❚❚❚的按钮，可以设置文本的排列方式为水平或垂直。

❀ 单击字体列表下拉列表框 O MYuenHKS-Light，可以选择需要的字体，如左下图所示。

❀ 单击字体大小列表下拉列表框 24，可以选择需要的字号，如右下图所示。

设计师实战应用

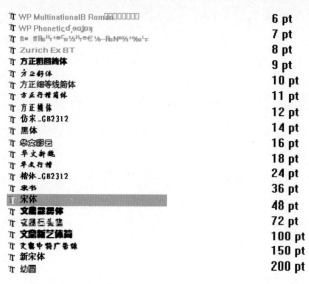

WP MultinationalB Roman	6 pt
WP Phonetic	7 pt
fin	8 pt
Zurich Ex BT	9 pt
方正粗圆简体	10 pt
方正舒体	11 pt
方正细等线简体	12 pt
方正行楷简体	14 pt
方正姚体	16 pt
仿宋_GB2312	18 pt
黑体	24 pt
华文彩云	36 pt
华文新魏	48 pt
华文行楷	72 pt
楷体_GB2312	100 pt
隶书	150 pt
宋体	200 pt
文鼎霹雳体	
文鼎古篆篱	
文鼎新艺体简	
文鼎中特广告体	
新宋体	
幼圆	

设定文字字体 　　　　　　　　设定文字大小

❀ 单击"对齐方式"按钮，可以在其下拉列表框中选择文本的对齐方式，如左下图所示。

❀ 单击"编辑文本"按钮abI，打开"编辑文本"对话框（如右下图所示），在这里可以很方便地编辑文本的属性。

设定对齐方式

"编辑文本"对话框

4.7　设计理论深化

为了使读者提高设计理念，掌握更多的设计理论知识，为以后的设计工作提供理论指导和参考，做到有的放矢，需要理解和熟悉以下的知识内容。

4.7.1　标准色的设计

标准色是用来象征公司或产品特性的指定颜色，是标志、标准字体及宣传媒体专用的色彩。在企业信息传递的整体色彩计划中，具有明确的视觉识别效应。企业标准色具有科学化、差别化、系统化的特点。因此，进行任何设计活动和开发作业，必须根据各种特征，发挥色彩的传达功能。企业标准色彩的确定是建立在企业经营理念、组织结构、经营策略等总体因素的基础之上，下图所示为企业标准色设计。

标准色设计一　　　　　　　　　　　　　　　标准色设计二

标准色的设计应尽可能以最少的色彩表现最多的含义，从而达到精确快速地传达企业信息的目的。其设计理念应该表现如下特征：

（1）标准色的设计应体现企业的经营理念和产品的特性，选择适合于该企业形象的色彩，表现企业的生产技术性和产品的内容实质。

（2）突出竞争企业之间的差异性。

（3）标准色的设计应适合消费心理。

4.7.2　特形图案的设计

特形图案是象征企业经营理念、产品品质和服务精神的富有地方特色的或具有纪念意义的具象化图案。这个图案可以是图案化的人物，也可以是动物或植物。

特形图案又称"企业造型"。它是通过平易近人、亲切可爱的造型，制造出强烈的记忆印象，成为视觉的焦点，来塑造企业识别的造型符号，直接表现出企业的经营管理理念和服务特质，下图所示即为两个特形图案效果。

特形图案一　　　　　　　　　　　　　特形图案二

企业造型图案设计应具备如下要求：

（1）个性鲜明：图案应富有地方特色或具有纪念意义，选择的图案与企业内在精神有必然联系，能强化企业性格，诉求产品的品质。

（2）图案形象应有亲切感，让人喜爱，以达到传递信息，增强记忆的目的。

（3）在选材上需慎重，造型的设定上，需考虑宗教的信仰忌讳、风俗习惯好恶等。

Chapter 第05章

报纸广告设计

课前导读

报纸广告以文字和图画为主要视觉效果，其发行频率高、发行量大、信息传递快，因此可以及时广泛发布。本章将介绍报纸广告设计的相关理论，并结合两个经典案例对报纸广告的设计与制作进行详细讲解。

本章学习要点

❀ 报纸广告设计理念
❀ 家装报纸广告设计
❀ 汽车公司报纸广告设计

精彩效果赏析

5.1 报纸广告设计理念

报纸是大家所熟悉的平面设计宣传媒介，对于告知性广告、新品上市广告的宣传报纸有着独到的优势，本节将介绍报纸广告设计的相关知识。

5.1.1 报纸广告的特点

报纸是大家所熟悉的宣传媒介，而设计新颖的广告必然会引起读者的关注，报纸广告的特点有以下几点。

1. 广泛性

报纸种类很多、发行面广、阅读者多，所以报纸上可刊登各种类型的广告，可以用黑白广告，也可套红和彩印。

2. 快速性

报纸的印刷和销售速度非常快，第一天的设计稿第二天就能见报，不受季节、天气等因素的限制，所以适合于时间性强的新产品广告和快件广告。

3. 针对性

因报纸具有广泛性和快速性的特点，报纸广告要针对具体的时间、不同类型的报纸和结合不同的报纸内容，将信息传递出去，如商品广告，一般应放在生产和销售的旺期之前。在选定的报纸中，要结合报纸的具体版面巧妙地和报纸内容结合在一起。

4. 连续性

正因为报纸每日发行，具有连续性，报纸广告可发挥重复性和渐变性，吸引读者加深印象。可采用在不同时间内重复刊登的方法；也可采用同一版式，宣传商品的优越性，但每次的侧重点有所不同；同一内容的广告可采用不断完善的形象与读者见面，如下图所示。

地产广告

5.1.2 报纸广告的各种版面

与其他平面媒介相比，报纸广告的版面极为丰富，报纸广告的设计必须以版面为基础，不同的版面需采用不同的设计。下面介绍报纸广告的各种版面。

（1）整版广告：是国内单版广告中最大的版面，给人以视野开阔、气势恢宏的感觉，如左下图所示。

（2）跨版广告：即一个广告刊登在两个或两个以上的报纸版面上。一般有整版跨版、半版跨版、1/4版跨版等形式。跨版广告很能体现企业的大气魄、厚基础和经济实力。

（3）半版广告：半版与整版和跨版广告，均被称之为大版面广告，其是广告主雄厚的经济实力的体现。

（4）报花广告：这类广告版面很小，形式特殊，不具备广阔的创意空间，文案只能作重点式表现，突出品牌或企业名称、电话、地址及企业赞助之类的内容，不体现文案结构的全部，一般采用一种陈述性的表述。

（5）报眼广告：报眼，即横排版报纸报头一侧的版面。版面面积不大，但位置十分显著，引人注目，如右下图所示。

整版广告

报眼广告

（6）半通栏广告：半通栏广告版面较小，而且众多广告排列在一起，互相干扰，广告效果容易互相削弱。因此，如何使广告做得超凡脱俗、新颖独特，使之从众多广告中脱颖而出，跳入读者视线，是应特别注意的。

（7）单通栏广告：单通栏广告是广告中最常见的一种版面，符合人们的正常视觉，因此版面自身有一定的说服力。

（8）双通栏广告：双通栏广告在版面面积上是单通栏广告的2倍，凡适于报纸广告的结构类型、表现形式和语言风格都可以在这里运用。

5.1.3 报纸广告设计的技巧

鉴于报纸纸质及印制工艺上的原因，报纸广告中的商品外观形象和款式、色彩不能理想地反映出来。与其他平面设计相比，报纸广告设计具有以下几大技巧。

（1）目标要对接。要遵循合适的产品、合适的目标的原则，确保广告所宣传的产品对阅读广告的人有潜在的用处。

（2）标题要醒目。标题的主要目的是吸引读者的注意，使读者的目光停留下来，开始阅读广告，如左下图所示。

（3）正文要清晰、具体。如果不愿花时间去了解顾客心理和所宣传的产品的特点和好处，必然写不出好的广告文案。正文写作时要注意两点，第一，顾客在做购买决定之前能够了解到他们需要知道的信息；第二，广告语要显得可信，人们更愿意相信具体、事实化的宣传，而不相信空泛的吹嘘，如右下图所示。

皮草广告　　　　　　　　　　　　　汽车广告

5.2　家装报纸广告设计

案例效果

 源文件路径：
光盘\源文件\第5章

 素材路径：
光盘\素材\第5章

 教学视频路径：
光盘\视频教学\第5章

 制作时间：
20分钟

设 计 与 制 作 思 路

本实例制作的是一个家装报纸广告。广告的时间是七一建党节，因此广告将家装与党的生日相结合，选用了怀旧的素材背景与插画。广告语也紧扣建党节，根据节日的日期"七"推出了七重豪礼，在设计时有意将数字"七"夸大，以求吸引眼球。

在制作过程中主要通过辅助线的设置、钢笔工具、文字工具等绘制标志，然后使用对象的对齐、文字工具、轮廓笔工具等制作文字及装饰图形。

5.2.1 制作标志

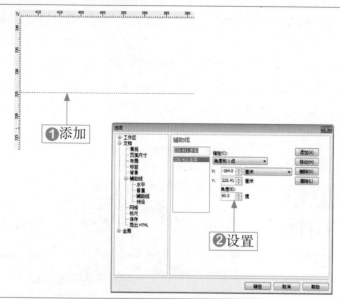

Step 01 添加辅助线❶从水平标尺中拖曳出一条水平辅助线。❷双击辅助线，打开"选项"对话框，选择对话框左侧的"辅助线"选项，设置角度为60度。

经验分享

选择"选项"对话框左侧的选项，可以显示相应的参数设置面板，在"选项"对话框中除了设置辅助线外，还可以设置页面背景、页面尺寸等。

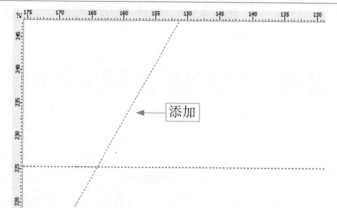

Step 02 添加辅助线单击对话框右上方的"添加"按钮，添加如左图所示的倾斜辅助线。

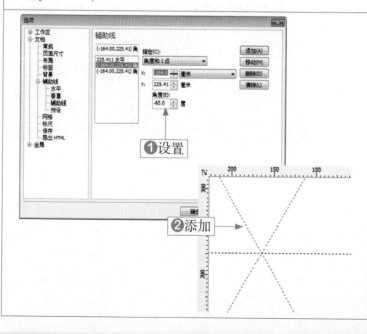

Step 03 制作辅助线❶再在"选项"对话框的右侧设置辅助线的角度为-60度。❷单击"添加"按钮，添加如左图所示的辅助线。

经验分享

通过设置角度创建的辅助线是新添加的，并非旋转原辅助线而得到。

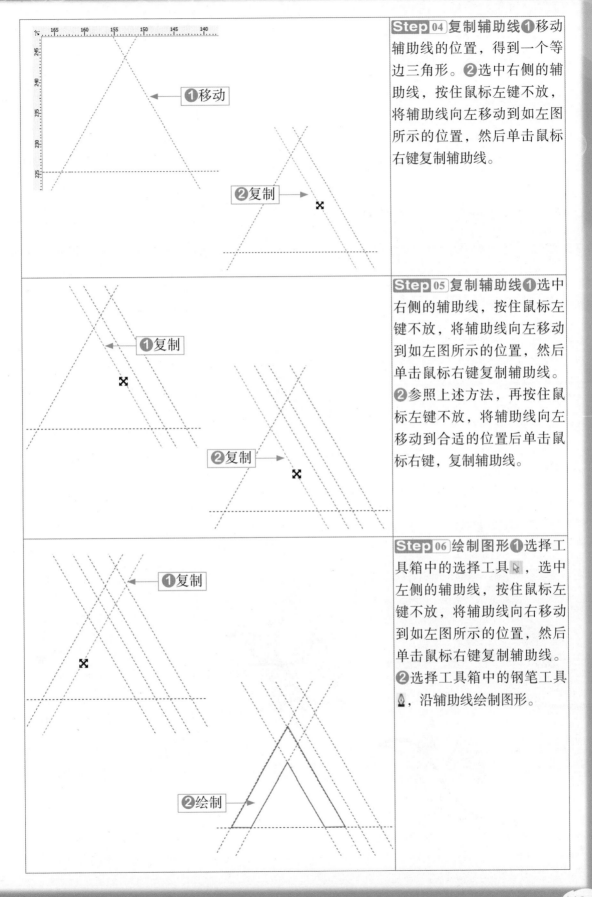

Step 04 复制辅助线❶移动辅助线的位置，得到一个等边三角形。❷选中右侧的辅助线，按住鼠标左键不放，将辅助线向左移动到如左图所示的位置，然后单击鼠标右键复制辅助线。

❶移动

❷复制

Step 05 复制辅助线❶选中右侧的辅助线，按住鼠标左键不放，将辅助线向左移动到如左图所示的位置，然后单击鼠标右键复制辅助线。❷参照上述方法，再按住鼠标左键不放，将辅助线向左移动到合适的位置后单击鼠标右键，复制辅助线。

❶复制

❷复制

Step 06 绘制图形❶选择工具箱中的选择工具 ，选中左侧的辅助线，按住鼠标左键不放，将辅助线向右移动到如左图所示的位置，然后单击鼠标右键复制辅助线。❷选择工具箱中的钢笔工具 ，沿辅助线绘制图形。

❶复制

❷绘制

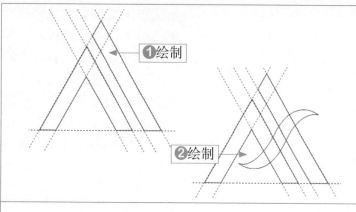

Step 07 绘制图形①选择工具箱中的钢笔工具 ，沿辅助线绘制如左图所示的图形。②使用工具箱中的钢笔工具 绘制图形。选择工具箱中的形状工具 ，通过调整节点的位置和节点两端的调节杆，调整图形形状。

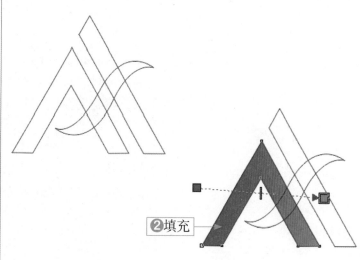

Step 08 填色①选择"视图"|"辅助线"命令，隐藏辅助线。②选中左侧的图形，按下【G】键，为图形应用线性渐变填充，分别设置几个位置点颜色的CMYK值为：0（C0，M100，Y100，K0）、100（C0，M60，Y100，K0）。

知识链接
再次选择"视图"|"辅助线"命令，可显示辅助线。

Step 09 填色①选中右侧的图形，按下【G】键，为图形应用线性渐变填充，分别设置几个位置点颜色的CMYK值为：0（C0，M60，Y100，K0）、100（C0，M0，Y100，K0）。②选中中间绘制的图形，设置图形轮廓宽度为0.5mm。③按下【Ctrl+C】组合键，再按下【Ctrl+V】组合键，在原处复制图形，去除轮廓色。选中复制的图形，按下【G】键，为图形应用线性渐变填充，分别设置几个位置点的CMYK值为：0（C93，M46，Y96，K15）、100（C100，M0，Y100，K0）。

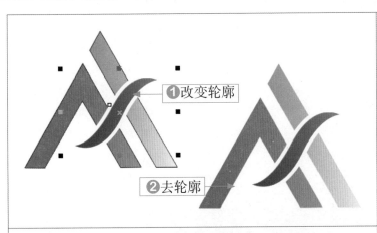

①改变轮廓

②去轮廓

Step 10 改变轮廓❶选中下面的图形，改变轮廓色为白色。❷选择工具箱中的选择工具▸，按住【Shift】键，选中下面的两个图形，用鼠标右键单击调色板中的无轮廓图标⊠，去除轮廓色。

①输入

②群组

Step 11 输入文字❶选择工具箱中的文本工具**字**，或按下【F8】键，输入文字，设置文字字体为方正综艺简体、大小为40pt。❷选择工具箱中的选择工具▸，按住【Shift】键，选中标志图形，按下【Ctrl+G】组合键，将它们群组。

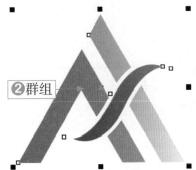

②对齐

Step 12 居中对齐❶选择工具箱中的选择工具▸，按住【Shift】键，同时选中标志和文字。❷按下【E】键，将它们居中对齐。

5.2.2 导入素材并制作广告语

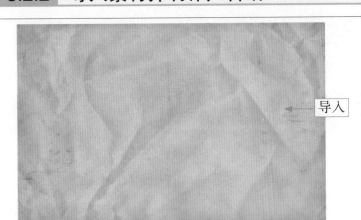

导入

Step 01 导入素材按下【Ctrl+I】组合键，导入本书配套光盘中的"光盘\素材\第5章\家装背景.jpg"文件，如左图所示。

设计师实战应用

①导入

②放置

Step 02 导入素材❶选择"文件"|"导入"命令，或按下【Ctrl+I】组合键，导入本书配套光盘中的"光盘\素材\第5章\党员.png"文件，如左图所示。❷选择工具箱中的选择工具，将素材图像移到背景的右下方。

①绘制

Step 03 绘制矩形❶选择工具箱中的矩形工具，或按下【F6】键，绘制一个矩形。❷填充矩形颜色为蓝色（C100，M10，Y40，K50），用鼠标右键单击调色板中的无轮廓图标，去除轮廓色。

①放置

②输入

缔造中国家居产业第一品牌

Step 04 输入文字❶选择工具箱中的选择工具，将前面绘制的标志放到背景的左上角。❷选择工具箱中的文本工具字，或按下【F8】键，输入文字，设置文字字体为微软雅黑、大小为13pt。

低碳家装节

①输入

②绘制

Step 05 输入文字❶选择工具箱中的文本工具字，或按下【F8】键，输入文字，设置文字字体为方正剪纸简体、大小为38pt。❷选择工具箱中的钢笔工具，绘制一条曲线。

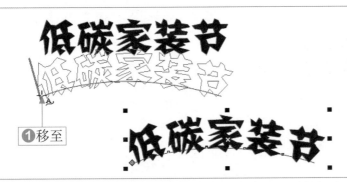

①移至

Step 06 使文本适合路径①选中文字，选择"文本"|"使文本适合路径"命令，将光标移到路径处。②单击鼠标左键，得到如左图所示的效果。

①删除曲线

②显示

Step 07 删除曲线①同时选中文字与曲线，选择"排列"|"拆分在一路径上的文本"命令。选中曲线，按【Delete】键将其删除。②选择工具箱中的封套工具，显示如左图所示的虚线框。

①调整

家馨装饰

缔造中国家居产业第一品牌

低碳家装节

②放置

Step 08 改变文字形状①调整节点的位置，文字形状也将随之改变。②将文字放到背景中。

经验分享

虚线框节点的编辑方法与曲线图形一样。选中节点，按住鼠标左键不放，可以移动节点的位置；调整节点左右两端的调节杆，可以调整虚线框的形状，同时文字的形状也会随虚线框形状的改变而改变。

缔造中国家居产业第一品牌

①输入

②复制

Step 09 输入文字①选择工具箱中的文本工具，或按下【F8】键，输入文字，设置文字字体为叶根友毛笔行书、大小为150pt。②选中文字"七"，按下【Ctrl+C】组合键，再按下【Ctrl+V】组合键，在原处复制文字。改变复制文字的颜色为红色，并将其向左下角稍微移动一定距离，制作文字阴影效果。

设计师实战应用

①输入

②复制

Step 10 输入文字❶选择工具箱中的文本工具**字**，或按下【F8】键，输入文字，设置文字字体为方正综艺简体、大小为72pt。❷复制文字"七"，将复制的文字适当缩小后放到如左图所示的位置。

①输入

②输入

Step 11 输入文字❶选择工具箱中的文本工具**字**，或按下【F8】键，输入文字，设置文字字体为方正综艺简体、大小为72pt。❷选择工具箱中的文本工具**字**，或按下【F8】键，输入文字，设置文字字体为微软雅黑、大小为19pt。

①输入 热线/028-888888*8

②输入 低碳家装节 震撼七重豪礼

Step 12 输入文字❶按下【F8】键，输入文字，设置文字字体为方正大黑简体、大小为25pt。❷按下【F8】键，输入文字，设置文字字体为方正粗倩简体、大小为30pt。

低碳家装节 震撼七重豪礼

①文本框

②输入

低碳家装节 震撼七重豪礼
签就送一个卫生间地面和厨房墙面环保防水
签就送一个淋浴房墙面环保防水
签再送价值888元成品衣柜或壁橱
签再送价值20万元家庭财产保险一份
施工后享受设计费5折起
尚品系列产品（六大主材）最高优惠达25%
宅配系列产品（配套产品）最高优惠达25%

Step 13 输入文字❶选择工具箱中的文本工具**字**，或按下【F8】键，按住鼠标左键不放，拖曳出一个文本框。❷输入文字，设置文字字体为微软雅黑、大小为16pt。

知识链接

选择"文本"|"转换为美术字"命令，或按下【Ctrl+F8】组合键，可以将段落文本转换为美术文本。

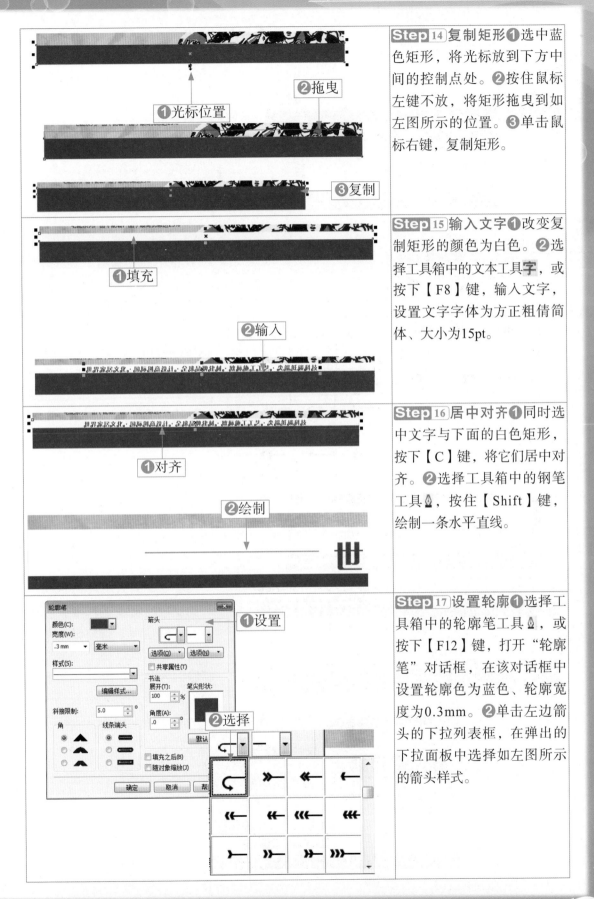

Step 14 复制矩形❶选中蓝色矩形，将光标放到下方中间的控制点处。❷按住鼠标左键不放，将矩形拖曳到如左图所示的位置。❸单击鼠标右键，复制矩形。

❶光标位置
❷拖曳
❸复制

Step 15 输入文字❶改变复制矩形的颜色为白色。❷选择工具箱中的文本工具**字**，或按下【F8】键，输入文字，设置文字字体为方正粗倩简体、大小为15pt。

❶填充
❷输入

Step 16 居中对齐❶同时选中文字与下面的白色矩形，按下【C】键，将它们居中对齐。❷选择工具箱中的钢笔工具，按住【Shift】键，绘制一条水平直线。

❶对齐
❷绘制

Step 17 设置轮廓❶选择工具箱中的轮廓笔工具，或按下【F12】键，打开"轮廓笔"对话框，在该对话框中设置轮廓色为蓝色、轮廓宽度为0.3mm。❷单击左边箭头的下拉列表框，在弹出的下拉面板中选择如左图所示的箭头样式。

❶设置
❷选择

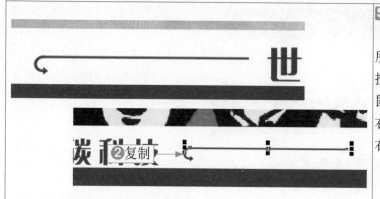

Step 18 复制直线❶单击"确定"按钮，得到如左图所示的效果。❷选中直线，按住【Shift】键的同时按住鼠标左键不放，将直线移到右侧的文字后面，单击鼠标右键，水平复制直线。

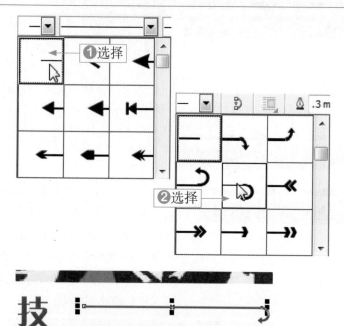

Step 19 设置轮廓❶选择工具箱中的轮廓笔工具 ，或按下【F12】键，打开"轮廓笔"对话框，单击左边箭头的下拉列表框，选择如左图所示的箭头样式。❷单击右边箭头的下拉列表框，选择如右图所示的箭头样式。❸单击"确定"按钮，改变箭头样式。

Step 20 输入文字❶选择工具箱中的文本工具 字，或按下【F8】键，按住鼠标左键不放，拖曳出一个文本框。❷输入文字，设置文字字体为微软雅黑、大小为15pt。至此，完成本案例的制作，其最终效果如左图所示。

5.3　汽车公司报纸广告设计

案例效果

源文件路径：
光盘\源文件\第5章

素材路径：
光盘\素材\第5章

教学视频路径：
光盘\视频教学\第5章

制作时间：
18分钟

设计与制作思路

本实例制作的是一个汽车公司的报纸广告。设计风格清新、自然，在色彩上采用了色彩鲜明的蓝色和橘黄色，视觉对比强烈，文字的设计多处使用了装饰图形，丰富多变。

在制作过程中主要通过矩形工具、钢笔工具等绘制广告主体，然后使用文字工具、基本形状工具等制作装饰图形及文字内容。

5.3.1　制作广告主体内容

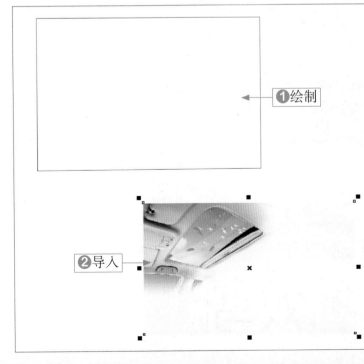

Step 01 导入素材 ❶选择工具箱中的矩形工具□，或按下【F6】键，绘制一个矩形。❷选择"文件"|"导入"命令或按下【Ctrl+I】组合键，导入本书配套光盘中的"光盘\素材\第5章\汽车背景.png"文件。

经验分享

用鼠标右键在素材图像上单击，在弹出的快捷菜单中选择"锁定对象"命令，可将素材图像锁定，避免在后面的操作中移动素材。

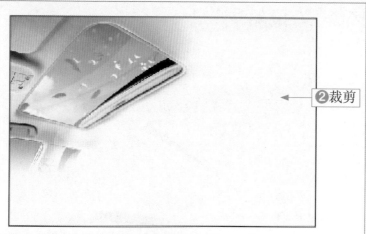

②裁剪

Step 02 裁剪素材❶选中素材图片，按住鼠标右键不放，将图片拖动到导入的背景中。❷当光标变为⊕形状时松开鼠标，在弹出的快捷菜单中选择"图框精确裁剪内部"命令，编辑图片的位置，得到如左图所示的效果。

①输入

②输入

Step 03 输入文字❶选择工具箱中的文本工具**字**，或按下【F8】键，输入文字，设置文字字体为迷你霹雳体、大小为53pt。❷选择工具箱中的文本工具**字**，或按下【F8】键，输入数字，设置文字字体为方正粗倩简体、大小为72pt、颜色为红色，并将数字向右倾斜一定角度。

①输入

②绘制

Step 04 绘制直线❶选择工具箱中的文本工具**字**，或按下【F8】键，输入文字，设置字体为微软雅黑、大小为42pt。❷选择工具箱中的钢笔工具，按住【Shift】键，绘制一条直线。

①复制

②复制

Step 05 复制直线❶选中直线，按住【Shift】键的同时按住鼠标左键不放，将直线移到右侧的文字后面，单击鼠标右键，水平复制直线。❷用相同的方法，在文字右侧再复制一条直线。

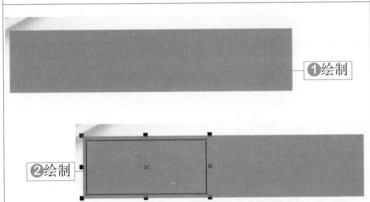

Step 06 输入文字❶同时选中文字与直线，按下【E】键，将它们居中对齐。❷选择工具箱中的文本工具**字**，或按下【F8】键，输入文字，设置文字字体为方正粗倩简体、大小为34pt、颜色为红色。

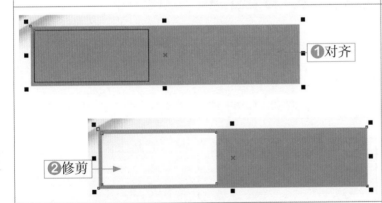

Step 07 绘制矩形❶选择工具箱中的矩形工具□，或按下【F6】键，绘制一个矩形，填充矩形颜色为黄色，并去掉轮廓。❷选择工具箱中的矩形工具□，或按下【F6】键，再绘制一个矩形。

Step 08 修剪图形❶同时选中两个矩形，按下【E】键，将它们居中对齐。❷单击属性栏中的"移除前面对象"按钮，修剪选中的两个图形，得到一个新的图形。

Step 09 输入文字❶选择工具箱中的文本工具**字**，或按下【F8】键，输入文字，设置文字字体为微软雅黑、大小为30pt。❷选择工具箱中的文本工具**字**，或按下【F8】键，输入文字，设置文字字体为微软雅黑、大小为30pt。

①输入

②倾斜

Step 10 输入文字 ❶ 选择工具箱中的文本工具**字**，或按下【F8】键，输入数字"2"，设置文字字体为微软雅黑、大小为35pt。❷ 保持数字"2"的选中状态，单击数字"2"，显示圆形中心点，将数字向右倾斜一定角度。

风云2**8**

①输入

8万元轻松带回家

②输入

Step 11 输入文字 ❶ 按下【F8】键，输入数字，设置文字字体为Ebrima、大小为53pt、颜色为红色。❷ 按下【F8】键，输入文字，设置文字字体为微软雅黑、大小为25pt。

①绘制

②绘制

Step 12 绘制矩形与直线 ❶ 选择工具箱中的矩形工具□，或按下【F6】键，在属性栏中单击圆角图标，设置圆角半径为2mm，然后拖动鼠标，绘制圆角矩形。❷ 选择工具箱中的钢笔工具，按住【Shift】键，绘制一条直线。

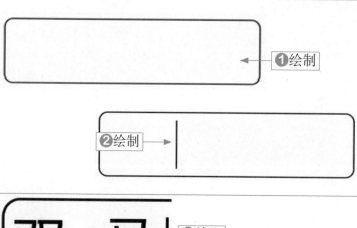

①输入

双 马

全系车型

②输入

Step 13 输入文字 ❶ 选择工具箱中的文本工具**字**，或按下【F8】键，输入文字，设置文字字体为微软雅黑、大小为21pt。❷ 选择工具箱中的文本工具**字**，或按下【F8】键，输入文字，设置文字字体为微软雅黑、大小为15pt。

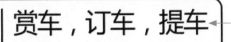

赏车，订车，提车 ❶输入

赏车，订车，提车
均有礼品相送！ ❷输入

Step 14 输入文字❶选择工具箱中的文本工具**字**，或按下【F8】键，输入文字，设置文字字体为微软雅黑、大小为17pt。❷选择工具箱中的文本工具**字**，或按下【F8】键，输入文字，设置文字字体为微软雅黑、大小为21pt、颜色为红色。

5.3.2 制作广告语

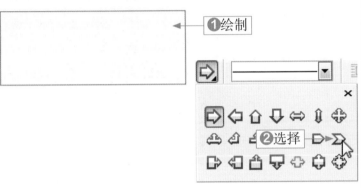

❶绘制

❷选择

Step 01 绘制矩形❶选择工具箱中的矩形工具▢，或按下【F6】键，绘制一个矩形。❷选择工具箱中的基本形状工具，单击属性栏中的箭头形状按钮，在弹出的下拉面板中选择合适的箭头图形。

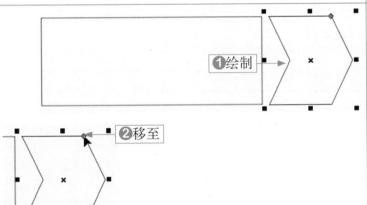

❶绘制

❷移至

Step 02 绘制图形❶在工作区拖动鼠标，绘制如左图所示的图形，图形高度与左侧的矩形保持一致。❷将光标放到所绘图形右上角的节点上。

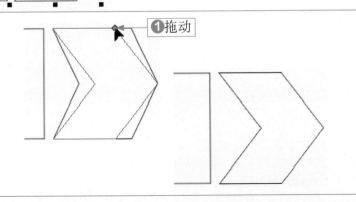

❶拖动

Step 03 调整图形形状❶选中红色菱形，按住鼠标左键不放，向左拖动到合适的位置。❷释放鼠标后，得到如左图所示的效果。

设计师实战应用

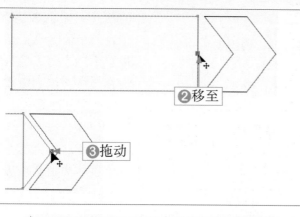

Step 04 调整图形形状❶选中矩形，按下【Ctrl+Q】组合键，将矩形转换为曲线。❷将光标放在如左图所示的位置，双击鼠标左键，添加节点。❸按住鼠标左键不放，向右拖动节点。

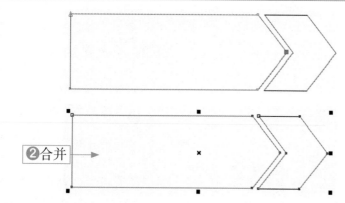

Step 05 合并图形❶释放鼠标后，得到如左图所示的效果。❷选择工具箱中的选择工具，按住【Shift】键，同时选中左、右两个图形，单击属性栏中的合并按钮，合并选中的两个图形。

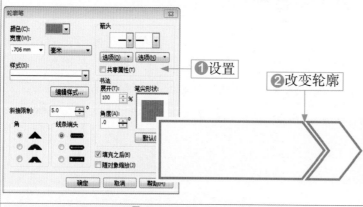

Step 06 改变轮廓❶选择工具箱中的轮廓笔工具，或按下【F12】键，打开"轮廓笔"对话框，在对话框中设置轮廓色为橘色、轮廓宽度为0.706mm。❷单击"确定"按钮，得到如左图所示的效果。

Step 07 输入文字❶按下【G】键，为图形应用线性渐变填充，分别设置几个位置点颜色的CMYK值为：0（C0，M0，Y100，K0）、50（C0，M100，Y100，K0）、100（C0，M0，Y100，K0）。❷按下【F8】键，输入文字，设置文字字体为微软雅黑、大小为22pt。

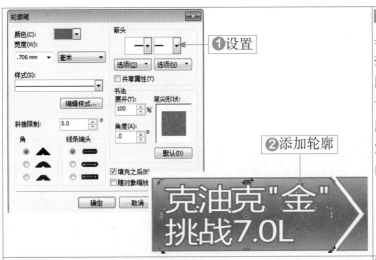

Step 08 设置轮廓❶选择工具箱中的轮廓笔工具🖊，或按下【F12】键，打开"轮廓笔"对话框，在对话框中设置轮廓色为红色、轮廓宽度为0.706mm。❷单击"确定"按钮，得到如左图所示的效果。

Step 09 倾斜文字❶单击文字，显示圆形中心点，将光标放到上方中间的控制点处。❷按住鼠标左键不放，将文字向右倾斜一定角度。

Step 10 导入素材❶选择"文件"|"导入"命令，或按下【Ctrl+I】组合键，导入本书配套光盘中的"光盘\素材\第5章\汽车.png"文件。❷把素材图像放到背景中，如左图所示。

Step 11 输入文字❶选择工具箱中的文本工具**字**，或按下【F8】键，输入文字，设置文字字体为微软雅黑、大小为22pt。❷单击文字，显示圆形中心点，将光标放到右侧中间的控制点处。

设计师实战应用

能驱能省
①倾斜

②复制

能驱能省　能驱能省

Step 12 倾斜文字①按住鼠标左键不放，将文字向上倾斜一定角度。②选中文字，按下【Ctrl+C】组合键，再按下【Ctrl+V】组合键，在原处复制文字，向右移动复制的文字。

能驱能省
①放置光标

②输入　快意驰骋

Step 13 输入文字①选择工具箱中的文本工具**字**，或按下【F8】键，将光标放到文字"省"的后面。②按下【Delete】键删除文字，再输入新的文字。

能驱能省 快意驰骋
①绘制

能驱能省 快意驰骋
②填充

Step 14 绘制图形①选择工具箱中的钢笔工具，在文字下方绘制一个装饰图形。②填充图形的颜色为黑色。

能驱能省 快意驰骋

速驰系列车型,远销30余个国家,得到球20万用户
的信赖与称赞,品质卓越信受瞩目！
速驰汽车,由内而外的舒适性.跨越革新。
以点滴油耗释放强劲动力,让您畅享快意人生！

①输入

②输入　买就送

Step 15 输入文字①选择工具箱中的文本工具**字**，或按下【F8】键，输入文字，设置文字字体为微软雅黑、大小为10pt。②选择工具箱中的文本工具**字**，或按下【F8】键，输入文字，设置文字字体为微软雅黑、大小为38pt、颜色为红色。

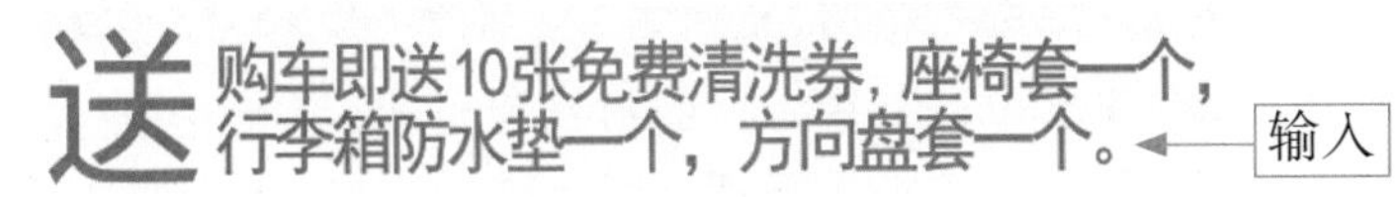

送 购车即送10张免费清洗券，座椅套一个，行李箱防水垫一个，方向盘套一个。 ←输入

Step 16 输入文字 按下【F8】键，输入文字，设置文字字体为黑体、大小为16pt、颜色为红色。

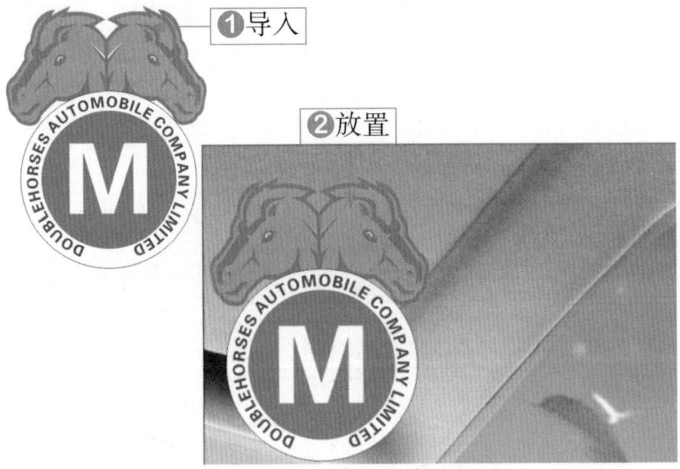

①导入
②放置

Step 17 导入标志①选择"文件"|"导入"命令，或按下【Ctrl+I】组合键，导入本书配套光盘中的"光盘\源文件\第2章\汽车标志.cdr"文件。②选择工具箱中的选择工具，将标志图形放到背景中，如左图所示。

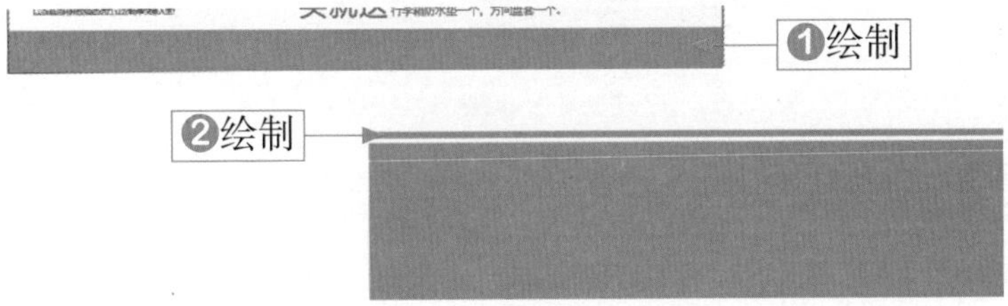

①绘制
②绘制

Step 18 绘制矩形①按下【F6】键，绘制一个矩形，填充矩形颜色为黄色（C0，M60，Y100，K0），去掉轮廓。②绘制一个较窄的矩形，填充为相同的颜色。

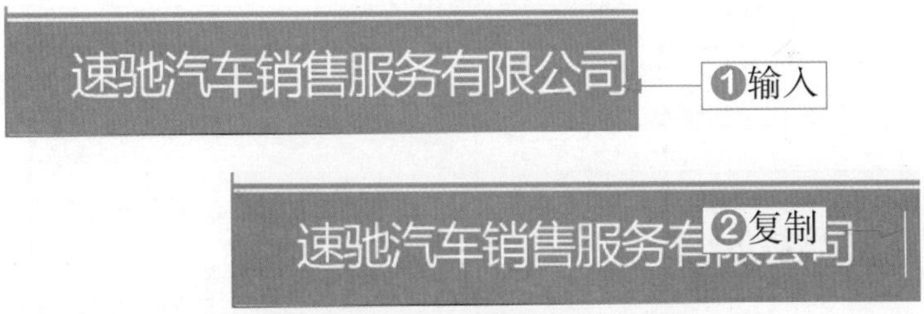

速驰汽车销售服务有限公司 ①输入

速驰汽车销售服务有限公司 ②复制

Step 19 输入文字①按下【F8】键，输入文字，设置文字字体为微软雅黑、大小为24pt。②复制前面绘制的直线，改变直线轮廓色为白色。

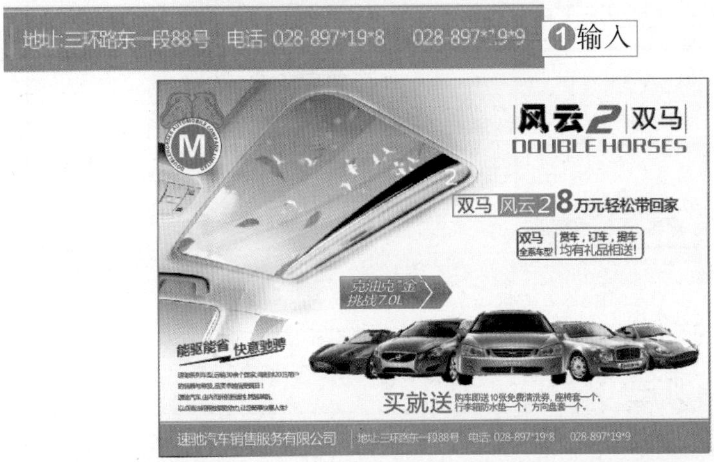

地址：三环路东一段88号　电话：028-897*19*8　　028-897*19*9 ①输入

Step 20 输入文字①选择工具箱中的文本工具字，或按下【F8】键，输入文字，设置文字字体为微软雅黑、大小为17pt。②至此，完成本案例的制作，其最终效果如左图所示。

设计师实战应用

5.4　CorelDRAW技术库

在本章案例的制作过程中，多处运用到了轮廓工具，下面将针对轮廓工具的功能及应用进行重点介绍。

5.4.1　轮廓工具的使用

选择工具箱中的"轮廓工具"按钮 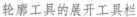，弹出如左下图所示的轮廓工具展开工具栏。其中各工具按钮的含义如下。

❀ 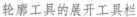：单击此按钮，可以打开"轮廓笔"对话框，如右下图所示。

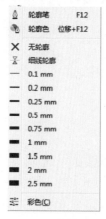

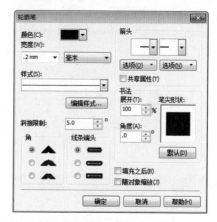

轮廓工具的展开工具栏　　　　　　　　　　　"轮廓笔"对话框

❀ 单击此按钮，可打开"轮廓颜色"对话框，设置轮廓的颜色，如左下图所示。

❀ ✕：单击此按钮，可以去掉对象的轮廓。

❀ ：单击此按钮，可以打开颜色泊坞窗（如右下图所示），在泊坞窗中设置好颜色参数后，单击"轮廓"按钮，可以改变轮廓颜色。

"轮廓颜色"对话框　　　　　　　　　　　　　颜色泊坞窗

❀ 单击展开工具栏中对应的轮廓宽度按钮，可以将对象轮廓设置为对应的轮廓宽度。

5.4.2　设置轮廓线的颜色

在调色板中单击鼠标右键可以改变轮廓的颜色，如果要精确设置轮廓线的颜色，可以使用"轮廓颜色"对话框和颜色泊坞窗，同时还可以使用"轮廓笔"对话框。下面介绍如何在"轮廓笔"对话框中设置轮廓线的颜色，其操作步骤如下。

Step 01 选中对象，选择工具箱中的轮廓笔工具，打开"轮廓笔"对话框，单击该对话框中的颜色下拉箭头，弹出如左下图所示的颜色挑选器。

Step 02 单击颜色挑选器中的"更多"按钮，弹出"选择颜色"对话框，在该对话框中设置好轮廓的颜色后，单击"确定"按钮，如右下图所示。

Step 03 再单击"轮廓笔"对话框中的"确定"按钮，即可完成轮廓线颜色的设置。

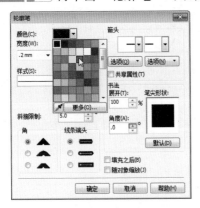
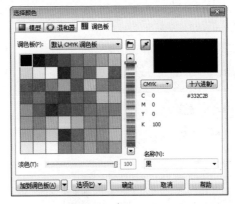

"轮廓笔"对话框　　　　　　　　　　　"选择颜色"对话框

5.4.3　设置轮廓线的粗细与样式

在"轮廓笔"对话框可以设置轮廓线的粗细与样式，其操作步骤如下。

Step 01 选中对象，选择工具箱中的轮廓笔工具，打开"轮廓笔"对话框。

Step 02 在"宽度"下拉列表框中选择轮廓线的粗细（如左下图所示），也可以在文本框中直接输入需要的轮廓宽度。

Step 03 单击"样式"下拉列表框，选择轮廓线的样式，如右下图所示。

Step 04 单击"确定"按钮，完成轮廓线的粗细及样式的设置。

选择轮廓宽度　　　　　　　　　　　选择轮廓样式

知 识 链 接

除了"轮廓笔"对话框外，在对象的属性栏中可以快速设置轮廓线的宽度及样式。

设
计
师
实
战
应
用

5.4.4　设置轮廓线的拐角和末端形状

在"轮廓笔"对话框中还可以设置轮廓线的拐角和末端形状，其操作步骤如下。

Step 01 选择工具箱中的选择工具 ，选中对象，再选择工具箱中的轮廓笔工具，打开"轮廓笔"对话框。

Step 02 在"角"栏中选择需要的拐角形状，其中包含尖角、圆角和平角三种形状，如左下图所示。

Step 03 在"线条端头"栏中选择轮廓线线端的形状。

Step 04 在对话框右侧的"展开"及"角度"增量框中，设置轮廓线的展开程度和绘制线条时笔尖与直线的角度。

如右下图所示为尖角、圆角和平角三种不同的拐角样式的效果。

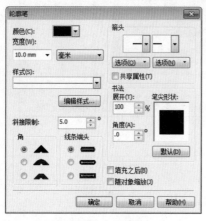

"轮廓笔"对话框

三种不同的拐角样式

5.4.5　设置箭头样式

在"轮廓笔"对话框中还可以设置轮廓线的箭头样式。选中对象，在"轮廓笔"对话框右上方的"箭头"下拉列表框中选择箭头样式即可，如左下图所示。

用户还可以在选择箭头样式后对样式进行编辑，单击"箭头"下拉列表框下方的"选项"按钮，选择下拉菜单中的"新建"命令，打开"箭头属性"对话框（如右下图所示），设置其中的相应参数可编辑箭头的形状，完成后单击"确定"按钮即可。

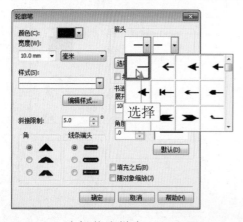

选择箭头样式

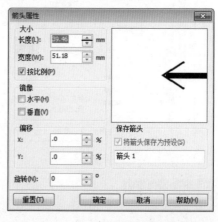

"箭头属性"对话框

5.4.6 "填充之后"与"随对象缩放"选项

轮廓默认位于填充对象的前面，勾选"轮廓笔"对话框中的"填充之后"复选框（如左下图所示），轮廓会以50%的宽度位于填充对象的后面，如右下图所示为设置前后的效果对比。

"轮廓笔"对话框 设置后台填充前后的效果对比

勾选"轮廓笔"对话框中的"随对象缩放"复选框，在对图形对象进行缩放操作时，轮廓线的粗细会随之成比例地改变。

5.4.7 对齐与分布对象

当页面上有多个对象时，需要将这些对象进行对齐和整齐分布操作，CorelDRAW X6提供了对齐和分布功能，通过它可以方便地组织和排列对象，下面分别介绍对象的对齐与对象的分布方法。

1. 对齐对象

使用CorelDRAW X6提供的对齐功能，可以使多个对象在水平或垂直方向上对齐，其操作步骤如下：

Step 01 选择工具箱中的挑选工具 ，在页面中同时选中两个或两个以上的对象，如左下图所示。

Step 02 选择"排列"|"对齐和分布"|"对齐与分布"命令，弹出"对齐与分布"对话框，如右下图所示。用户也可以单击属性栏中的"对齐与分布"按钮 ，同样可以打开"对齐与分布"对话框。

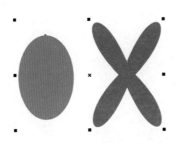

选中两个对象 "对齐与分布"对话框

Step 03 单击"对齐"选项卡，设置选择对象在水平或垂直方向上的对齐方式。其中水平方向上提供了左、中、右三个对齐方式，垂直方向上提供了顶部、中部、底部三种对齐方式，其相应的效果如下图所示。

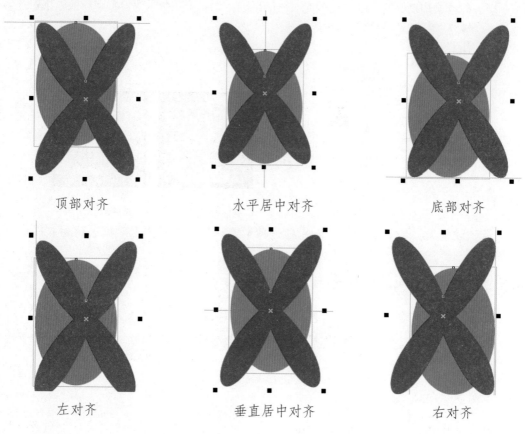

顶部对齐   水平居中对齐   底部对齐

左对齐   垂直居中对齐   右对齐

2. 分布对象

使用CorelDRAW X6提供的分布功能，可以使多个对象在水平或垂直方向上成规律分布，其分布的间距是相同的。单击泊坞窗中相应的按钮，可以得到相应的效果，如下图所示是不同形式的分布效果。

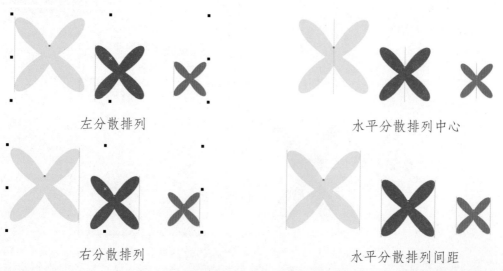

左分散排列   水平分散排列中心

右分散排列   水平分散排列间距

顶部分散排列

垂直分散排列中心

底部分散排列

垂直分散排列间距

5.5 设计理论深化

为了使读者提高设计理念，掌握更多的设计理论知识，为以后的设计工作提供理论指导和参考，做到有的放矢，需要理解和熟悉以下的知识内容。

5.5.1 报纸广告中的文字设计

报纸广告的字体要避繁就简，易读易懂。易读性传播理念在现代传媒各类报纸的版式设计中被普遍运用，作为报纸版面中所要传播的信息主体，文字的字体及字号大小的设计，更要符合现代传媒中报纸设计的理念。

在报纸版面设计中，整个版面以选择2～3种字体为宜，否则会显得零乱而缺乏整体效果。在选用的字体中，加粗、变细、拉长、压扁或以调整行距来变化字体大小就能产生丰富多彩的视觉效果。同时一定要考虑文字的传播功能，其大小、清晰度都要方便阅读。

选择字体时还要注意各种字体具有不同的个性，如黑体表现为理性的现代感，宋体、罗马体表现为古典感，行楷、魏碑具有传统的内涵等。字体的选用要紧贴主体的信息内容，要与版面中其他元素协调，这样才能做到外在与内涵、内容与形式的有机统一。

5.5.2 彩色报纸中的色彩运用

如今，彩色报纸已成为现代报纸媒介里的新宠儿，很多报社都放弃了黑白的版面设计，均采用彩色的版面设计，彩色报纸的设计可以更鲜明、更形象地传递信息。下面介绍彩色报纸中的色彩运用。

1. 标题的色彩运用

标题是彩色报纸的亮点，是其重要的标色区域。黑色的内文和彩色图片之间，要靠一定的具有色彩感觉的标题来穿插和联系，组成统一和谐的整体版面。色彩具有导读的功能，标题色彩突出，对比强烈，所造成的视觉冲击力就强，文章的重要性就显而易见。无论版面色彩多么丰富，黑色是基础，黑色是版面稳定的重要因素。彩色图片可变性差，往往为了显示真实性而不能随意改变其色彩，这样标题字色彩就应该灵活多变，以取得最佳的整体效果。具体运用中，有时一个标题可分成几部分用色，其原则是突出主要词语，强调主标题而弱化副标题。标题字用色一般不宜超过三种颜色，否则显得杂乱。三种色既可对比，又可在同种色中追求变化。整版彩图多时，标题色彩应以黑色为主，彩色为辅；彩图少时，标题色彩要丰富。

2. 装饰色彩的运用

运用色彩是为了取得理想的装饰效果，所以版面上所有色彩都是为了同一个目标美化版面、取悦读者服务的。版面上彩图少时，可多用彩色线框和线条；彩图多时，可用黑色或灰色线条和线框。彩图上压字通常要勾白边或网边，其色彩应有别于彩图本身的颜色和明度。

3. 对比色的运用

两种颜色分开和并置时效果不一样，这就是色彩的对比效应。对比色又称互补色，如红与绿、蓝与橙、黄与紫互为对比色。互补色在使用面积上和纯度上要有所讲究，如红与绿色并用时，面积对等或接近时效果并不好，反倒一大一小时较为和谐。如果标题字是蓝色，其轮廓色可用对比色——橙色，由于两色面积差别较大，有主有次，看起来醒目、雅致。此外，色彩的对比要有个度，为避免反差过大，用色时一定要调节纯度。为避免色彩过艳，可多用间色和复色，有的标题用大红，感觉过艳，可用黑色或灰色勾边，这样标题字与底色之间有了过渡，就会显得稳重。

5.5.3 如何选择报纸广告中的图片

从传播学的角度而言，图形符号的传播速度快于文字符号的传播速度。在当今快节奏的社会生活中，人们更乐意接受图形符号传播的信息。但不能因此舍本逐末，在版面上大量堆砌图片。在设计广告专刊时使用图片要注意以下几点。

（1）所选图片精度要高，要精心挑选。不能单纯为追求版面的美观而不考虑图片内容是否符合见报要求或降低对图片画面质量的要求。

（2）要注重图片与内容相结合。不能为了使版面看上去"图文并茂"，而把不相干、不协调、信息相左或情感殊异的图文强行组合在一起，导致稿件组合所体现的版面思想混乱，使读者无法从图文的阅读中获得一致的信息和感受。

（3）要有法律意识。使用图片时要注意避免给报纸带来肖像权和版权的法律纠纷。

Chapter 第06章

杂志广告设计

课前导读

　　杂志与报纸一样，有普及性的，也有专业性的。但就整体而言，它比报纸针对性要强。它具有社会科学、自然科学、历史、地理、文化教育等种类，还有针对不同年龄、不同性别的杂志，可以说是分门别类，种类非常丰富。本章将介绍杂志广告设计的相关理论，并结合两个经典案例对杂志广告设计与制作进行详细讲解。

本章学习要点

❀ 杂志广告设计理念
❀ 房产杂志拉页广告设计
❀ 化妆品杂志广告设计

精彩效果赏析

设计师实战应用

6.1　杂志广告设计理念

杂志和报纸相同，它也是一种传播媒体，其形式是以印刷符号传递信息的连续性出版物，刊登在杂志上的广告称为杂志广告。

6.1.1　杂志广告概述

杂志可分为专业性杂志、行业性杂志和消费者杂志等。因其读者比较明确，是各类专业商品常选用的广告媒介。刊登在杂志封二、封三、封四和中间双面的杂志广告一般用彩色印刷，纸质也较好，因此表现力较强，是报纸广告难以比拟的。杂志广告还可以用较多的篇幅来传递关于商品的详尽信息，既利于消费者理解和记忆，也有更高的保存价值。杂志广告的缺点是影响范围较窄，同时因杂志出版周期长，信息不易及时传递。下图所示为两个不同行业的杂志广告。

红酒杂志广告　　　　　　　　　　　　房产杂志广告

6.1.2　杂志广告的特点

杂志是大家所熟悉的宣传媒介，而设计新颖的广告必然会引起读者的关注，杂志广告的特点有以下几点。

1．有明确的读者对象

专业性杂志由于具有固定的读者群体，可以使广告宣传深入某一专业行业。杂志的读者虽然广泛，但也是相对固定的。因此，对特定消费阶层的商品而言，在专业杂志上做广告具有突出的针对性，适于广告对象的理解力，能产生深入的宣传效果，而很少有广告浪费。从广告传播上来说，这种特点有利于明确传播对象，广告可以有的放矢。

2．杂志的发行量大，发行面广

许多杂志具有全国性影响，有的甚至有世界性影响，经常在大范围内发行和销售。运用这一优势，对全国性的商品或服务的广告宣传，杂志广告无疑占有优势。

3. 幅面多，制作方式灵活

杂志可利用的篇幅较多，没有限制。杂志广告可以刊登在封面、封底、封二、封三、中页版及插页上，以彩色画页为主，印刷和纸张都精美，能最大限度地发挥彩色效果，具有很高的欣赏价值。杂志广告面积较大，可以独居一面，甚至可以连登几页。

4. 多样性

杂志广告设计的制约较少，表现形式多种多样。可以直接利用封面形象和标题、广告语、目录为杂志自身制作广告；可以独占一页、跨页或采用半页制作广告；可以通过连续登载制作广告；还可以附上艺术欣赏性强的插页、明信片、贺年片等，如下图所示。

运动鞋杂志广告　　　　　　　　　　牛奶杂志广告

6.1.3　杂志广告的设计原则

杂志广告具有很强的商业性，它是商家进行企业形象、产品和服务宣传的重要阵地。杂志广告在设计时要遵循以下几大原则。

1. 明确诉求对象

杂志具有专业性和阶层性，读者对象也有一定的知识层次和欣赏习惯。因此，杂志广告应该运用更加专业化的设计，明确诉求对象，做到有的放矢，使广告具有鲜明的针对性和非凡的吸引力。

2. 运用精美的设计，注重图文并茂

与其他媒介相比，杂志具有印刷精美、编排细致的特点。因此，杂志广告更注重图片的质量、色彩、构图和摄影技巧，以求充分表现商品的形象，激发购买欲。

3. 发挥杂志的优势，突出广告的艺术特色

杂志的印刷十分精美，不管是彩色图片还是黑白图片，都可以保证广告图像的精度和质感。因此，在杂志广告设计时要充分利用这一优势，突出广告的艺术特色，提升广告欣赏价值。

设
计
师
实
战
应
用

4. 科学利用版面，讲究版面位置安排

由于杂志的版面相对较小，因此要科学利用版面。在杂志中最引人注意的地方是封面、封底，其次是封二、封三，再次是中间插页，必要时还可制作跨页广告。

6.2 房产杂志拉页广告设计

案例效果

源文件路径：
光盘\源文件\第6章

素材路径：
光盘\素材\第6章

教学视频路径：
光盘\视频教学\第6章

制作时间：
25分钟

设 计 与 制 作 思 路

本实例制作的是一个房产杂志拉页广告。根据楼盘的定位，设计风格趋向大气磅礴、高贵典雅。广告的整体色调选用金色，左上角的相框素材也特别处理成了金色的色调。文字的颜色多为暗红，给人以高贵、稳重的感觉，与整体色调也很搭配。

在制作过程中首先通过素材的导入、矩形工具、图像的裁剪等制作基本的版式，然后使用文字工具、钢笔工具、椭圆形工具等制作文字内容及装饰文字的图案。

6.2.1 导入素材内容

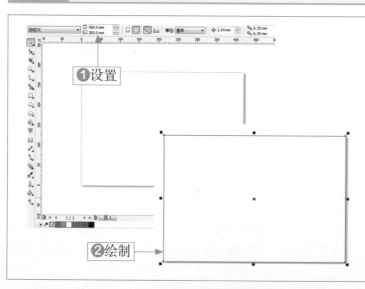

Step 01 绘制矩形❶新建一个文件，在属性栏中设置页面宽度为420mm、高度为285mm。❷双击工具箱中的矩形工具，得到一个与页面大小相同的矩形。

❶导入

❷放置

Step 02 导入素材 ❶ 选择 "文件" | "导入" 命令，或按下【Ctrl+I】组合键，导入本书配套光盘中的 "光盘\素材第6章\背景.jpg" 文件。❷ 选择工具箱中的选择工具 ⬚，将素材移至矩形中，将光标放到素材右上角的控制点处，按住鼠标左键不放，向内拖动后释放鼠标左键，调整素材的大小。

❶导入

❷导入

Step 03 导入素材 ❶ 选择 "文件" | "导入" 命令，或按下【Ctrl+I】组合键，导入本书配套光盘中的 "光盘\素材\第6章\房子.jpg" 文件。❷ 选择 "文件" | "导入" 命令，或按下【Ctrl+I】组合键，导入本书配套光盘中的 "光盘\素材\第6章\相框.jpg" 文件。

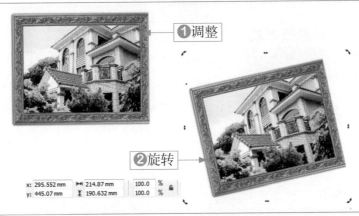

❶调整

❷旋转

x: 295.552 mm ↔ 214.87 mm   100.0 %
y: 445.07 mm   ↕ 190.632 mm 100.0 %

Step 04 旋转素材 ❶ 将 "房子" 素材移至 "相框" 素材中，调整素材的大小。❷ 框选左图的素材，在属性栏中设置旋转角度为12度，旋转相框。按下【Ctrl+G】组合键，将它们群组。

设计师实战应用

裁剪

Step 05 裁剪素材选中相框素材图片，按住鼠标右键不放，将图片拖动到导入的背景中，当光标变为⊕形状时松开鼠标，在弹出的快捷菜单中选择"图框精确裁剪内部"命令，得到如左图所示的效果。

❶绘制

❷透明

Step 06 绘制图形❶选择工具箱中的钢笔工具，绘制图形，填充绘制的图形为橘色（C0，M60，Y100，K0），去掉轮廓。❷选择工具箱中的透明度工具，设置透明度类型为标准、开始透明度为80，得到如左图所示的透明效果。

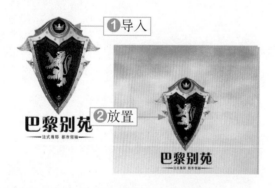

❶导入

❷放置

Step 07 导入标志❶选择"文件"|"导入"命令，或按下【Ctrl+I】组合键，导入本书配套光盘中的"光盘\素材\第6章\房产标志.png"文件。❷选择工具箱中的选择工具，将标志放到背景图像的右上角。

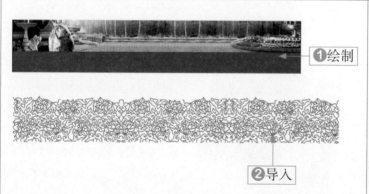

❶绘制

❷导入

Step 08 绘制矩形❶按下【F6】键，绘制一个矩形，填充矩形颜色为红色（C10，M100，Y100，K40），去掉轮廓。❷按下【Ctrl+I】组合键，导入本书配套光盘中的"光盘\素材\第6章\花纹.png"文件。

②裁剪

Step 09 裁剪素材❶选中"花纹"素材图片，按住鼠标右键不放，将图片拖曳到红色矩形中。❷当光标变为⊕形状时释放鼠标，在弹出的快捷菜单中选择"图框精确裁剪内部"命令。

6.2.2 制作文字内容

金秋绽放 ❶输入

金秋绽放
法式风情让您如置身巴黎

②输入

Step 01 输入文字❶按下【F8】键，输入文字，字体为方正粗倩简体、大小为60、颜色为红色（C10，M100，Y100，K40）。❷按下【F8】键，输入文字，字体为方正粗倩简体、大小为50、颜色为红色（C10，M100，Y100，K40）。

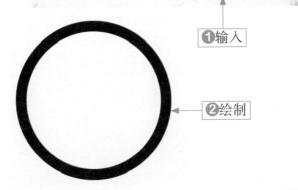

二期即将交房，轴心景观工程全面启动

❶输入

❷绘制

Step 02 输入文字、绘制圆❶选择工具箱中的文本工具**字**，或按下【F8】键，输入文字，字体为方正大黑简体、大小为28。❷按下【F7】键，按住【Ctrl】键的同时绘制一个圆，设置圆的轮廓为0.5mm。

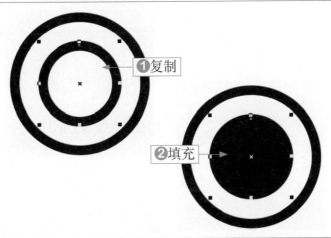

❶复制

❷填充

Step 03 复制圆❶保持圆的选中状态，按住【Shift】键，将光标放到四个角的任意一个控制点上，按住鼠标左键不放，向内等比例缩小对象到一定位置后单击鼠标右键，复制圆。❷填充复制圆的颜色为黑色。

◉ 二期即将交房，

①绘制

◉ 二期即将交房，

②复制

Step 04 绘制直线①选择工具箱中的钢笔工具，按住【Shift】键，绘制一条水平直线，改变直线轮廓色为棕色（C0，M30，Y60，40）。②按住【Shift】键，垂直向下复制直线。

轴心景观工程全面启动

①复制

②复制

轴心景观工程全面启动

Step 05 复制直线①选中上面的直线，按住【Shift】键，向右水平复制直线后单击鼠标右键，调整直线的长度。②选中下面的直线，按住【Shift】键，向右水平复制直线后单击鼠标右键，调整直线的长度。

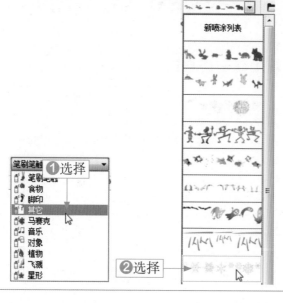

①选择

②选择

Step 06 选择笔触①选择工具箱中的艺术笔工具，单击属性栏中的喷涂按钮，在笔刷笔触下拉列表中选择"其他"选项。②拖动笔触下拉列表右侧的滚动条，在笔触下拉列表中选择雪花图形，如左图所示。

绘制

Step 07 绘制图形拖动鼠标，绘制一条曲线，得到一串沿曲线分布的雪花图形。

经验分享

绘制曲线后，显示的是沿所绘曲线路径分布的雪花图形。笔触选择的是什么图形，绘制出的就是什么图形。

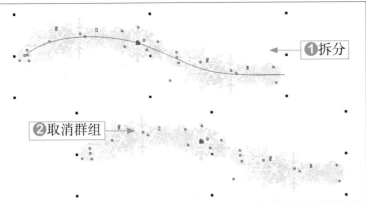

Step 08 删除曲线❶选择"排列"|"拆分艺术笔"命令，将曲线与图形拆分。❷选中曲线，按下【Delete】键，将其删除。再选中图形，单击属性栏中的取消群组按钮，取消群组。

❶拆分

❷取消群组

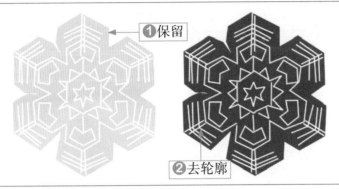

Step 09 改变图形颜色❶保留如左图所示的图形，将其余图形都删除。❷改变图形颜色为棕色（C48，M62，Y100，K6），用鼠标右键单击调色板中的无轮廓图标⊠，去除轮廓色。

❶保留

❷去轮廓

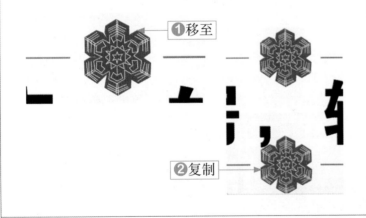

Step 10 复制图形❶将图形移到上面的两条直线间。❷选中前面制作的雪花图形，按下【Ctrl+C】组合键，再按下【Ctrl+V】组合键，在原处复制图形。选择工具箱中的选择工具，按住【Shift】键，将复制的图形垂直移到下面的两条直线之间。

❶移至

❷复制

Step 11 输入文字并绘制矩形❶选择工具箱中的文本工具字，或按下【F8】键，输入文字，字体为汉仪彩云体简、大小为43、颜色为红色。❷选择工具箱中的矩形工具□，或按下【F6】键，绘制一个矩形。

❶输入

❷绘制

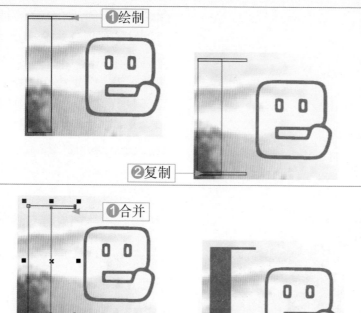

Step 12 绘制矩形 ❶ 选择工具箱中的矩形工具□，或按下【F6】键，绘制一个窄矩形。❷ 选中矩形，按住【Shift】键的同时按住鼠标左键不放，将图形垂直向下移到一定位置后单击鼠标右键，复制窄矩形。

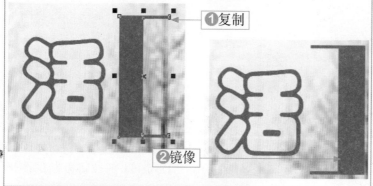

Step 13 填色 ❶ 选择工具箱中的选择工具，按住【Shift】键，同时选中三个矩形，单击属性栏中的合并按钮，合并矩形。❷ 选择工具箱中的选择工具，按住【Shift】键，同时选中三个矩形，填充图形颜色为红色，并去掉轮廓。

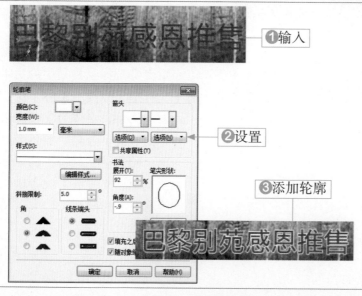

Step 14 复制并镜像图形 ❶ 选中图形，按住【Shift】键的同时按住鼠标左键不放，将图形移到文字的右侧后单击鼠标右键，水平复制图形。❷ 单击属性栏中的水平镜像按钮，将复制的图形水平镜像。

Step 15 输入文字 ❶ 选择工具箱中的文本工具字，或按下【F8】键，输入文字，字体为微软雅黑、大小为35、颜色为红色（C10，M100，Y100，K40）。❷ 选择工具箱中的轮廓笔工具，或按下【F12】键，打开"轮廓笔"对话框，设置轮廓色为白色、轮廓宽度为1mm。❸ 单击"确定"按钮，得到描边文字效果。

输入

Step 16 输入文字按下【F8】键，输入文字，字体为方正粗倩简体、大小为45、颜色为红色。

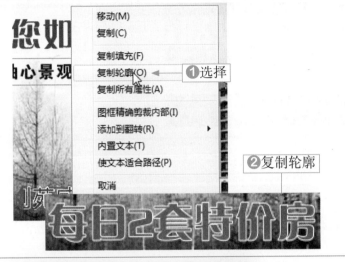

①选择

②复制轮廓

Step 17 复制轮廓❶选中前面的白色轮廓文字，用鼠标右键将文字拖动到新输入的文字上，释放鼠标后，在弹出的快捷菜单中选择"复制轮廓"命令。❷释放鼠标，复制文字轮廓。

①输入

②输入

Step 18 输入文字❶选择工具箱中的文本工具**字**，或按下【F8】键，输入文字，字体为黑体、大小为18、颜色为白色。❷选择工具箱中的文本工具**字**，或按下【F8】键，输入电话，字体为方正综艺简体、大小为40、颜色为白色。

①输入

②输入

③对齐

Step 19 输入文字❶按下【F8】键，输入文字，字体为方正粗倩简体、大小为16、颜色为白色。❷按下【F8】键，输入文字，字体为方正粗倩简体、大小为12、颜色为白色。❸选择工具箱中的选择工具，按住【Shift】键，同时选中刚刚输入的文字，按下【E】键，将它们居中对齐。

Step 20 绘制矩形 ① 按下【F6】键，绘制一个矩形，填充矩形为白色，去掉轮廓。② 选择工具箱中的选择工具 ▣，按住【Shift】键，同时选中矩形与后面的文字，按下【E】键，将它们居中对齐。

Step 21 复制矩形 ① 复制两个矩形，用相同的方法将矩形与文字对齐。② 选择工具箱中的钢笔工具 ▣，按住【Shift】键，绘制一条水平直线。

Step 22 改变轮廓 ① 选择工具箱中的轮廓笔工具 ▣，或按下【F12】键，打开"轮廓笔"对话框，在该对话框中设置轮廓色为白色、轮廓宽度为0.25mm、样式为虚线，② 单击"确定"按钮，得到白色虚线。

Step 23 最终效果 至此，完成本实例的制作，最终效果如左图所示。

6.3 化妆品杂志广告设计

案例效果

 源文件路径：
光盘\源文件\第6章

 素材路径：
光盘\素材\第6章

 教学视频路径：
光盘\视频教学\第6章

 制作时间：
28分钟

设计与制作思路

　　本实例制作的是一个化妆品杂志广告。广告版式采用了上下分割的形式，上部分为图形，下部分为文字内容。根据产品特点，广告整体色彩选用了绿色，给人以清新自然的感觉。

　　在制作过程中首先使用钢笔工具、椭圆形工具、透明工具、阴影工具等绘制基本图形，然后使用文字工具、形状工具等制作广告文字。

6.3.1 绘制图形

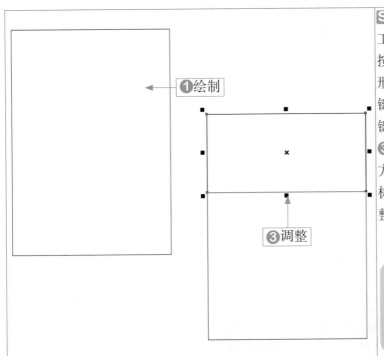

❶绘制

❸调整

Step 01 绘制矩形❶选择工具箱中的矩形工具□，或按下【F6】键，绘制一个矩形。❷按下【Ctrl+C】组合键，再按下【Ctrl+V】组合键，在原处复制一个矩形。❸将光标放到复制的矩形下方中间的控制点处，按住鼠标左键不放，向上拖曳，调整复制矩形的高度。

经验分享

　　使用此方法可以保持第二个矩形的宽度与第一个矩形一样，且两个矩形居中对齐。

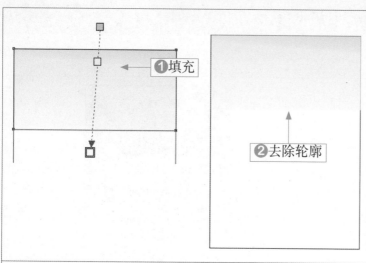

Step 02 为图形填色 ❶选择工具箱中的交互式填充工具 🖐，或按下【G】键，应用线性渐变填充，设置几个位置点颜色CMYK值为：0（C20，M0，Y85，K0）、28（C0，M0，Y0，K0）、100（C0，M0，Y0，K0）。❷用鼠标右键单击调色板中的无轮廓图标⊠，去除轮廓色。

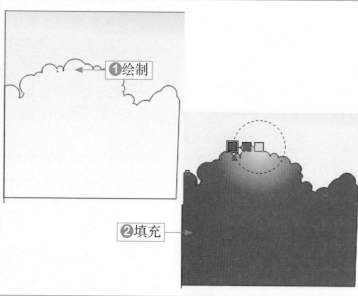

Step 03 绘制图形并填色 ❶选择工具箱中的钢笔工具 🖐，绘制图形。选择工具箱中的形状工具 🖐，通过调整节点的位置和节点两端的调节杆调整图形形状。❷按下【G】键，为图形应用辐射渐变填充，分别设置几个位置点颜色的CMYK值为：0（C85，M28，Y85，K1）、55（C65，M36，Y100，K0）、100（C7，M0，Y93，K0）。

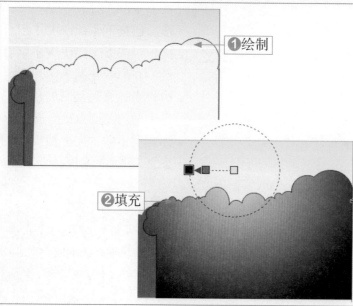

Step 04 绘制图形并填色 ❶选择工具箱中的钢笔工具 🖐，绘制图形，使用形状工具 🖐调整图形。❷选择工具箱中的交互式填充工具 🖐，或按下【G】键，为图形应用辐射渐变填充，分别设置几个位置点颜色的CMYK值为：0（C7，M0，Y93，K0）、36（C65，M36，Y100，K0）、100（C90，M69，Y100，K62）。

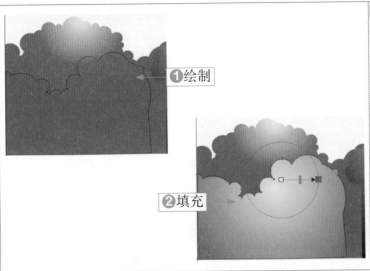

Step 05 绘制图形并填色

❶选择工具箱中的钢笔工具🖊，绘制图形，使用形状工具🔧调整图形。❷选择工具箱中的交互式填充工具🖌，或按下【G】键，为图形应用辐射渐变填充，分别设置几个位置点颜色的CMYK值为：0（C80，M29，Y95，K2）、100（C7，M0，Y93，K0）。

Step 06 绘制图形并填色

❶选择工具箱中的钢笔工具🖊，绘制图形，使用形状工具🔧调整图形。❷选择工具箱中的交互式填充工具🖌，或按下【G】键，为图形应用辐射渐变填充，分别设置几个位置点颜色的CMYK值为：0（C29，M0，Y100，K0）、100（C7，M0，Y93，K0）。

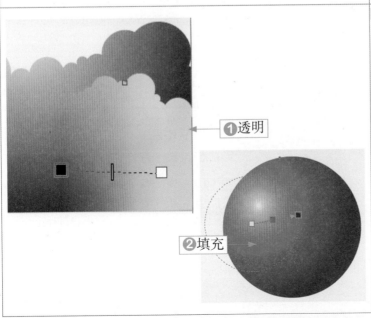

Step 07 绘制图形并填色❶选择工具箱中的透明工具🍸，为图形应用透明效果，在属性栏中设置透明度类型为线性，色块起始位置如左图所示。❷按下【F7】键，按住【Ctrl】键的同时绘制一个圆。按下【G】键，为图形应用辐射渐变填充，分别设置几个位置点颜色的CMYK值为：0（C49，M100，Y100，K32）、54（C0，M100，Y100，K0）、100（C7，M0，Y93，K0）。

设计师实战应用

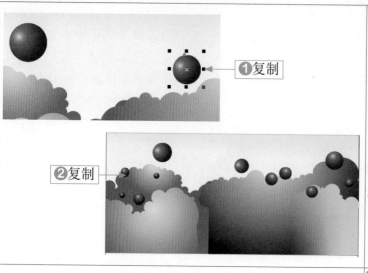

①复制

②复制

Step 08 复制圆①选中圆，将圆移到其他位置后单击鼠标右键，复制圆，将光标放在复制圆的任意一角的控制点上，按住鼠标左键不放，向内拖动到一定位置后释放鼠标左键，等比例缩小复制的圆。②用相同的方法制作多个大小不同的圆形。

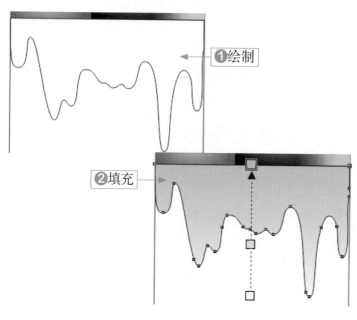

①绘制

②填充

Step 09 绘制图形并填色①选择工具箱中的钢笔工具 🖋，绘制图形。②选择工具箱中的形状工具 🖊，通过调整节点的位置和节点两端的调节杆调整图形形状。选择工具箱中的交互式填充工具 🖌，或按下【G】键，为图形应用线性渐变填充，分别设置几个位置点颜色的CMYK值为：0（C0，M0，Y0，K0）、39（C11，M2，Y35，K0）、100（C24，M1，Y83，K0）。

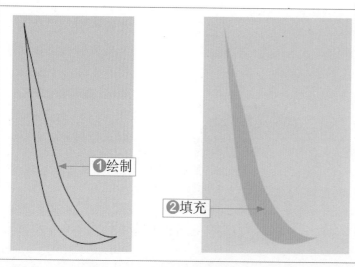

①绘制

②填充

Step 10 绘制图形并填色①选择工具箱中的钢笔工具 🖋，绘制图形，使用形状工具 🖊调整图形。②填充图形颜色为浅绿（C34，M5，Y92，K0），用鼠标右键单击调色板中的无轮廓图标⊠，去除轮廓色。

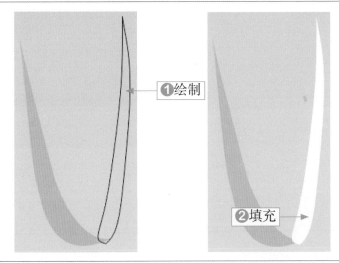

Step 11 绘制图形并填色①选择工具箱中的钢笔工具，绘制图形，使用形状工具调整图形。②填充图形颜色为白色，用鼠标右键单击调色板中的无轮廓图标，去除轮廓色。

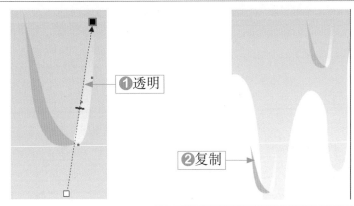

Step 12 应用透明效果①选择工具箱中的透明工具，为图形应用透明效果，在属性栏中设置透明度类型为线性，色块起始位置如左图所示。②复制图形，将复制的图形放到合适的位置。

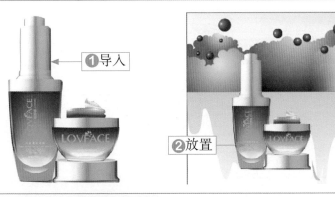

Step 13 导入素材①选择"文件"|"导入"命令，或按下【Ctrl+I】组合键，导入本书配套光盘中的"光盘\素材\第6章\化妆品.png"文件。②选择工具箱中的选择工具，将素材放到如左图所示的位置。

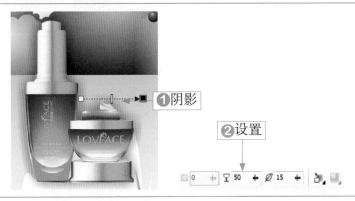

Step 14 添加阴影①选择工具箱中的阴影工具，从素材上向外拖动鼠标，为其应用阴影效果。②在属性栏中设置阴影的不透明为50、羽化值为15。

Step 15 绘制图形并填色

❶选择工具箱中的钢笔工具🖋，绘制图形。选择工具箱中的形状工具🔧，通过调整节点的位置和节点两端的调节杆调整图形形状。❷按下【G】键，为图形应用线性渐变填充，分别设置几个位置点颜色的CMYK值为：0（C71，M33，Y98，K4）、100（C27，M0，Y96，K0）。

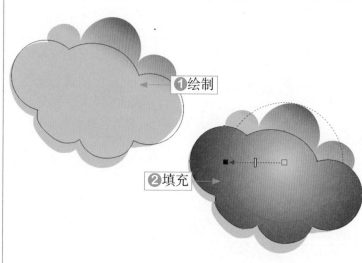

Step 16 绘制图形并填色

❶选择工具箱中的钢笔工具🖋，绘制图形。选择工具箱中的形状工具🔧，通过调整节点的位置和节点两端的调节杆调整图形形状。❷按下【G】键，为图形应用辐射渐变填充，分别设置几个位置点颜色的CMYK值为：0（C94，M59，Y90，K42）、100（C19，M0，Y79，K0）。

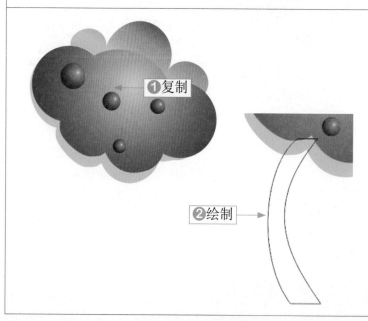

Step 17 复制圆并绘制图形

❶选中前面绘制的渐变圆，将圆移到其他位置后单击鼠标右键，复制圆，将光标放在复制圆的任意一角的控制点上，按住鼠标左键不放，向内拖动到一定位置后释放鼠标左键，等比例缩小复制的圆。❷选择工具箱中的钢笔工具🖋，绘制图形，并使用形状工具🔧调整图形。

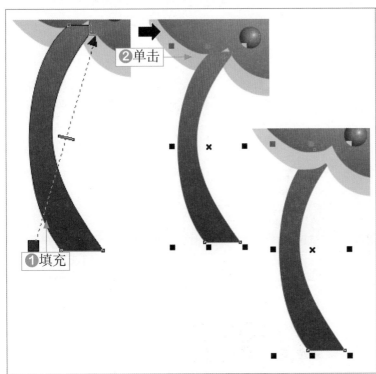

Step 18 填色并调整顺序
❶选择工具箱中的交互式填充工具，或按下【G】键，为图形应用线性渐变填充，分别设置几个位置点颜色CMYK值为：0（C63，M95，Y95，K24）、100（C24，M67，Y99，K0）。❷选中填充后的图形，选择"排列"|"顺序"|"置于此对象前"命令，用箭头单击绿色图形，调整图形的图层顺序。

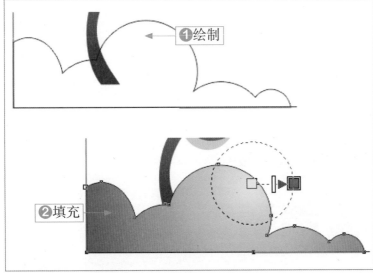

Step 19 绘制图形并填色❶选择工具箱中的钢笔工具，绘制图形，使用形状工具调整图形。❷选择工具箱中的交互式填充工具，或按下【G】键，为图形应用辐射渐变填充，分别设置几个位置点颜色CMYK值为：0（C85，M28，Y85，K1）、100（C7，M0，Y93，K0）。

6.3.2 制作文字内容

萃取天然
自然清新

Step 01 输入文字❶选择工具箱中的文本工具字，或按下【F8】键，输入文字，并设置字体为方正琥珀简体。❷选择"排列"|"拆分美术字"命令，拆分文字。

设计师实战应用

Step 02 填色①选中文字"萃"，选择工具箱中的交互式填充工具 ，或按下【G】键，为文字应用辐射渐变填充，分别设置几个位置点颜色的CMYK值为：0（C85，M28，Y85，K1）、55（C65，M36，Y100，K0）、100（C7，M0，Y93，K0）。②选中渐变的文字，用鼠标右键将文字"萃"拖动到文字"取"上，释放鼠标后在弹出的快捷菜单中选择"复制填充"命令。

Step 03 复制渐变色①复制文字的渐变填充效果如左图所示。②参照上述方法，复制渐变色到其余几个文字中。

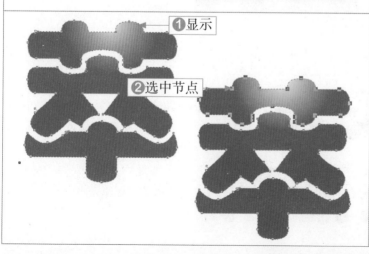

Step 04 选中节点①选中文字"萃"，按下【Ctrl+Q】组合键，将文字转换为曲线。选择工具箱中的形状工具 ，或按下【F10】键，显示节点。②按住【Shift】键的同时选中如左图所示的节点。

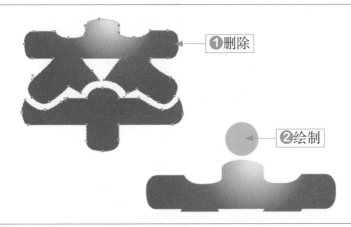

Step 05 删除节点并绘制圆
❶按下【Delete】键，删除选中的节点。❷选择工具箱中的椭圆形工具 ◯，或按下【F7】键，按住【Ctrl】键的同时绘制一个圆。填充圆的颜色为浅绿色（C40，M0，Y100，K0），去掉轮廓。

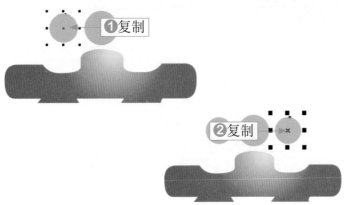

Step 06 复制圆 ❶复制一个圆，保持复制圆的选中状态，将光标放到复制圆的右上角，将复制的圆适当缩小。❷再复制一个圆到如左图所示的位置。

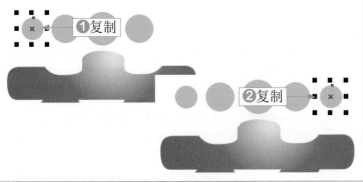

Step 07 复制圆 ❶复制一个圆，保持复制圆的选中状态，将光标放到复制圆的右上角，将复制的圆适当缩小。❷再复制一个圆到如左图所示的位置。

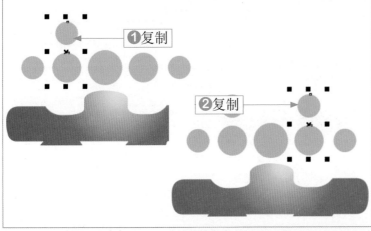

Step 08 复制圆 ❶复制一个圆，保持复制圆的选中状态，将光标放到复制圆的右上角，将复制的圆适当缩小。❷再复制一个圆到如左图所示的位置。

设计师实战应用

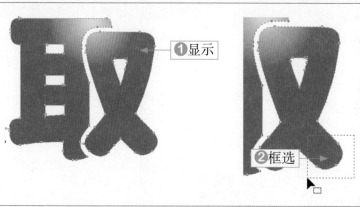

Step 09 框选节点❶选中文字"取"，按下【Ctrl+Q】组合键，将文字转换为曲线。选择工具箱中的形状工具❖，或按下【F10】键，显示节点。❷框选如左图所示的节点。

Step 10 调整图形形状❶按下【Delete】键，删除选中的节点。❷通过调整节点的位置和节点两端的调节杆调整图形形状。❸复制渐变的红色圆，将圆放于文字中。

Step 11 选中节点❶选中文字"天"，按下【Ctrl+Q】组合键，将文字转换为曲线。选择工具箱中的形状工具❖，或按下【F10】键，显示节点。❷按住【Shift】键的同时选中如左图所示的节点。

Step 12 调整图形形状❶按下【Delete】键，删除选中的节点。❷通过调整节点的位置和节点两端的调节杆调整图形形状。❸选中如左图所示的节点。

Step 13 复制圆❶按下【Delete】键，删除选中的节点。❷复制前面绘制的浅绿色圆到如左图所示的位置，并调整圆的大小。

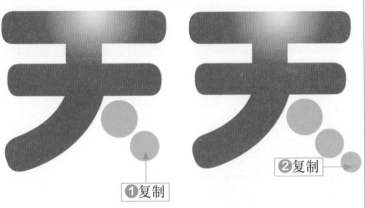

Step 14 复制圆❶复制一个圆，保持复制圆的选中状态，将光标放到复制圆的右上角，将复制的圆适当缩小。❷再复制一个圆，并将复制的圆适当缩小。

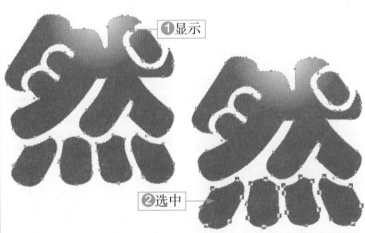

Step 15 选中节点❶选中文字"然"，按下【Ctrl+Q】组合键，将文字转换为曲线。选择工具箱中的形状工具，或按下【F10】键，显示节点。❷按住【Shift】键的同时选中如左图所示的节点。

Step 16 选中节点❶按下【Delete】键，删除选中的节点。❷按住【Shift】键的同时选中如左图所示的节点。

设计师实战应用

Step 17 删除节点并复制圆
❶按下【Delete】键，删除选中的节点。❷复制前面绘制的浅绿色圆，调整圆的大小，然后放到文字的右上角。

Step 18 复制圆❶复制多个圆，将光标放在任意一角的控制点上，调整复制圆的大小。❷复制渐变的红色圆，调整圆的大小，然后将圆放于文字的右上角。

Step 19 框选节点❶选中文字"自"，按下【Ctrl+Q】组合键，将文字转换为曲线。选择工具箱中的形状工具，或按下【F10】键，显示节点。❷框选如左图所示的节点。

Step 20 选中节点❶按下【Delete】键，删除选中的节点。❷将光标放于如左图所示的节点处，选中此节点。

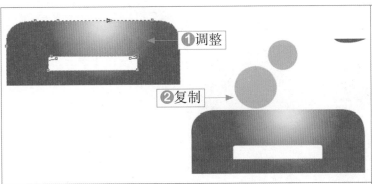

Step 21 复制圆①单击属性栏中的转换为线条按钮，调整图形形状。②复制前面绘制的浅绿色圆，再用相同的方法复制一个圆，并将复制的圆适当缩小。

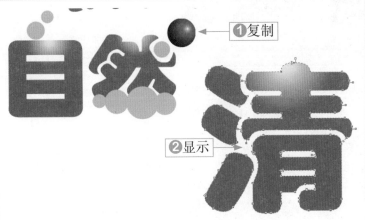

Step 22 复制文字并显示节点①复制前面制作的变形文字"然"，放在如左图所示的位置。②选中文字"清"，按下【Ctrl+Q】组合键，将文字转换为曲线。选择工具箱中的形状工具，或按下【F10】键，显示节点。

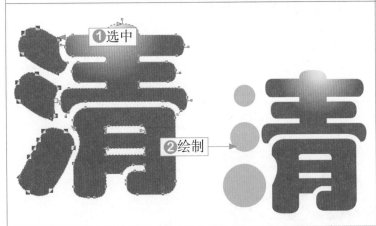

Step 23 选中节点①按住【Shift】键的同时选中如左图所示的节点。②按下【Delete】键，删除选中的节点。③在文字左侧绘制三个不同大小的圆形，填充为浅绿色（C40，M0，Y100，K0），去掉轮廓。

Step 24 选中节点①选中文字"新"，按下【Ctrl+Q】组合键，将文字转换为曲线。选择工具箱中的形状工具，或按下【F10】键，显示节点。②按住【Shift】键的同时选中如左图所示的节点。

设计师实战应用

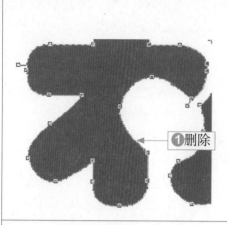

②选中

①删除

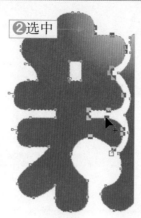

Step 25 选中节点❶按下【Delete】键，删除选中的节点。❷按住【Shift】键的同时，分别单击几个节点，选中如左图所示的多个节点。

①删除

②调整

Step 26 调整图形形状❶按下【Delete】键，删除选中的节点。❷通过调整节点的位置和节点两端的调节杆，调整图形形状。

①复制

②调整

Step 27 复制圆❶复制前面绘制的浅绿色圆，再复制多个圆，并将复制的圆适当缩小，放在如左图所示的位置。❷选择工具箱中的选择工具，调整变形文字的大小及位置。

LOVE FACE-时尚的个人护理品牌

追求专业与个性

自然与功能的完美结合 ← ❶输入

❷输入

广州靓丽化妆品有限公司　　定购热线:028-888888*8

Step 28 输入文字❶按下【F8】键，输入文字，字体为方正细珊瑚简体、大小为18。❷按下【F8】键，输入文字，字体为宋体、大小为12。

Step 29 最终效果至此，完成本案例的制作，最终效果如左图所示。

6.4 CorelDRAW技术库

在本章案例的制作过程中，运用到了形状工具和调整对象顺序的操作，下面将针对形状工具和调整对象顺序的功能及应用进行重点介绍。

6.4.1 形状工具的编辑

绘制曲线后，如果不满意可以使用形状工具进行调整，使用形状工具可以删除、添加节点，可以进行移动节点位置、调整曲线形状等操作。

1. 编辑节点

利用工具箱中的形状工具，可以对曲线进行任意的编辑，其操作步骤如下。

Step 01 选择工具箱中的选择工具 ，选中需进行编辑的对象；再选择工具箱中的形状工具 ，被选中的曲线对象的所有节点将会显现出来，如左下图所示。

Step 02 如果使用形状工具 单击某个节点，则该节点会变成黑色的小方块，表明已选中此节点，如中下图所示。

Step 03 选中节点后，按住鼠标左键并拖动鼠标，即可移动节点，如右下图所示。

显示节点　　　　　　　　单击节点　　　　　　　　移动节点

Step 04 如果组成某段曲线的两个节点都是曲线性质的，则使用形状工具单击该段曲线并拖动，即可改变此段曲线的曲率或移动此曲线，如左下图所示。

Step 05 如果选择的节点是曲线性质的，则其两端就会出现指向线，单击并拖动指向线，可改变该节点处曲线的形状及曲率，如右下图所示。

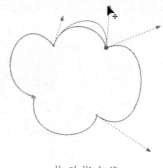

改变曲线形状　　　　　　　　　　　　　拖动指向线

2. 节点的形式

CorelDRAW为用户提供了三种节点编辑形式，尖突节点、平滑节点和对称节点，这三种节点可以相互转换，实现曲线的各种变化，如下图所示。

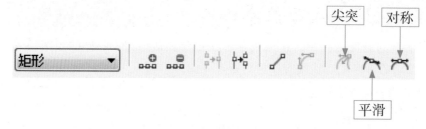

属性栏

❀ 尖突：它两端的指向线是相互独立的，可以单独调节节点两侧的线段的长度和弧度。

❀ 平滑：节点两端的指向线始终为同一直线，即改变其中一个指向线的方向时，另一个也会相应变化。但两个手柄的长度可以独立调节，相互之间没有影响。

❀ 对称：节点两端的指向线以节点为中心而对称，改变其中一个的方向或长度时，另一个也会产生同步、同向的变化。

3. 添加和删除节点

选择工具箱中的形状工具，将鼠标移到节点上，在节点上双击即可删除该节点，如下图所示。

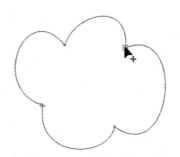

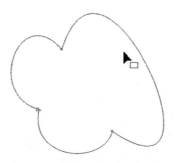

删除节点

将鼠标放到路径上，双击路径即可添加一个节点，如下图所示。

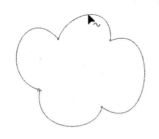

添加节点

4. 分割节点

曲线对象一旦从某个节点处断开了，这个对象就不再闭合，也不能再填充颜色了。如果在曲线对象中有一个以上的分割点，则曲线对象会被分割成几条子路径，但它们仍属于同一对象，分割节点的方法如下。

Step 01 选择工具箱中的形状工具 ，选中要分割的节点，如左下图所示。

Step 02 单击属性栏中的"分割曲线"按钮 ，曲线会从所选节点处断开，分割为两个节点，如中图所示。

Step 03 选中分割的节点，拖动鼠标，得到如右下图所示的效果。

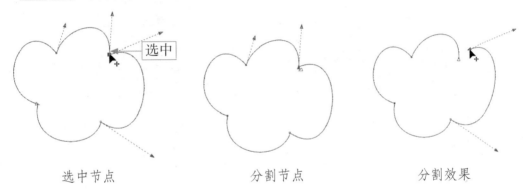

选中节点   分割节点   分割效果

5. 结合两个节点

在CorelDRAW中只有封闭对象才能进行填色，因此常常需要用到结合节点操作。在结合两个节点时，两个节点会同时移动位置并结合在一起，具体操作如下。

Step 01 选择工具箱中的形状工具，框选曲线上两个断开的节点，如左下图所示。

Step 02 单击属性栏中的"连接两个节点"按钮 ，即可将所选的两个节点结合在一起，如右下图所示。

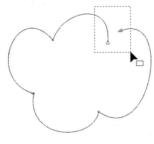

框选节点   结合节点

知识链接

节点的结合仅适用于同一对象中的两个不相连的节点，如要将两个不同对象中的节点连接起来，首先必须将这两个对象选中，按下【Ctrl+L】组合键，将其结合在一起，然后才能进行节点结合操作。

6.4.2 调整对象顺序

对象是按创建对象的先后顺序排列在页面中的，最先绘制的对象位于最底层，最后绘制的对象位于最上层。在绘制过程中，多个对象重叠在一起时，上面的对象会将下面的对象遮住。在CorelDRAW中可以选择"排列"|"顺序"命令调整图形的顺序。

1. "到图层前面"和"到图层后面"命令

选择工具箱中的挑选工具 ，选中对象（如左下图所示），选择"排列"|"顺序"|"到图层前面"命令，或按下【Shift+PageUp】组合键，可以快速地将对象移到最前面，如右下图所示。

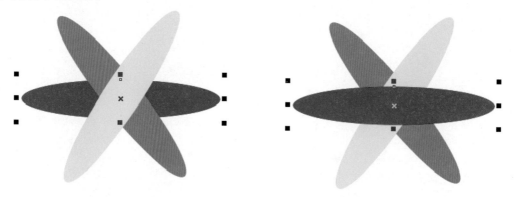

选中对象　　　　　　　　　　　　　　移动对象到最前面

单击挑选工具 选中对象（如左下图所示），选择"排列"|"顺序"|"到图层后面"命令，或按下【Shift+PageDown】组合键，可以将对象移到最后面，如右下图所示。

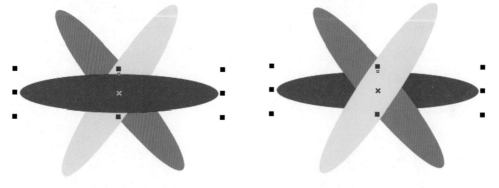

选中对象　　　　　　　　　　　　　　移动对象到后面的效果

2. "向前一位"和"向后一位"命令

选中蓝色对象（如左下图所示），单击"向前一位"命令，或按下【Ctrl+PageUp】组合键，可以使选中的对象上移一层，如右下图所示。

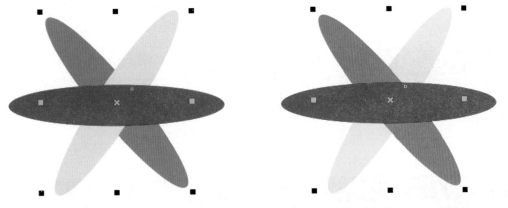

选中对象　　　　　　　　　　　　　　　选择"向前一位"命令

选中对象（如左下图所示），单击"向后一位"命令，或按下【Ctrl+PageDown】组合键，可以使选中的对象下移一层，如右下图所示。

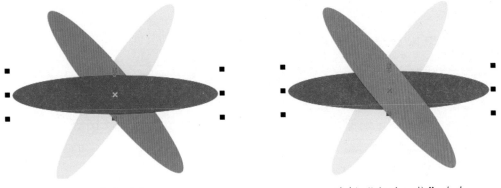

选中对象　　　　　　　　　　　　　　　选择"向后一位"命令

3. "在前面"和"在后面"命令

选中对象（如左下图所示），单击"在前面"命令后，鼠标会变为➡形状，将鼠标放到另一对象上（如中图所示），单击鼠标左键，选中的对象就移到了另一个对象的上面，如右下图所示。

选中对象　　　　将鼠标放到另一对象上　　　　选择"在前面"命令

选中对象（如左下图所示），单击"在后面"命令后，鼠标会变为➡形状，把鼠标放到另一对象上（如中图所示），单击鼠标左键，选中的对象就移到了另一对象的下面，如右下图所示。

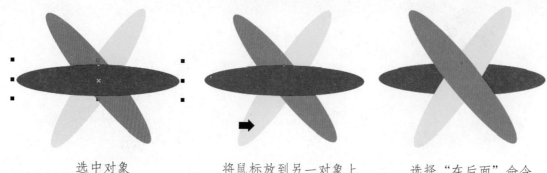

| 选中对象 | 将鼠标放到另一对象上 | 选择"在后面"命令 |

6.5　设计理论深化

为了使读者提高设计理念，掌握更多的设计理论知识，为以后的设计工作提供理论指导和参考，做到有的放矢，需要理解和熟悉以下的知识内容。

6.5.1　色彩的三要素

色彩三要素指的是色彩的色相、纯度和明度，人眼看到的任一彩色光都是这三个特性的综合效果。

❀ 明度：明度表示色所具有的亮度和暗度，如左下图所示。

❀ 色相：色彩是由于物体上的物理性的光反射到人眼视神经上所产生的感觉。色的不同是由光的波长的长短差别所决定的。色相，指的是这些不同波长的色的情况。

❀ 饱和度：饱和度指颜色的鲜艳程度，也叫纯度，纯度越高，表现越鲜明，纯度较低，表现则较黯淡，如右下图所示。

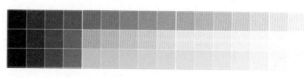

明度　　　　　　　　　　　　　　　　饱和度

6.5.2　色彩的心理感觉

不同的颜色会产生不同的感觉，会给人不同的心理感受。每种颜色在饱和度、明度上略微变化，都会给人不同的心理感觉。

❀ 红色：强有力、喜庆的色彩，具有刺激效果，容易使人产生冲动，给人愤怒、热情、温暖、幸福、吉祥、活力的感觉。左下图所示的红色贺卡给人以喜庆的感觉。

❀ 橙色：也是一种激奋的色彩，具有轻快、欢欣、热烈、温馨、时尚的感觉。

❀ 黄色：亮度最高，有温暖感，具有快乐、希望、智慧和轻快的个性，有愉快、光辉、辉煌、财富的感觉。

❀ 绿色：介于冷暖色中间，具有和睦、宁静、健康、安全的感觉。

❀ 蓝色：是最凉爽、清新的色彩，给人平静、理智、永恒、梦幻、博大的感觉。右下图所示的蓝色海报给人以永恒、梦幻的感觉。

贺卡

海报

❀紫色：给人高贵、古雅、神秘、压迫的感觉。

❀黑色：具有深沉、神秘、寂静、悲哀、压抑、庄严肃穆的感觉。

❀白色：具有洁白、明快、纯真、清洁的感觉，同时具有恐惧和悲哀的感觉。

❀灰色：具有中庸、平凡、温和、谦让、中立和高雅的感觉。

Chapter 第07章

海报招贴设计

课前导读

　　海报又称招贴画，通常指贴在街头墙壁或挂在橱窗里的大幅画作，主要以其醒目的画面来吸引人的注意，达到宣传的目的。本章将介绍海报设计的相关理论，并结合两个经典案例对海报的设计与制作进行详细讲解。

本章学习要点

❀ 海报招贴设计理念
❀ 艺术展海报设计
❀ 气泡酒海报设计

精彩效果赏析

7.1 海报招贴设计理念

海报是一种信息传递艺术,是大众化的宣传工具。海报必须有相当的号召力与艺术感染力,设计时要调动形象色彩、构图形式感等因素来组成强烈的视觉效果;画面要有较强的视觉中心,设计构思要新颖、具有独特的艺术风格。

7.1.1 海报的类型

海报按主题分类,有商业海报、文化海报、电影海报和公益海报几种类型,下面分别对这几种类型的海报进行介绍。

1. 商业海报

商业海报是指宣传商品或企业形象的广告性海报。商业海报的设计要恰当地配合产品的定位或企业的格调,如左下图所示。

2. 文化海报

文化海报是指各种社会文娱活动及各类展览的宣传海报。展览的种类有很多,不同的文化海报展示了各自的特点,设计前需要了解展览和活动的内容,才能运用恰当的方法进行表现。

3. 电影海报

电影海报是海报的分支,主要是起到吸引观众的注意、刺激电影票房收入的作用,要在第一时间抓住观众的眼球,使其产生观看电影的兴趣。

4. 公益海报

公益海报是带有一定思想性的。这类海报具有特定的教育意义,其主题包括各种社会公益、道德的宣传或政治思想的宣传,如右下图所示。

商业海报　　　　　　　　　　　　　　　　公益海报

7.1.2 海报设计的技巧

海报招贴主要张贴于公共场所，必须以大画面及突出的形象和色彩展现在人们面前。与其他平面设计相比，海报设计具有以下三大技巧。

（1）充分的视觉冲击力，可以通过图像和色彩来实现。

（2）海报表达的内容要精炼，要抓住主要诉求点。

（3）海报的内容不可过多，一般以图片为主，文案为辅，主题字体必须醒目。

7.1.3 海报设计的构图方法

构图方法即画面元素的构成方法，从广义上讲，是指形象或符号对空间占有的状况。下面介绍几种海报常用的构图方法。

（1）环绕式画面：围绕一个中心旋转发散，或以环绕的方式进行图形排列的构图形式，叫做环绕式画面。

（2）中心对称式画面：以中心竖轴或横轴或中心点构成的对称形式的画面叫做中心对称式画面。

（3）对角线均衡式画面：有较强的运动感，主要形象成对角线分布的画面叫做对角线均衡式画面。

（4）散点均衡式画面：主题形象大小错落，或按照C形、S形等分布于画面之上，并形成一定空间透视感觉的画面，叫做散点均衡式画面。

（5）平面重复式画面：主题形象几乎没有大小区分，均匀分散或整齐排列，进而产生重复效果的画面叫做平面重复式画面。

（6）对比对称式画面：画面类似对称，但是又呈现出上下或左右的错落对比关系（即对比性差异），因此形成鲜明对比的画面，叫做对比对称式画面。

（7）均衡式画面：主要形象在画面的一角，次要的形象在对应的另一个角上，叫做均衡式画面，如左下图所示。

（8）中心放松式画面：画面中心放松，留出大量空白，并将形象分散于中心以外的部分，使人产生遐想，这种构图叫做中心放松式画面，如右下图所示。

均衡式画面　　　　　　　　　　　　中心放松式画面

7.2 艺术展海报设计

案例效果

	源文件路径: 光盘\源文件\第7章	
	素材路径: 无	
	教学视频路径: 光盘\视频教学\第7章	
	制作时间: 25分钟	

设 计 与 制 作 思 路

　　本实例制作的是一个民间艺术展的海报设计。设计元素主要选用了脸谱,用以代表民间艺术京剧。海报的色彩使用了红色、黄色、蓝色等鲜艳的颜色,能在第一时间吸引人们的眼球。

　　在制作过程中首先使用钢笔工具、椭圆形工具、对象的镜像等绘制脸谱,再使用椭圆形工具、矩形工具、变换泊坞窗等绘制齿轮图形,然后使用交互式调和工具、交互式透明度工具、对象的裁剪等制作完整的画面效果,最后使用文字工具制作海报的文字内容。

7.2.1 绘制脸谱

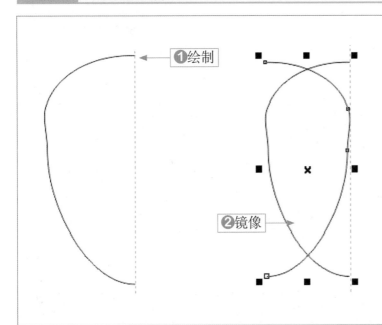

Step 01 绘制图形❶选择工具箱中的钢笔工具,绘制脸谱左侧的脸型,使用形状工具调整曲线。❷选中曲线,按下【Ctrl+C】组合键,再按下【Ctrl+V】组合键,在原处复制曲线。单击属性栏中"水平镜像"按钮,将复制的曲线水平镜像。

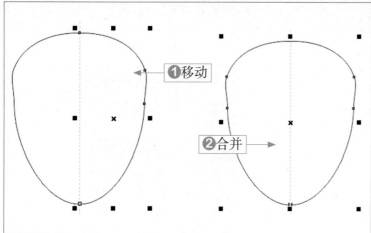

Step 02 合并图形 ❶按住【Shift】键，水平向右移动复制的曲线。❷选择工具箱中的选择工具 � ，框选两条对称的曲线，单击属性栏中的"合并"按钮 ☐ ，将它们合并。

❶移动

❷合并

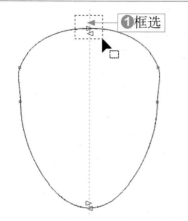 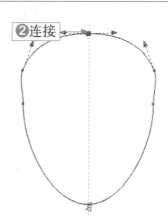

Step 03 连接节点 ❶选择工具箱中的形状工具 ☜ ，或按下【F10】键，框选左图所示的两个节点。❷单击属性栏中的"连接两个节点"按钮 ☷ ，连接选中的两个节点。

❶框选

❷连接

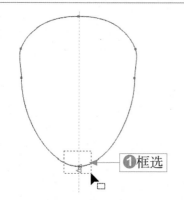 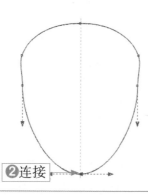

Step 04 连接节点 ❶选择工具箱中的形状工具 ☜ ，或按下【F10】键，框选左图所示的两个节点。❷单击属性栏中的"连接两个节点"按钮 ☷ ，连接选中的两个节点。

❶框选

❷连接

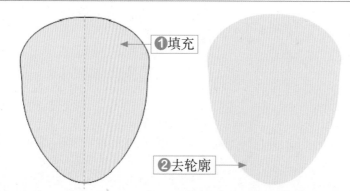

Step 05 填色 ❶填充图形颜色为肤色（C3，M11，Y13，K0）。❷用鼠标右键单击调色板中的无轮廓图标 ☒ ，去除轮廓色。

❶填充

❷去轮廓

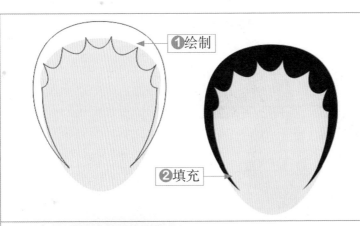

①绘制

②填充

Step 06 绘制图形❶选择工具箱中的钢笔工具✎，绘制图形，使用形状工具⇗调整图形。❷填充图形颜色为黑色，去掉轮廓。

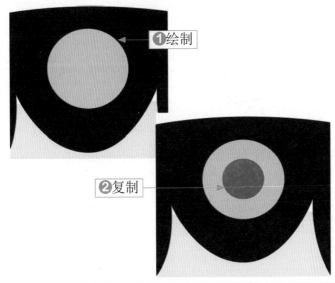

①绘制

②复制

Step 07 绘制圆❶选择工具箱中的椭圆形工具◯，或按下【F7】键，按住【Ctrl】键的同时绘制一个圆。填充圆的颜色为粉色（C5，M22，Y35，K0），去掉轮廓。❷保持圆的选中状态，按住【Shift】键，将光标放到四个角的任意一个控制点上，按住鼠标左键不放，向内等比例缩小对象，到一定位置后单击鼠标右键，复制圆，改变复制圆的颜色为洋红。

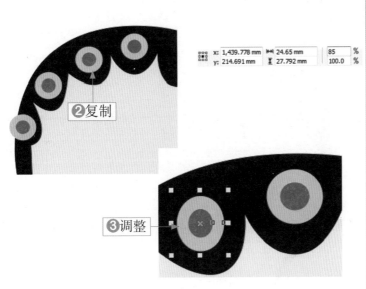

②复制

③调整

x: 1,439.778 mm　↔ 24.65 mm　85 %
y: 214.691 mm　↕ 27.792 mm　100.0 %

Step 08 复制圆❶选择工具箱中的选择工具▸，按住【Shift】键，同时选中两个圆，按下【Ctrl+G】组合键，将它们群组。❷复制三个群组圆形，放在如左图所示的位置。❸选中第一个复制的圆，在属性栏中设置缩放因子横向为85%，得到横向缩放后的效果。

经 验 分 享

　　此时不能选中属性栏中缩放因子右侧的锁定比率按钮，若选中此按钮🔒，对象的横向与纵向会同时缩放。

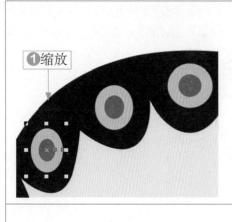

Step 09 调整圆的宽度❶选中第二个复制的圆，在属性栏中设置缩放因子横向为70%，得到横向缩放后的效果。❷选中第三个复制的圆，在属性栏中设置缩放因子横向为55%，得到如左图所示的效果。

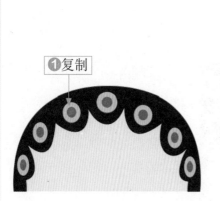

Step 10 绘制图形❶选择工具箱中的选择工具 ，按住【Shift】键，选中脸谱左侧复制的三个群组圆。按下【Ctrl+C】组合键，再按下【Ctrl+V】组合键，在原处复制图形。❷单击属性栏中的"水平镜像"按钮 ，将复制的图形水平镜像。按住【Shift】键，水平向右移动复制的图形。❸选择工具箱中的钢笔工具，绘制腮红图形，并使用形状工具 调整图形。

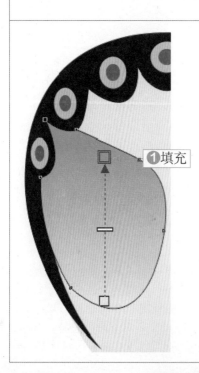

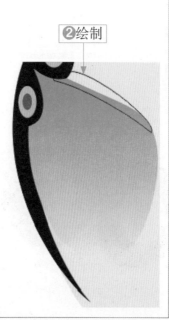

Step 11 绘制图形❶选择工具箱中的交互式填充工具 ，或按下【G】键，为图形应用线性渐变填充，分别设置几个位置点颜色的CMYK值为：0（C5，M10，Y13，K0）、100（C3，M44，Y26，K0），去掉轮廓。❷选择工具箱中的钢笔工具 ，绘制眉毛，使用形状工具 调整眉毛形状。

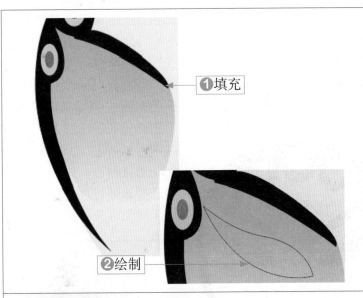

①填充

②绘制

Step 12 绘制图形❶填充眉毛颜色为黑色，去掉轮廓。❷选择工具箱中的钢笔工具✒️，绘制眼睛图形。选择工具箱中的形状工具➶，通过调整节点的位置和节点两端的调节杆，调整图形形状。

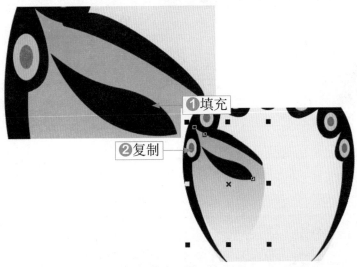

①填充

②复制

Step 13 复制图形❶填充眼睛颜色为黑色，去掉轮廓。❷选择工具箱中的选择工具➘，按住【Shift】键，同时选中眼睛和眉毛，按下【Ctrl+C】组合键，再按下【Ctrl+V】组合键，在原处复制图形。

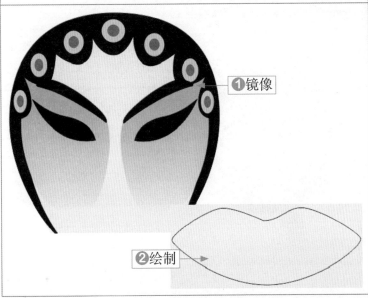

①镜像

②绘制

Step 14 绘制图形❶单击属性栏中的"水平镜像"按钮⬌，将复制的图形水平镜像。按住【Shift】键，水平向右移动复制的图形。❷选择工具箱中的钢笔工具✒️，绘制嘴唇图形，使用形状工具➶调整图形。

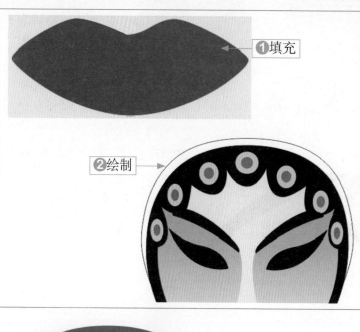

①填充

②绘制

Step 15 绘制图形①保持图形的选中状态，单击调色板中的红色图标，填充图形颜色为红色，用鼠标右键单击调色板中的无轮廓图标⊠，去除轮廓色。②选择工具箱中的钢笔工具，绘制图形，选择工具箱中的形状工具，通过调整节点的位置和节点两端的调节杆，调整图形形状。

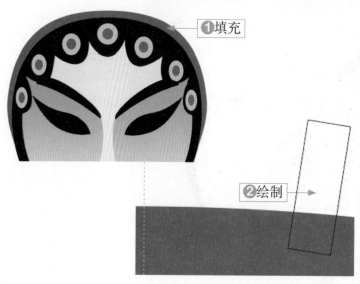

①填充

②绘制

Step 16 绘制矩形①保持图形的选中状态，填充图形颜色为蓝色（C85，M50，Y0，K0），用鼠标右键单击调色板中的无轮廓图标⊠，去除轮廓色。②选择工具箱中的矩形工具□，或按下【F6】键，绘制一个矩形，在选中的状态下再用鼠标左键单击矩形，调整矩形中心点到右下角，将矩形顺时针旋转一定角度。

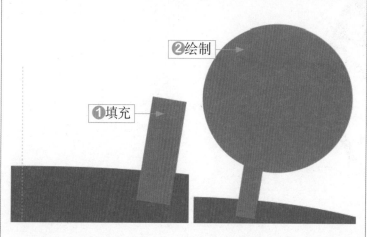

②绘制

①填充

Step 17 绘制圆①填充矩形的颜色为青色（C79，M23，Y52，K0），去掉轮廓。②选择工具箱中的椭圆形工具，按住【Ctrl】键的同时绘制一个圆。填充圆的颜色为青色（C79，M23，Y52，K0），用鼠标右键单击调色板中的无轮廓图标⊠，去除轮廓色。

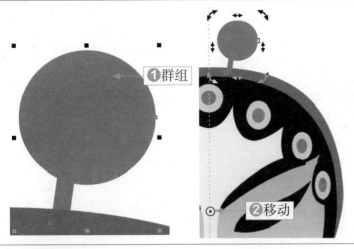

Step 18 移动中心点 ❶选择工具箱中的选择工具 ▶ ，按住【Shift】键，同时选中矩形和圆。按【Ctrl+G】组合键，将它们群组。❷单击群组图形，显示圆形中心点，将中心点移到两眉之间的辅助线上。

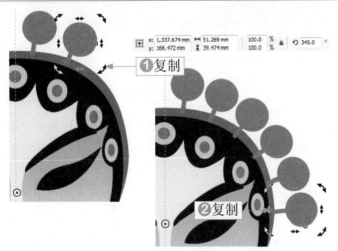

Step 19 复制对象 ❶按住鼠标左键不放，将对象顺时针旋转15度后单击鼠标右键，复制对象。❷按下【Ctrl+D】组合键四次，重复复制四个旋转对象。

经 验 分 享

　　旋转对象时，在属性栏中可以观察到旋转的角度。

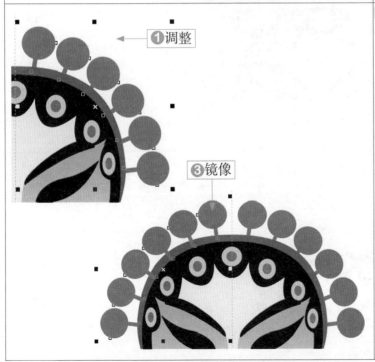

Step 20 复制并镜像图形 ❶选择工具箱中的选择工具 ▶ ，按住【Shift】键，同时选中几个对象，按下【Shift+PageDown】组合键，将它们的图层顺序调整到最下面一层。❷按下【Ctrl+C】组合键，再按下【Ctrl+V】组合键，在原处复制图形。❸单击属性栏中的"水平镜像"按钮 ，将复制的图形水平镜像。按住【Shift】键，水平向左移动复制的图形。

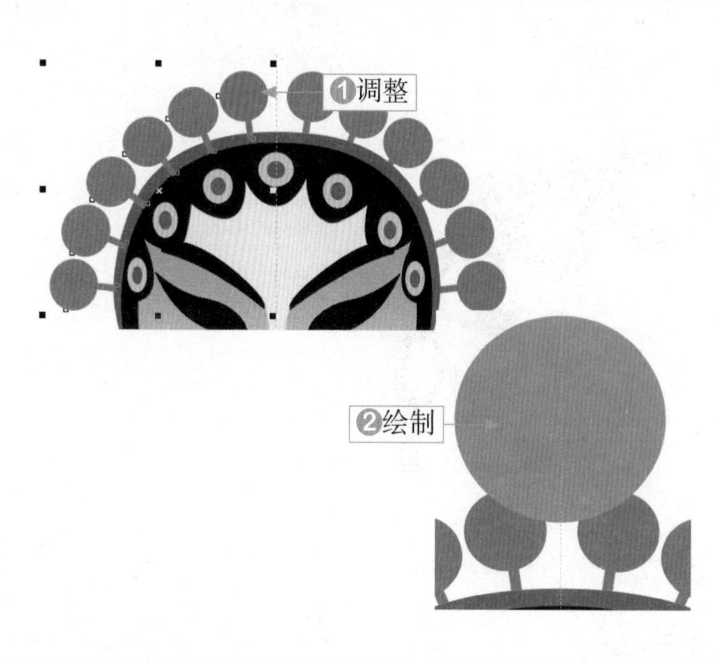

Step 21 绘制圆 ❶按下【Shift+PageDown】组合键，将它们的图层顺序调整到最下面一层。❷选择工具箱中的椭圆形工具，或按下【F7】键，按住【Ctrl+Shift】组合键的同时，以辅助线为中心点绘制一个圆。填充圆的颜色为蓝（C70，M15，Y0，K0），去掉轮廓。

知识链接

按住【Shift】键，可以使绘制的对象以中心点为中心绘制。

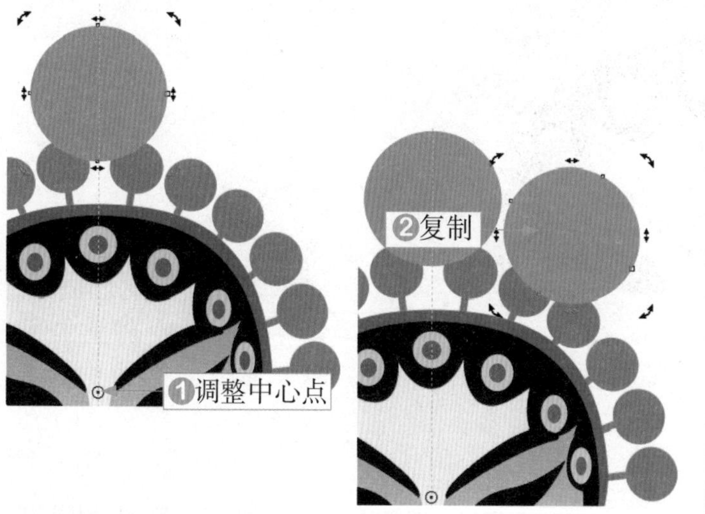

Step 22 复制圆 ❶保持圆的选中状态，再用鼠标左键单击圆，调整圆形中心点，将中心点移到两眉之间的辅助线上。❷按住鼠标左键不放，将圆顺时针旋转一定角度，然后单击鼠标右键，复制圆。

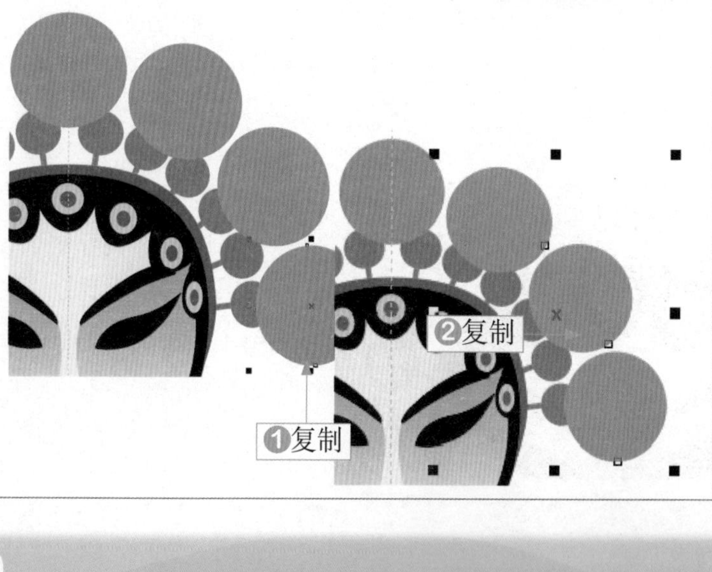

Step 23 复制圆 ❶按下【Ctrl+D】组合键两次，重复复制两个旋转的圆。❷选择工具箱中的选择工具，按住【Shift】键，同时选中复制的三个圆。按下【Ctrl+C】组合键，再按下【Ctrl+V】组合键，在原处复制圆。

Step 24 镜像图形 ❶单击属性栏中的"水平镜像"按钮，将复制的圆水平镜像。❷按住【Shift】键，水平向左移动复制的圆。❸选择工具箱中的选择工具，按住【Shift】键，同时选中几个蓝色圆，按下【Shift+PageDown】组合键，将它们的图层顺序调整到最下面一层。

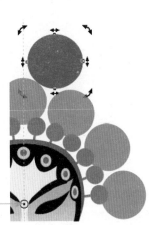

Step 25 绘制圆 ❶选择工具箱中的椭圆形工具或按下【F7】键，按住【Ctrl】键的同时绘制一个圆。填充圆的颜色为红色，去掉轮廓。❷单击圆，显示圆形中心点，将中心点移到两眉之间的辅助线上。

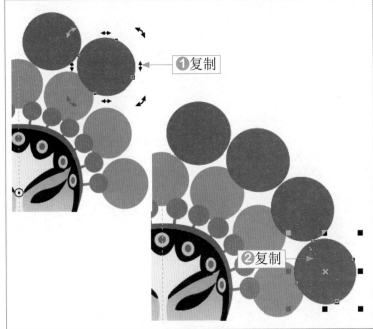

Step 26 复制圆 ❶按住鼠标左键不放，将圆顺时针旋转一定角度后单击鼠标右键，复制圆。❷按下【Ctrl+D】组合键两次，重复复制两个旋转的圆。

经 验 分 享

　　按下【Ctrl+D】组合键后，复制的圆将按第一次的旋转角度，旋转复制，按几次就复制几个圆。

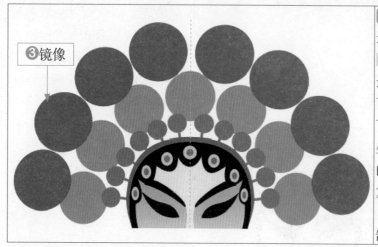

Step 27 镜像并移动圆 ❶ 选择工具箱中的选择工具 ▶，按住【Shift】键，同时选中复制的三个圆。❷ 按下【Ctrl+C】组合键，再按下【Ctrl+V】组合键，在原处复制圆。❸ 单击属性栏中的"水平镜像"按钮，将复制的圆水平镜像。按住【Shift】键，水平向左移动复制的圆，效果如左图所示。

7.2.2 绘制其余图形

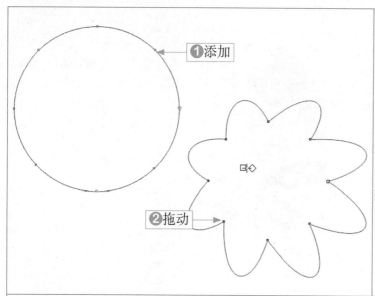

Step 01 制作花形 ❶ 绘制一个圆形，在圆形上双击鼠标左键，添加四个节点。❷ 单击工具箱中的变形工具，再单击属性栏中的推拉变形按钮。选中圆形，按住鼠标左键从圆形的中心向外拖动鼠标，得到如左图所示的效果。

Step 02 填色 ❶ 单击属性栏中的居中变形按钮，得到如左图所示的效果。❷ 保持图形的选中状态，用鼠标左键单击调色板中的洋红按钮，填充图形为洋红色，用鼠标右键单击调色板中的无轮廓图标，去除轮廓色。

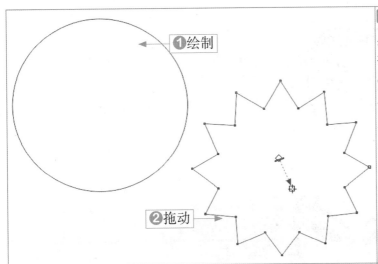

①绘制

②拖动

Step 03 制作花形 ❶ 选择工具箱中的椭圆形工具 ◯，或按下【F7】键，按住【Ctrl】键的同时绘制一个圆。❷ 单击工具箱中的变形工具 ◐，再单击属性栏中的拉链变形按钮 ◈，选中圆形，按住鼠标左键从圆形的中心向外拖动鼠标，得到如左图所示的效果。

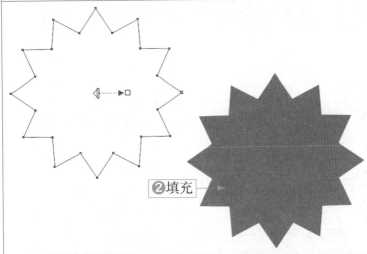

②填充

Step 04 填色 ❶ 单击属性栏中的居中变形按钮 ⬚，得到如左图所示的效果。❷ 填充图形颜色为紫色（C35，M70，Y0，K0），用鼠标右键单击调色板中的无轮廓图标 ⊠，去除轮廓色。

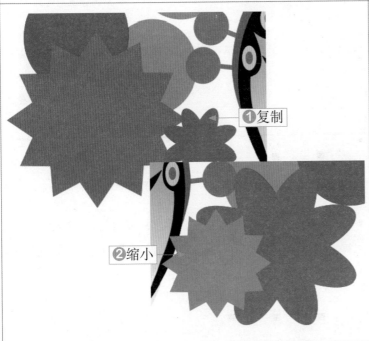

①复制

②缩小

Step 05 复制图形 ❶ 选中圆形花瓣，将圆形花瓣移到脸谱的左侧后单击鼠标右键，复制圆形花瓣，改变所复制的圆形花瓣的颜色为红色（C0，M100，Y60，K0），将光标放到复制的圆形花瓣的右上角的控制点处，按住鼠标左键不放，向内拖动一定位置后释放鼠标左键，将其适当缩小。❷ 再用相同的方法复制一个锯齿图形，改变复制的图形颜色为黄色，再将复制的图形适当缩小。

①调整

Step 06 调整顺序并绘制圆 ① 选择工具箱中的选择工具 ，按住【Shift】键，同时选中四个花朵图形，按下【Shift+PageDown】组合键，将它们的图层顺序调整到最下面一层。② 按下【F7】键，按住【Ctrl】键的同时绘制一个圆。填充圆的颜色为紫色，去掉轮廓。复制图形，改变复制圆的颜色为几种不同的紫色，并将复制的圆适当缩小。

②群组

Step 07 群组图形 ① 选择工具箱中的选择工具 ，按住【Shift】键，按住鼠标左键不放，框选脸谱的所有图形后，释放鼠标左键。② 按下【Ctrl+G】组合键，将选中的所有图形群组。

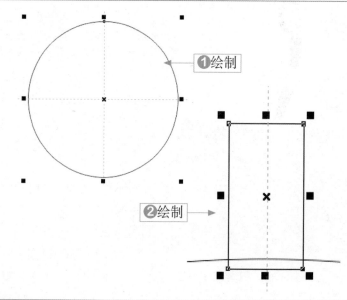

①绘制

②绘制

Step 08 绘制圆与矩形 ① 从标尺中拖曳出一条水平辅助线与一条垂直辅助线。选择工具箱中的椭圆形工具 ，按住【Ctrl+Shift】组合键，以辅助线的交点为中心绘制一个圆。② 选择工具箱中的矩形工具 ，或按下【F6】键，按住【Shift】键，以垂直辅助线为中心绘制一个矩形。

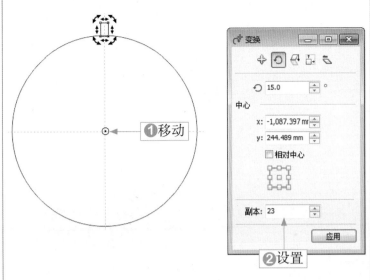

Step 09 移动中心点① 再次单击矩形，将中心点移到辅助线的交点位置。**②** 选择"排列"|"变换"|"旋转"命令，在打开的泊坞窗中设置旋转角度为15度、副本为23。

经 验 分 享

移动中心点时，可以使用工具箱中的缩放工具放大对象，便于查看。

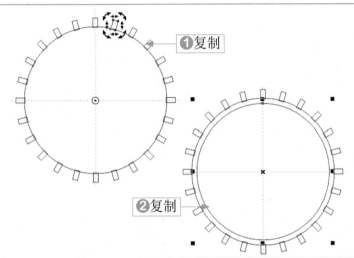

Step 10 复制矩形① 单击"应用"按钮，得到如左图所示的效果。**②** 选中圆，按住【Shift】键，将光标放到四个角的任意一个控制点上，按住鼠标左键不放，向内等比例缩小圆，到一定位置后单击鼠标右键，复制圆。

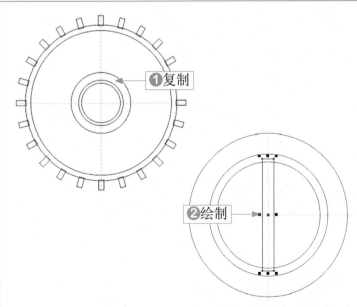

Step 11 绘制矩形① 用上一步相同的方法复制三个圆。**②** 选择工具箱中的矩形工具□，或按下【F6】键，将光标放到同心圆的中心，按住【Shift】键，绘制一个以辅助线为对称线的矩形。

经 验 分 享

所绘制矩形的位置必须在两个同心圆之间，超过最小的同心圆，不能超过最大的同心圆。

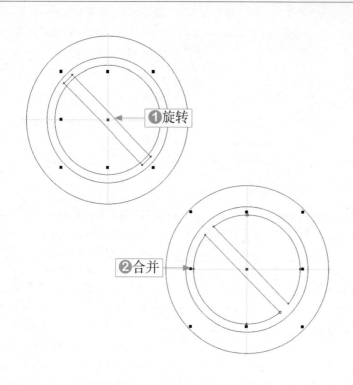

Step12 合并图形❶在属性栏中设置旋转角度为45度，将矩形旋转。❷选择工具箱中的选择工具，按住【Shift】键，同时选中矩形与最小的圆，单击属性栏中的"合并"按钮，将它们合并。

知识链接

复制下图所示的图形，在下面的操作中将会用到。

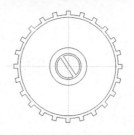

Step13 绘制圆❶选择工具箱中的椭圆形工具，或按下【F7】键，按住【Shift】键，以垂直辅助线为中心绘制一个圆。❷再次单击圆，将中心点移到辅助线的交点位置。

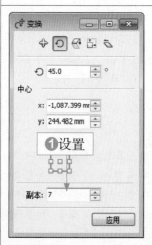

Step14 复制圆❶选择"排列"|"变换"|"旋转"命令，在打开的泊坞窗中设置旋转角度为45度、副本为7。❷单击"应用"按钮，得到如左图所示的效果。

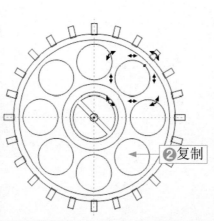

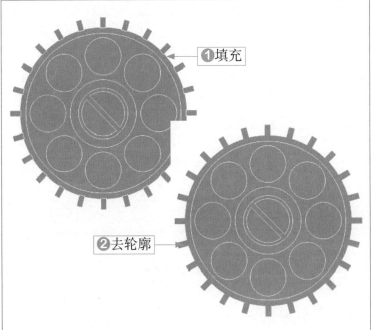

Step 15 填色 ❶选择工具箱中的选择工具 ▷，框选所有图形，填充图形颜色为黄色。用鼠标右键单击调色板中的白色图标，改变轮廓色为白色。❷选择工具箱中的选择工具 ▷，按住【Shift】键，同时选中外围的所有矩形，用鼠标右键单击调色板中的无轮廓图标⊠，去除轮廓色。

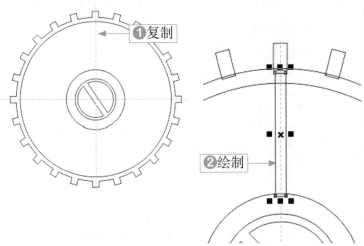

Step 16 绘制矩形 ❶前面的操作中复制了左图所示的图形。❷选择工具箱中的矩形工具 □，或按下【F6】键，按住【Shift】键，以左图中的垂直辅助线为中心，绘制一个矩形。

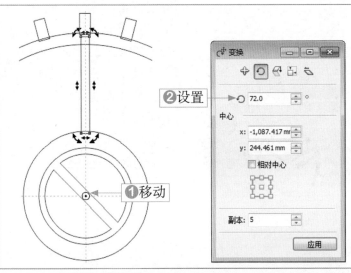

Step 17 移动中心点 ❶再次单击矩形，将中心点移到辅助线的交点位置。❷选择"排列"|"变换"|"旋转"命令，在打开的泊坞窗中设置旋转角度为72度、副本为5。

设
计
师
实
战
应
用

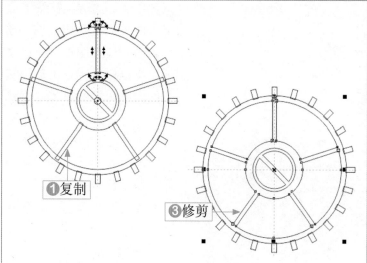

①复制

③修剪

Step 18 修剪图形① 单击 "应用" 按钮，得到左图所示的效果。② 选择工具箱中的选择工具 ▷，按住【Shift】键，先选中刚制作的五个矩形，再选中第三个同心圆和第四个同心圆。③ 单击属性栏中的移除前面对象按钮 ▣，修剪图形。

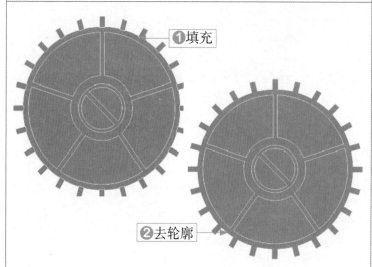

①填充

②去轮廓

Step 19 填色① 选择工具箱中的选择工具 ▷，框选所有图形，填充图形颜色为黄色。用鼠标右键单击调色板中的白色图标，改变轮廓色为白色。② 选择工具箱中的选择工具 ▷，按住【Shift】键，同时选中外围的所有矩形，用鼠标右键单击调色板中的无轮廓图标 ⊠，去除轮廓色。

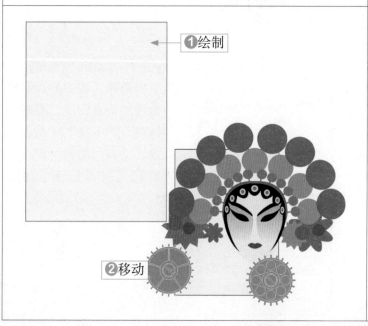

①绘制

②移动

Step 20 移动图形位置① 选择工具箱中的矩形工具 □，或按下【F6】键，绘制一个矩形。填充矩形颜色为浅灰色（C9，M2，Y8，K0）。② 选择工具箱中的选择工具 ▷，将前面制作的脸谱等图形移到矩形中。

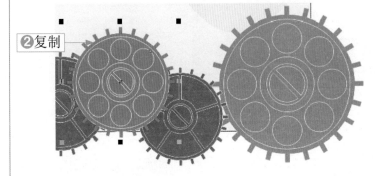

Step 21 复制图形❶分别选中齿轮图形,将齿轮图形移到其他位置后单击鼠标右键,复制齿轮图形。分别改变复制的图形颜色为洋红和红色。将光标放到复制的齿轮图形右上角的控制点处,按住鼠标左键不放,向内拖动一定位置后释放鼠标左键,将其适当缩小。❷再用相同的方法复制一个齿轮图形,改变复制的图形的颜色为蓝色。

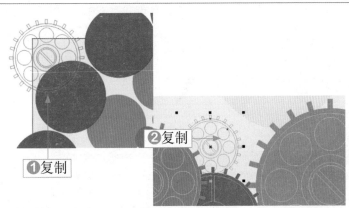

Step 22 复制图形❶再复制一个图形,改变图形的轮廓色为黄色,用鼠标左键单击调色板中的无轮廓图标⊠,去除填充色。❷再复制此图形,改变轮廓色为浅灰色,并调整图形大小。

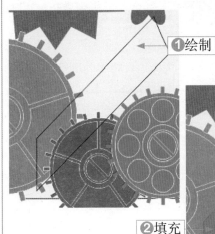

Step 23 绘制图形❶选择工具箱中的钢笔工具🖊,绘制图形。❷填充图形颜色为蓝色,用鼠标右键单击调色板中的无轮廓图标⊠,去除轮廓色。

经验分享

　　绘制的图形上下两条线是平行的。如果不好操作,可以先绘制一个矩形,将矩形旋转一定角度后,按下【Ctrl+Q】组合键将矩形转换为曲线,再选择形状工具调整图形形状。

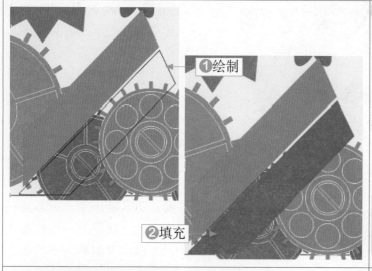

①绘制

②填充

Step 24 绘制图形①选择工具箱中的钢笔工具，绘制图形。②填充图形颜色为红色，用鼠标右键单击调色板中的无轮廓图标⊠，去除轮廓色。

经验分享

用户也可以先复制前面制作好的蓝色图形，再使用形状工具调整图形形状。

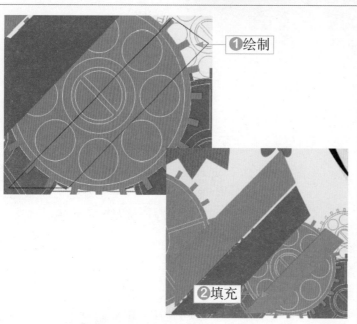

①绘制

②填充

Step 25 绘制图形①选择工具箱中的钢笔工具，绘制图形。②填充图形颜色为黄色（C0，M0，Y100，K0），用鼠标右键单击调色板中的无轮廓图标⊠，去除轮廓色。

经验分享

用户也可以先复制前面制作好的红色图形，将其适当缩小后再选择形状工具调整图形形状。

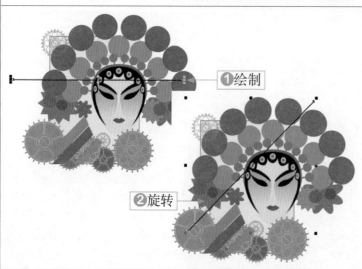

①绘制

②旋转

Step 26 绘制并旋转直线①选择工具箱中的钢笔工具，按住【Shift】键，从左向右绘制一条水平直线。②在属性栏中设置旋转角度为45度，按下【Enter】键，将绘制的直线进行旋转。

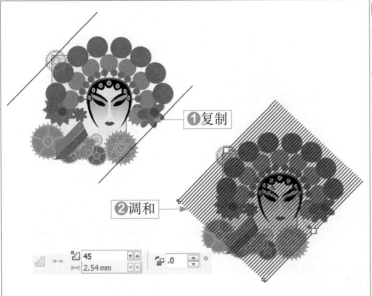

Step 27 复制并调和直线❶选中直线，移动直线到如左图所示的位置后单击鼠标右键，复制直线。❷选择工具箱中的调和工具，从上面的直线向下面的直线拖动，在属性栏的调和步幅/间距增量框中设置调和的步数为45，在两条直线之间创建调和。

❶复制

❷调和

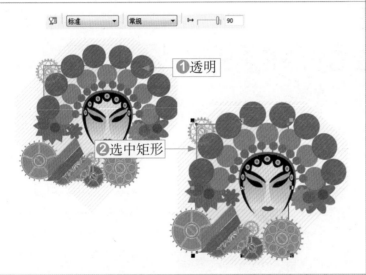

Step 28 应用透明效果❶选择工具箱中的透明度工具，设置透明度类型为标准、开始透明度为90，得到如左图所示的透明效果。❷使用矩形工具绘制一个矩形，然后使用选择工具，按住【Alt】键，选中矩形背景，将矩形移到一旁。

❶透明

❷选中矩形

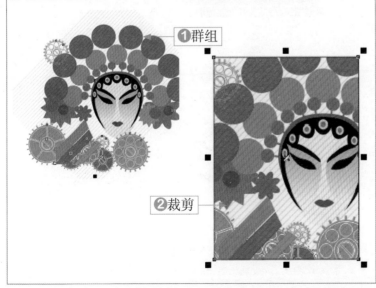

Step 29 裁剪图形❶选择工具箱中的选择工具，框选左图中的所有图形。按下【Ctrl+G】组合键，将所有对象群组。❷选中群组对象，按住鼠标右键不放，将对象拖动到矩形背景中，当光标变为形状时松开鼠标，在弹出的快捷菜单中选择"图框精确裁剪内部"命令，得到裁剪图形后的效果。

❶群组

❷裁剪

7.2.3 制作文字

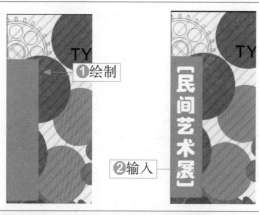

① 绘制

② 输入

TY

Step 01 绘制矩形并输入文字 ❶选择工具箱中的矩形工具□，或按下【F6】键，绘制一个矩形，填充矩形为黄色，并去掉轮廓。❷选择工具箱中的文本工具**字**，输入文字，设置字体为方正琥珀简体、大小为100、颜色为白色。

① 输入

② 对齐

Step 02 输入文字 ❶选择工具箱中的文本工具**字**，输入文字，字体为Arial。❷选择工具箱中的选择工具，按住【Shift】键，同时选中三行文字，按下【C】键，将它们垂直居中对齐。

① 输入

② 输入

Step 03 输入文字 ❶选择工具箱中的文本工具**字**，输入文字，设置字体为微软雅黑、大小为60、颜色为白色。❷选择工具箱中的文本工具**字**，输入文字，设置字体为微软雅黑、大小为53、颜色为白色。

① 输入

Step 04 输入文字 ❶按下【F8】键，输入文字，设置字体为Arial、大小为28、颜色为白色。❷至此，完成本实例的制作，最终效果如左图所示。

7.3 气泡酒海报设计

案例效果

 源文件路径：
光盘\源文件\第7章

 素材路径：
无

 教学视频路径：
光盘\视频教学\第7章

 制作时间：
28分钟

维 尔
气泡酒

SINCE 1988
MADE IN CHINA

SPARKLING WINE

WEIER SPARKLING WINE MADE IN CHINA

设计与制作思路

本实例制作的是一个气泡酒的商业海报。设计风格简洁大方，以手绘的酒杯为主要造型元素，以气泡酒的特征为设计的出发点，用虚实结合的气泡布满画面，让人一目了然。

在制作过程中首先使用钢笔工具、形状工具、交互式网格工具等绘制酒杯，再使用艺术笔工具、交互式透明度工具等绘制气泡，最后使用文字工具制作海报的文字内容。

7.3.1 绘制酒杯

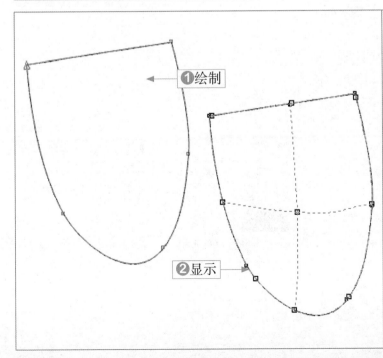

❶绘制

❷显示

Step 01 绘制图形❶选择工具箱中的钢笔工具，绘制图形。选择工具箱中的形状工具，通过调整节点位置和节点的调节杆调整图形形状。用鼠标左键单击调色板中的白色图标，填充图形颜色为白色。❷选择工具箱中的网状填充工具，显示网格。

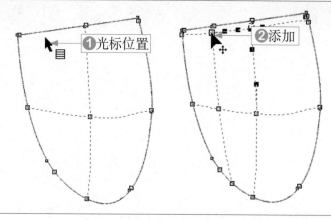

Step 02 添加网点❶将光标放在如左图所示的位置。❷双击鼠标左键，添加网点，并同时显示以添加的网点为中心点的一条水平方向的虚线与一条垂直方向的虚线。

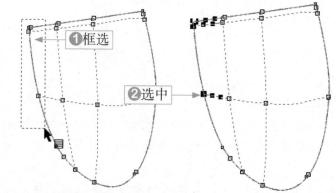

Step 03 选中网点❶按住鼠标左键不放，从左上角向右下角拖动，框选左图所示的网点。❷释放鼠标后即可选中网点。

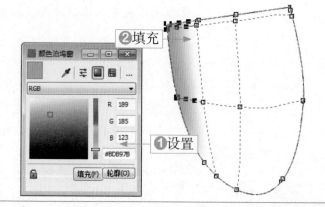

Step 04 填色❶选择"窗口"|"泊坞窗"|"彩色"命令，打开颜色泊坞窗，在颜色泊坞窗中设置颜色，如左图所示。❷单击"填充"按钮，填充颜色。

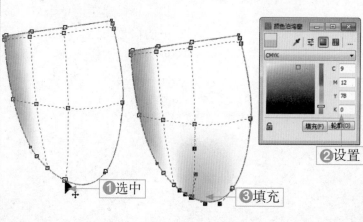

Step 05 填色❶选中如左图所示的网点。❷在颜色泊坞窗中设置颜色，如左图所示。❸单击"填充"按钮，填充颜色。

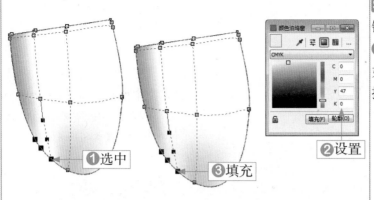

Step 06 填色①按住【Shift】键，选中如左图所示的网点。②在颜色泊坞窗中设置颜色，如左图所示。③单击"填充"按钮，填充颜色。

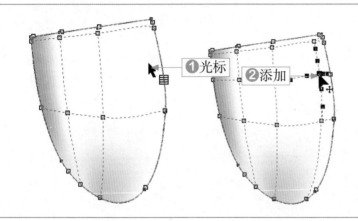

Step 07 添加网点①将光标放在如左图所示的位置。②双击鼠标左键，添加网点，并同时显示以添加的网点为中心点的一条水平方向的虚线与一条垂直方向的虚线。

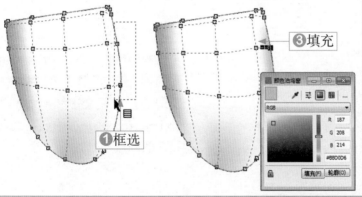

Step 08 填色①框选如左图所示的网点。②在颜色泊坞窗中设置颜色。③单击"填充"按钮，填充颜色。

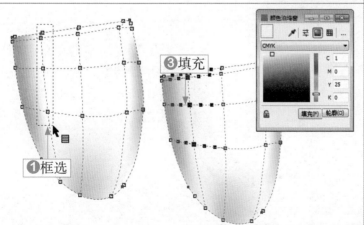

Step 09 填色①框选如左图所示的网点。②在颜色泊坞窗中设置颜色。③单击"填充"按钮，填充颜色。

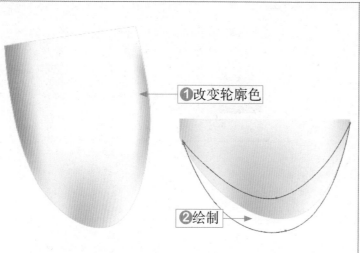

①改变轮廓色

②绘制

Step 10 绘制图形❶改变图形轮廓的颜色为30%的灰色。❷选择工具箱中的钢笔工具🖊，绘制图形。选择工具箱中的形状工具🔪，通过调整节点的位置和节点两端的调节杆调整图形形状。

经验分享

节点的位置关系到网格的形状。

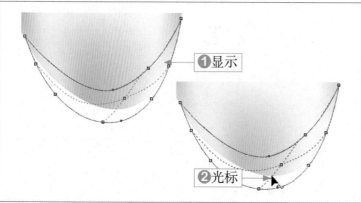

①显示

②光标

Step 11 显示网格❶选择工具箱中的网状填充工具🔲，显示网格。❷将光标放在左图所示的位置。

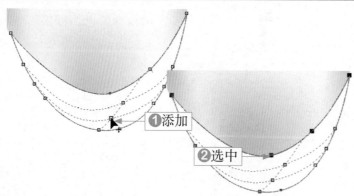

①添加

②选中

Step 12 选中网点❶双击鼠标左键，添加网点，并同时显示以添加的网点为中心点的相交虚线。❷按住【Shift】键，选中如左图所示的网点。

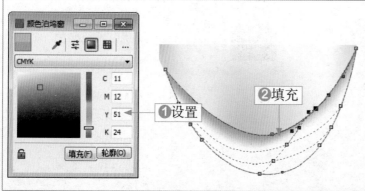

颜色泊坞窗

CMYK

C 11
M 12
Y 51
K 24

填充(F) 轮廓(O)

①设置

②填充

Step 13 填色❶在颜色泊坞窗中设置颜色CMYK值，如左图所示。❷单击"填充"按钮，填充颜色。

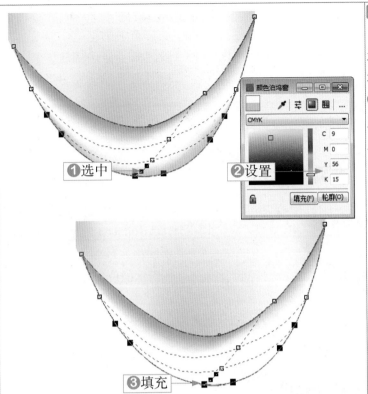

Step 14 填色 ❶ 按住【Shift】键，选中如左图所示的几个网点。❷在颜色泊坞窗中设置颜色CMYK值。❸单击"填充"按钮，填充颜色，选中网点周围的颜色从黄色到白色过渡。

经 验 分 享

　　如果对填充的颜色不满意，可以重新选中节点，重新填充，调到满意为止。

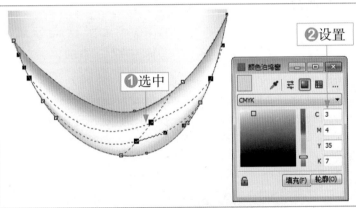

Step 15 选中网点 ❶ 按住【Shift】键，选中如左图所示的网点。❷在颜色泊坞窗中设置颜色CMYK值。

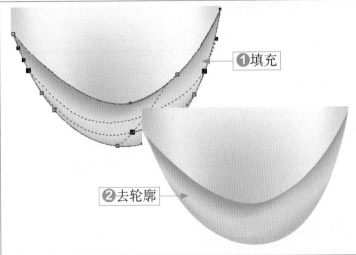

Step 16 填色 ❶单击"填充"按钮，填充颜色，填充后网点周围的颜色变为淡黄色。❷用鼠标右键单击调色板中的无轮廓图标⊠，去除轮廓色。

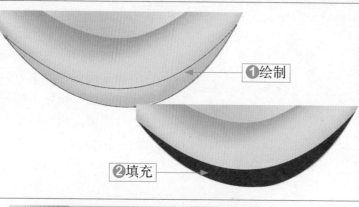

Step 17 绘制图形 ❶选择工具箱中的钢笔工具 🖋，绘制图形，使用形状工具 🔪调整图形。❷填充图形颜色为深棕（C73，M65，Y65，K20），用鼠标右键单击调色板中的无轮廓图标区，去除轮廓色。

❶绘制

❷填充

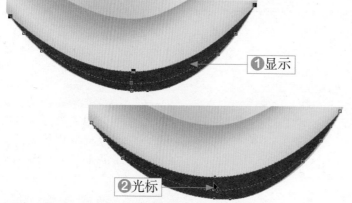

Step 18 显示网格 ❶选择工具箱中的网状填充工具 🏂，显示网格。❷将光标放在如左图所示的位置。

❶显示

❷光标

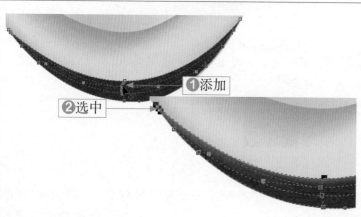

Step 19 添加网点 ❶双击鼠标左键，添加网点，并同时显示以添加的网点为中心点的相交虚线。❷按住【Shift】键，选中如左图所示的网点。

❶添加

❷选中

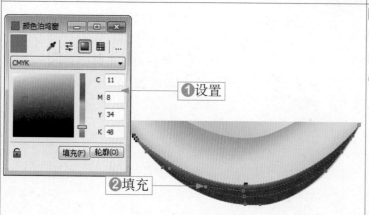

颜色泊坞窗

CMYK

C 11
M 8
Y 34
K 48

填充(F)　轮廓(O)

❶设置

Step 20 填色 ❶在颜色泊坞窗中设置颜色CMYK值如左图所示。❷单击"填充"按钮，填充颜色。

❷填充

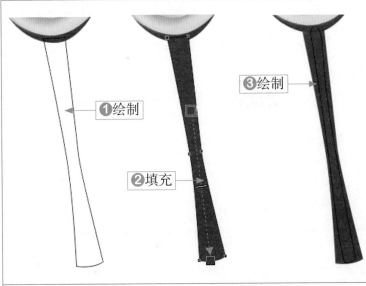

Step 21 填色 ❶选择工具箱中的钢笔工具 ，绘制图形，使用形状工具 调整图形。❷选择工具箱中的交互式填充工具 ，或按下【G】键，为图形应用线性渐变填充，分别设置几个位置点颜色的CMYK值为：0（C73，M65，Y65，K20）、100（C69，M62，Y91，K28）。❸选择工具箱中的钢笔工具 ，绘制图形，使用形状工具 调整图形。

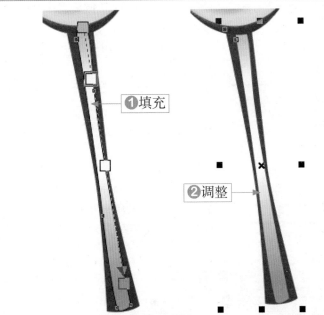

Step 22 填色 ❶选择工具箱中的交互式填充工具 ，或按下【G】键，为图形应用线性渐变填充，分别设置几个位置点颜色CMYK值为：0（C26，M20，Y19，K0）、21（C0，M0，Y0，K0）、51（C0，M0，Y0，K0）、100（C26，M20，Y19，K0）。❷选择工具箱中的选择工具 ，框选刚才绘制的两个图形，按下【Shift+PageDown】组合键，将它们的图层顺序调整到最下面一层。

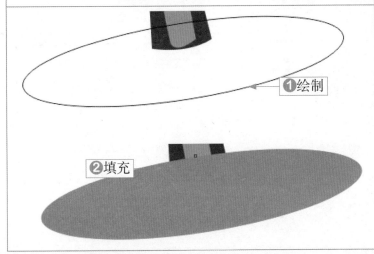

Step 23 绘制圆并填色 ❶选择工具箱中的椭圆形工具 ，或按下【F7】键，绘制一个圆，将圆旋转一定角度。❷填充圆的颜色为灰色（C41，M33，Y42，K0），用鼠标右键单击调色板中的无轮廓图标 ，去除轮廓色。

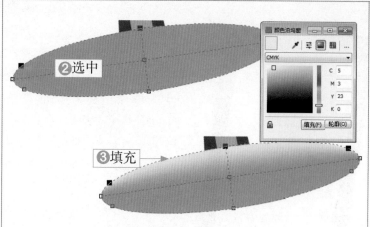

Step 24 填色 ❶选择工具箱中的网状填充工具，显示网格。❷按住【Shift】键，选中左图所示的三个网点。❸在颜色泊坞窗中设置颜色CMYK值，单击"填充"按钮，填充颜色。

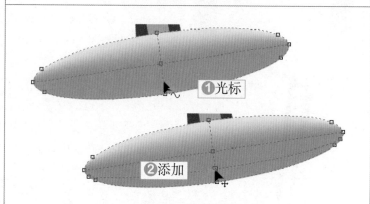

Step 25 添加网点 ❶将光标放在如左图所示的位置。❷双击鼠标左键，添加网点，并同时显示以添加的网点为中心点的相交虚线。

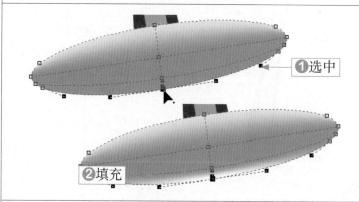

Step 26 填色 ❶选中如左图所示的网点。❷用鼠标左键单击调色板中的白色图标，填充颜色。

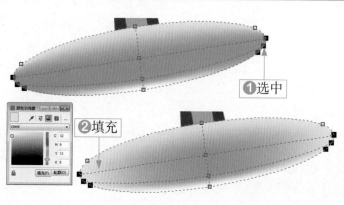

Step 27 填色 ❶按住【Shift】键，选中如左图所示的两端的几个网点。❷在颜色泊坞窗中设置颜色CMYK值，单击"填充"按钮，填充颜色。

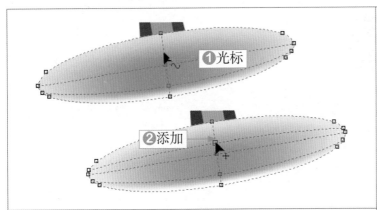

Step 28 添加网点❶将光标放在如左图所示的位置。❷双击鼠标左键，添加网点，并同时显示以添加的网点为中心点的相交虚线。

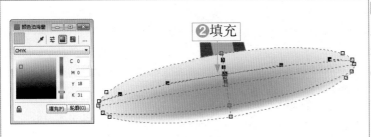

Step 29 填色❶选中如左图所示的几个网点，在颜色泊坞窗中设置颜色CMYK值。❷单击"填充"按钮，填充颜色。

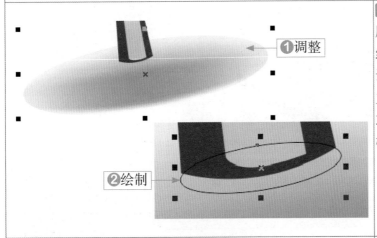

Step 30 绘制椭圆❶去掉轮廓，按下【Shift+PageDown】组合键，将它们的图层顺序调整到最下面一层。❷选择工具箱中的椭圆形工具 ○，或按下【F7】键，绘制一个椭圆。

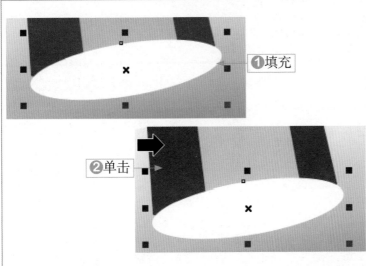

Step 31 调整椭圆顺序❶填充椭圆的颜色为白色，用鼠标右键单击调色板中的无轮廓图标⊠，去除轮廓色。❷选中椭圆，选择"排列"|"顺序"|"置于此对象后"命令，用箭头单击如左图所示的图形。

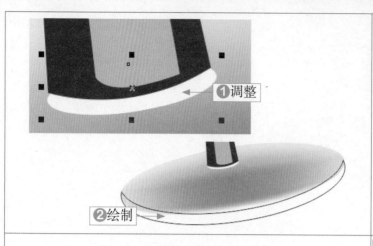

Step 32 绘制图形❶调整后的图形顺序如左图所示。❷选择工具箱中的钢笔工具 ◌，绘制图形，选择工具箱中的形状工具 ◌，通过调整节点的位置和节点两端的调节杆调整图形形状。

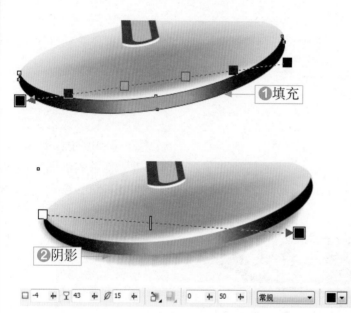

Step 33 填色并添加阴影❶按下【G】键，为图形应用线性渐变填充，分别设置几个位置点颜色CMYK值为：0（C0，M0，Y0，K100）、20（C0，M0，Y0，K90）、38（C7，M0，Y21，K36）、61（C7，M0，Y21，K36）、82（C0，M0，Y0，K90）、100（C0，M0，Y0，K100）。❷选择工具箱中的阴影工具 ◌，从图形左侧向右下方拖动鼠标，为其应用阴影效果。在属性栏中设置阴影的不透明为43、羽化值为15。

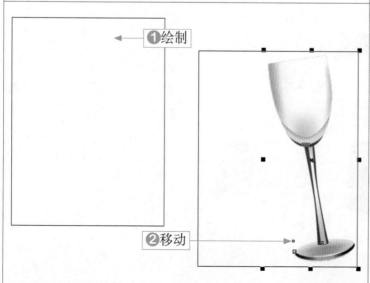

Step 34 调整顺序❶选择工具箱中的矩形工具 □，或按下【F6】键，绘制一个矩形。按下【Shift+PageDown】组合键，将它的图层顺序调整到最下面一层。❷选择工具箱中的选择工具 ◌，框选杯子图形，按下【Ctrl+G】组合键，将它们群组后移到矩形中。

7.3.2 制作气泡及文字

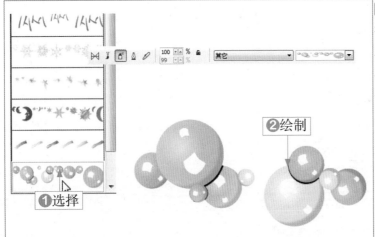

Step 01 绘制笔触图形❶选择工具箱中的艺术笔工具，单击属性栏中的"喷涂"按钮🔲，在笔触下拉列表中选择气泡。❷拖动鼠标，绘制一条曲线，释放鼠标后得到的是沿曲线形状分布的气泡。

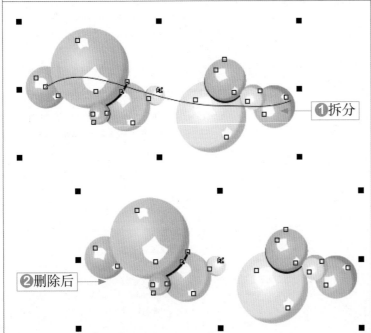

Step 02 拆分艺术笔❶保持曲线与图形的选中状态，选择"排列"|"拆分艺术笔群组"命令，将曲线与图形拆分。❷选中曲线，按下【Delete】键，将其删除，保留如左图所示的群组图形。

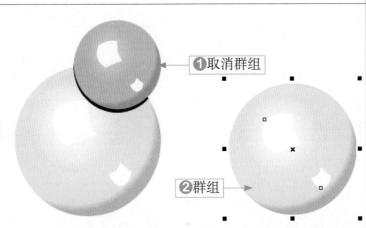

Step 03 删除图形❶再选中图形，单击属性栏中的取消群组按钮🔲。❷删除下面的小气泡，框选下面的气泡，按下【Ctrl+G】组合键，将其群组。

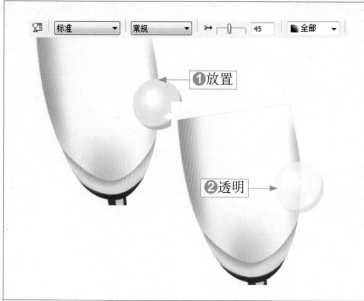

Step 04 应用透明效果①选择工具箱中的选择工具 ▶，按住鼠标左键不放，将气泡移到杯子的右上方。②选择工具箱中的透明度工具 ☲，在其属性栏中设置透明度类型为标准、开始透明度为45，得到如左图所示的透明效果。

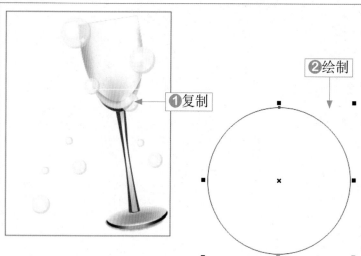

Step 05 绘制圆①复制多个气泡，保持气泡的选中状态，将光标放到对象任意一角的控制点处，向内或向外拖动，调整它们的大小。②选择工具箱中的椭圆形工具 ◯，或按下【F7】键，按住【Ctrl】键，绘制一个圆。

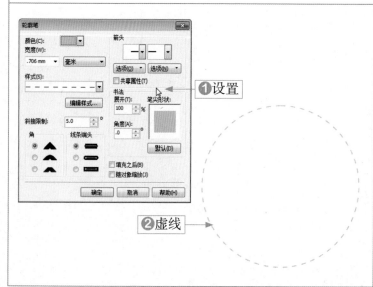

Step 06 改变轮廓①选择工具箱中的轮廓笔工具 ✎，或按下【F12】键，打开"轮廓笔"对话框，在对话框中设置轮廓色为浅蓝色（C32，M16，Y0，K0）、轮廓宽度为0.706mm。②单击"确定"按钮，得到虚线效果。

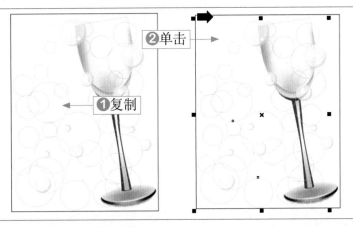

Step 07 调整顺序 **❶**复制多个圆，调整它们的大小。选中所有虚线圆，将其群组。**❷**选择"排列"|"顺序"|"置于此对象前"命令，用箭头单击矩形背景。

Step 08 输入文字 **❶**调整虚线圆的顺序如左图所示。**❷**选择工具箱中的文本工具 **字**，或按下【F8】键，输入文字"维尔"，设置其字体为楷体、大小为125、颜色为蓝色（C60，M40，Y0，K40）。再输入文字"气泡酒"，设置字体为宋体、大小为72、颜色为蓝色（C60，M40，Y0，K40）。

Step 09 输入文字 **❶**按下【F8】键，输入文字，字体为Arial、大小为55。**❷**按下【F8】键，输入文字，字体为Arial、大小为70。

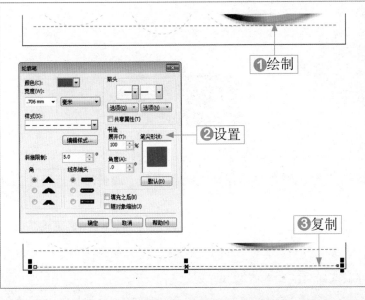

Step 10 改变轮廓 **❶**选择工具箱中的钢笔工具 **◎**，按住【Shift】键，绘制一条水平直线。**❷**选择工具箱中的轮廓笔工具 **◎**，或按下【F12】键，打开"轮廓笔"对话框，在对话框中设置轮廓色为蓝色（C60，M40，Y0，K40），设置轮廓宽度为0.706mm，单击"确定"按钮，得到虚线。**❸**按住【Shift】键，垂直向下复制虚线。

Step 11 输入文字❶选择工具箱中的文本工具字，或按下【F8】键，输入文字，字体为Arial、大小为43、颜色为蓝色（C60，M40，Y0，K40）。❷选择工具箱中的形状工具，或按下【F10】键，向右调整文字间距。❸至此，完成本实例的制作，最终效果如左图所示。

7.4　CorelDRAW技术库

在本章案例的制作过程中，运用到了调和工具、阴影工具、透明度工具、变形工具的操作，下面将针对调和工具、阴影工具、透明度工具、变形工具的功能及其应用进行重点介绍。

7.4.1　调和工具

调和工具可以在两个矢量图形之间产生形状、颜色、轮廓及尺寸上的渐变过渡效果，创建调和的方法如下：

Step 01 绘制两个图形，并填充不同的颜色，如左下图所示。

Step 02 选择工具箱中的调和工具，将光标移到左侧的图形上，当光标变为形状时，按住鼠标左键不放，拖动鼠标到右侧的图形上，释放鼠标后，即可在两个对象之间创建调和，效果如右下图所示。

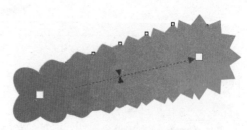

绘制图形　　　　　　　　　　　　创建调和

调和对象的属性栏如下图所示，在属性栏中可以改变调和步数、调和形状等属性。调和工具属性栏中各选项的含义如下：

属性栏

样式列表：可以选择系统预置的调和样式。

❀ "对象位置"和"对象尺寸"文本框 [x: 38.697 mm] [↔ 329.844 mm] [y: 384.607 mm] [↕ 94.869 mm]：可以设定对象的坐标值及尺寸大小。

❀ "调和步幅/间距"文本框 [⬚ 20] [⬚ 2.54 mm]：可以设定两个对象之间的调和步数及过渡对象之间的间距值。下图所示为调和步数分别为5和2时的效果。

步数为5   步数为2

❀ "调和方向"增量框 [.0]°：用来设定过渡过程中对象旋转的角度。

❀ "直接调和"按钮 ⬚、"顺时针调和"按钮 ⬚ 和"逆时针调和"按 ⬚ 钮：用来设定调和对象之间颜色过渡的方向。下图所示为三种不同的调和效果。

直接调和   顺时针调和   逆时针调和

❀ "对象和色彩加速"按钮 ⬚：用来调整调和对象及调和颜色的加速度。

❀ "调整对象大小"按钮 ⬚：用来设定调和时过渡对象调和尺寸的加速变化。

❀ 路径属性按钮 ⬚：可以使调和对象沿绘制好的路径分布。绘制如左下图所示的路径，选中调和的对象，单击路径属性按钮 ⬚，在弹出的快捷菜单中选择"新路径"命令，用箭头单击路径（如中下图所示），即可得到如右下图所示的效果。

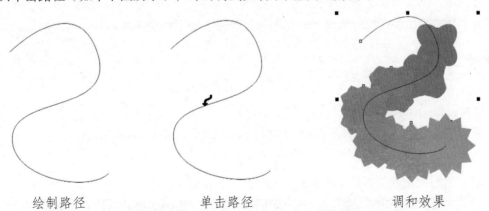

绘制路径   单击路径   调和效果

❀ "更多调和选项"按钮 ⬚：在打开的面板中选择"沿全路径调和"命令，可以使调

设计师实战应用

和对象自动充满整个路径。选中如左下图所示的对象，单击"更多调和选项"按钮，在弹出的面板中选择"沿全路径调和"命令（如中下图所示），即可得到如右下图所示的效果。

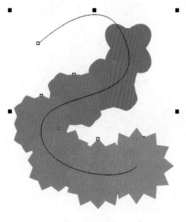

选中对象　　　　　　　　选择命令　　　　　　　　沿全路径调和效果

知识链接

选择"映射节点"命令，可以指定起始对象的某一节点与终止对象的某一节点对应，以此产生特殊的调和效果；选择"拆分"命令，可以将过渡对象分割成独立的对象，并可以与其他对象进行再次调和；选择"旋转全部对象"命令，可以使调和对象的方向与路径一致。

❀ "起始和结束属性"按钮：可以显示或重新设定调和的起始及终止对象。

❀ "复制调和属性"按钮：可以复制对象的调和效果。

❀ "消除调和"按钮：可以取消对象中的调和效果。

7.4.2　阴影工具

使用阴影工具可以使对象产生立体效果。阴影效果是与对象连接在一起的，对象外观改变的同时，阴影效果也会随之产生变化。

通过拖动阴影控制线中间的调节按钮，可以调节阴影的不透明程度。靠近白色方块不透明度就小，阴影也随之变淡；反之，不透明度则大，阴影也会比较浓。用户也可以通过"阴影工具"的属性栏精确地设置添加阴影的效果，如下图所示为阴影工具属性栏。

阴影工具属性栏

该属性栏中各参数的含义如下：

❀ "阴影偏移量"增量框　　　用来设定阴影相对于对象的坐标值。

❀ "阴影角度"　　　用来设定阴影效果的角度。

❀ "阴影羽化效果"　　　用来设定阴影的羽化效果。

❀ "阴影不透明度"滑轨框　　　用来设定阴影的不透明度，下图所示分别为不透明度为50和80时的效果。

不透明度为50 不透明度为80

❀ "阴影羽化方向"按钮 用来设定阴影的羽化方向为向内、中间、向外或平均，如下图所示为几种不同的羽化方向的效果。

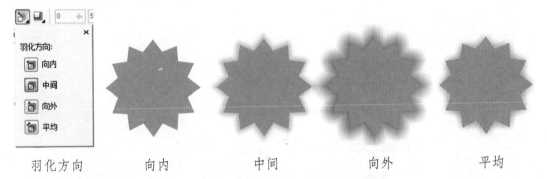

羽化方向 向内 中间 向外 平均

❀ "阴影羽化边缘" 按钮用来设定阴影羽化边缘的类型为直线形、正方形、反转方形等。

❀ "阴影淡化/伸展" 用来设定阴影的淡化及伸展。

❀ "阴影颜色"按钮 用来设定阴影的颜色。

7.4.3 透明度工具

使用透明度工具 可以方便地为对象添加"标准"、"渐变"、"图案"、"底纹"等透明效果。透明效果常常运用到立体效果的绘制中，层层叠加后的透明图案可以显示出丰富的视觉效果。透明度工具中有标准、线性、射线、圆锥等透明类型，如右图所示。

❀ 在属性栏的"透明类型"下拉列表框 标准 中选择"标准"选项，此时的属性栏如下图所示。通过拖动"开始透明"中的滑块设定对象的起始透明；在"应用透明对象"下拉列表框中可以选择将透明效果应用于填充色、轮廓线或所有。

选择透明类型

"标准"属性栏

❀ 在属性栏的"透明类型"下拉列表框 标准 ∨ 中选择"线性"，此时的属性栏如下图所示。

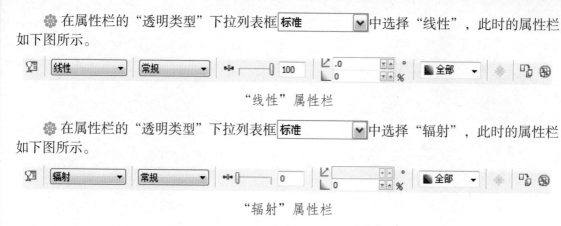

"线性"属性栏

❀ 在属性栏的"透明类型"下拉列表框 标准 ∨ 中选择"辐射"，此时的属性栏如下图所示。

"辐射"属性栏

❀ 在属性栏的"透明类型"下拉列表框 标准 ∨ 中选择"圆锥"，此时的属性栏如下图所示。

"圆锥"属性栏

下图所示分别为对象应用透明度工具的标准类型、线性类型、辐射类型和圆锥类型所产生的效果。

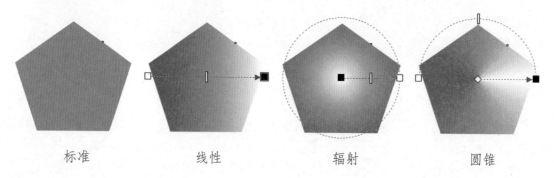

| 标准 | 线性 | 辐射 | 圆锥 |

7.4.4 变形工具

变形效果可以使对象的外形产生不规则的变化，变形工具 ❀ 中具有推拉变形、拉链变形和扭曲变形3种方式。选中对象，选择工具箱中的变形工具 ❀，在属性栏中选择变形类型，从对象上向外拖动，即可为对象变形。下图所示为圆应用的三种不同的变形效果。

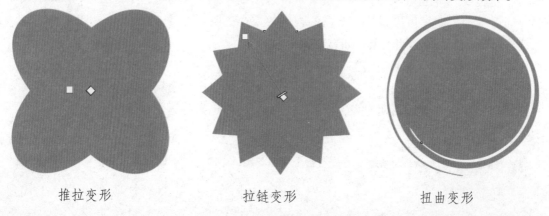

推拉变形　　　　　拉链变形　　　　　扭曲变形

不种的变形效果对应不同的属性栏，下图所示分别为单击推拉变形按钮▣、拉链变形按钮✕和扭曲变形按钮时✿所对应的属性栏，在属性栏中可以设置对象的变形效果。

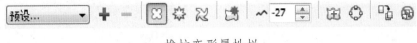

推拉变形属性栏

拉链变形属性栏

扭曲变形属性栏

知识链接

　　三种不同的变形效果的属性栏中都有居中变形按钮⊞，单击此按钮可以使变形效果居中。选中对象，单击复制变形属性按钮▱，然后单击应用了变形效果的对象，可以复制变形效果。

7.5　设计理论深化

　　海报包括商业海报、文化海报、电影海报和公益海报几种类型，不同类型的海报要使用不同的设计方法，下面分别介绍各类海报的设计方法。

1. 文化类海报

文化类海报的设计创意和设计技巧如下：

（1）设计创意：设计此类海报时要将复杂深刻的哲理主题，用简洁的图形或图像表达出来，留给人们想象的空间，传达深刻内涵。

（2）设计技巧：使用简洁的图形图像，向人们表达哲理，将复杂的问题简单化。图形或图像要与主题有切合点，一点即通。

2. 公益海报

公益海报的设计创意和设计技巧如下：

（1）设计创意：公益海报一般表达了社会大众的价值观，对人们起引导和警示的作用，注重设计者与观者精神层面的交流，主题创意要符合公益海报的特征。

（2）设计技巧：应根据所需表达的公益主题的不同采用不同的设计方法，公益海报常使用一种和以往视觉习惯稍有不同的画面来传达给观者，如左下图所示。

3. 商业海报

商业海报的设计创意和设计技巧如下：

（1）设计创意：商业海报的目的是为了通过海报的宣传，来刺激商业利益。商业海报宣传分为两个方面，一是宣传企业的商品，海报的主题是商品本身；二是宣传企业的形象，这类海报并没有明确地出现商品，但重点是让人们对这个企业本身加深印象。右下图所示为宣传产品的商业海报。

公益海报   商业海报

（2）设计技巧：首先分清楚要宣传的种类，是宣传产品还是企业。如果是宣传产品的话，产品一定是画面重点，围绕产品功能等进行创意设计；如果是宣传企业形象，可采用简洁明了的方法。

4. 电影海报

电影海报的设计创意和设计技巧如下：

（1）设计创意：以鲜明、生动、准确的构图介绍影片的内容、表现影片的主题，瞬间抓住观众的视线，吸引观众进入影院观看。

（2）设计技巧：图形是电影海报的主体部分，电影海报主要通过图形来传达影片的思想和主题。在电影海报图形的创作上，多采用主题鲜明、造型突出的艺术形式，以达到强烈的视觉冲击力。

Chapter 第**08**章

户外广告设计

课前导读

户外广告是指在露天或室外的公共场所向消费者传递信息的广告物体，如巨大的路牌广告、形式多样的户外招贴广告、五彩缤纷的霓虹灯广告、交通站的候车亭和夜幕降临时的马路灯箱广告等。本章将介绍户外广告设计的相关理论，并结合两个经典案例对户外广告的设计与制作进行详细讲解。

本章学习要点

❈ 户外广告设计理念
❈ 家用轿车广告
❈ 圣诞促销广告

精彩效果赏析

8.1　户外广告设计理念

户外广告是一种典型的城市广告形式，随着社会经济的发展，户外广告已不仅仅是广告业发展的一种传播媒介手段，而是现代化城市环境建设布局中的一个重要组成部分。

8.1.1　户外广告设计的特点

户外广告设计有以下几个特点：

1．独特性

户外广告的对象是动态中的行人，行人通过可视的广告形象来接受商品信息，所以户外广告设计要通盘考虑距离、视角、环境三个因素。在空旷的广场和马路的人行道上，受众在10米以外的距离，看高于头部5米的物体比较方便。所以说，设计的第一步要根据距离、视角、环境三因素来确定广告的位置和大小。常见的户外广告一般为长方形、方形，我们在设计时要根据具体环境而定，使户外广告外形与背景协调，产生视觉美感。形状不必强求统一，可以多样化，大小也应根据实际空间的大小与环境情况而定，如意大利的路牌不是很大，与其古老的街道相统一，十分协调。户外广告要着重创造良好的注视效果，因为广告成功的基础来自注视的接触效果，如左下图所示。

2．提示性

既然受众是流动着的行人，那么在设计中就要考虑到受众经过广告的位置、时间。繁琐的画面是不被行人接受的，只有出奇制胜地以简洁的画面和揭示性的形式引起行人注意，才能吸引受众观看广告，如右下图所示。所以户外广告设计要注重提示性，图文并茂，以图像为主导，文字为辅助，使用文字要简单明快，切忌冗长。

化妆品户外广告　　　　　　　　　　　　房产广告

3．简洁性

简洁性是户外广告设计中的一个重要原则，整个画面乃至整个设施都应尽可能简洁，设计时要独具匠心，始终坚持在少而精的原则下去冥思苦想，力图给观众留有充分的想象余地。要知道消费者对广告宣传的注意值与画面上信息量的多少成反比。画面形象越繁杂，给观众的感觉越紊乱；画面越单纯，消费者的注意值也就越高。这正是简洁性的有效作用。

4. 计划性

成功的户外广告必须同其他广告一样有其严密的计划。广告设计者没有一定的目标和广告战略，广告设计便失去了指导方向。所以设计者在进行广告创意时，首先要进行一番市场调查、分析、预测的活动，在此基础上制定出广告的图形、语言、色彩、对象、宣传层面和营销战略。广告一经发布于社会，不仅会在经济上起到先导作用，同时也会作用于意识领域，对现实生活起到潜移默化的作用。因而设计者必须对自己的工作负责，使作品起到积极向上的美育作用。

8.1.2　户外广告的形式

户外广告媒体有个共同的特点，即利用新科技使其在表现形式、视觉效果等方面更能引起观众的注意，进一步提高信息传播的接受率。下面介绍户外广告的几种形式。

1. 路牌广告

路牌从其开始发展到今天，其媒体特征始终是一致的。它的特点是设立在闹市地段，地段越好，行人也就越多，因而广告所产生的效应也越强。因此路牌的特定环境是马路，其对象是在动态中的行人，所以路牌画面多以图文的形式出现，画面醒目，文字精炼，使人一看就懂，具有印象捕捉快的视觉效应。现在路牌广告的发展趋势是逐渐采用电脑设计打印（或电脑直接印刷），其画面醒目逼真、立体感强，再现了商品的魅力，对树立商品（品牌）的都市形象最具功效，且张贴调换方便，所用材料也有防雨、防晒功能。

2. 霓虹灯广告

霓虹灯是户外广告中灯光类广告的主要形式之一，它的媒体特点是利用新科技、新手段、新材料，在表现形式上以光、色彩、动态等特点来吸引观众的注意，从而提高信息的接受率。霓虹灯广告一般都设置在城市的至高点、大楼屋顶和商店门面等醒目的位置上。它不仅白天起到路牌广告、招牌广告的作用，夜间更以其鲜艳夺目的色彩，起到点缀城市夜景的作用。

3. 公共交通类广告

公共交通类广告（如车船广告）是户外广告中用得比较多的一种媒体，其传递信息的作用是不容忽视的。广告主可以借助这类广告向公众反复传递信息，因此它是一种高频率的流动广告媒介。特别是公共交通车辆往返于市中心的主要街道，在车辆两侧或车头车尾上做广告，覆盖面广，广告效应尤其强烈。这类户外广告大多还是采用传统的油漆绘画形式，结合部分电脑打印裱贴的方法。

4. 灯箱广告

灯箱广告、灯柱、塔柱广告、街头钟广告和候车亭广告的媒体特征都是利用灯光把灯片、招贴纸、柔性材料照亮，形成单面、双面、三面或四面的灯光广告。这种广告外形美观，画面简洁，视觉效果特别好。

设
计
师
实
战
应
用

8.2 家用轿车广告

案例效果

 源文件路径:
光盘\源文件\第8章

 素材路径:
光盘\素材\第8章

 教学视频路径:
光盘\视频教学\第8章

 制作时间:
25分钟

设 计 与 制 作 思 路

　　本实例制作的是一个家用轿车广告。该汽车品牌是北京现代,车子主要是针对普通家庭销售,所以在车身外形设计、颜色和内里设计方面,都非常适合小康家庭使用。

　　在广告设计中,针对车子的受众群,选择了简洁、大方的设计方法,将车子整体和局部都展示出来,为大众带来更加直接的视觉冲击力,再配以文字说明,让人对车子的了解更加深入,还特别在车身局部图像旁边添加了针对性的文字说明,使整个设计感觉更加完整。

　　在颜色上,我们采用了橘红色作为主要色调,主要是为了营造一种温馨的视觉效果,更能突出这是一款家用型轿车的效果。

8.2.1 绘制广告背景

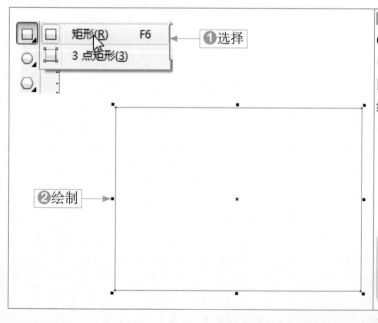

Step 01 绘制矩形 **①**打开CorelDRAW X6,选择工具箱中的矩形工具□。**②**在工作区中按住鼠标左键并拖动,绘制出一个矩形。

知 识 链 接

　　用户在选择其他工具的情况下,按下【F6】键,即可直接转换到矩形工具。

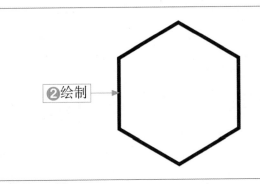

❷绘制

Step 02 绘制六边形 ❶选择多边形工具 ⬡，在属性栏中设置边数为6。❷按住【Ctrl】键拖动鼠标，绘制出一个六边形。在属性栏中设置轮廓宽度为1mm，得到边框较粗的多边形，效果如左图所示。

经 验 分 享

在绘制多边形时，可以在绘制图形之前在属性栏中设置好参数，也可以在绘制好图形后，再在属性栏中更改边数。

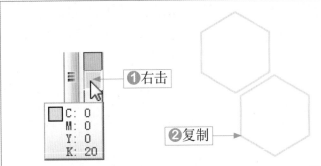

❶右击

❷复制

Step 03 复制图形 ❶使用鼠标右键单击调色板中的20%黑色，填充轮廓线颜色。❷按下小键盘上的【+】键复制一次对象，然后将其放到右侧，如左图所示。

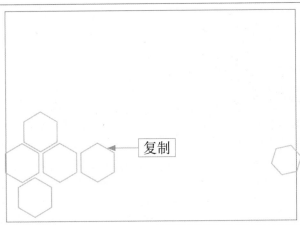

复制

Step 04 复制多个图形 继续按下小键盘上的【+】键，多复制几次六边形，分别放到矩形中，参照如左图所示的样式进行排列。

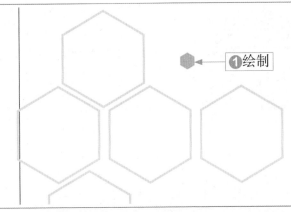

❶绘制

Step 05 绘制橘黄色图形 ❶选择多边形工具，再绘制一个六边形。❷选择工具箱中的均匀填充工具，将打开"均匀填充"对话框，设置颜色参数为橘黄色（C0，M36，Y62，K0）。❸单击"确定"按钮填充图形。

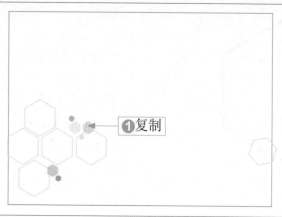

Step 06 复制橘黄色图形 ❶ 复制多个橘黄色六边形，适当调整图形大小。❷ 分别选择复制的对象，按住【Ctrl】键单击几次调色板中的白色，适当减淡颜色。

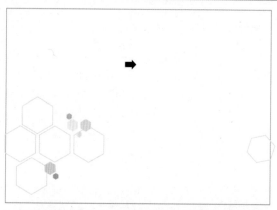

Step 07 放置图像到图文框中 ❶ 使用选择工具框选所有六边形。❷ 选择"效果"|"图框精确剪裁"|"置于图文框内部"命令，这时将出现黑色箭头符号，单击矩形，将多边形放置到矩形中。

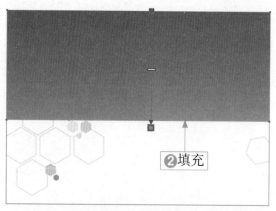

Step 08 为矩形做渐变填充 ❶ 在背景矩形上方再绘制一个矩形。❷ 选择交互式填充工具，为其做线性渐变填充，设置渐变颜色从橘黄色（C60，M60，Y40，K0）到浅橘黄色（C40，M60，Y20，K0）。

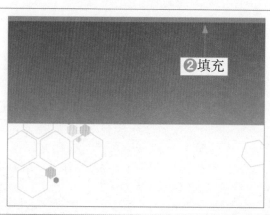

Step 09 绘制橘红色矩形 ❶ 在渐变矩形上方再绘制一个矩形。❷ 选择均匀填充工具，将其颜色填充为橘红色（C0，M60，Y80，K0）。

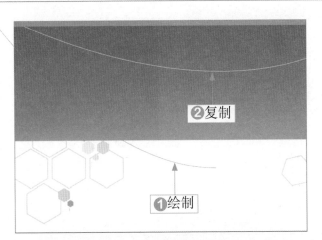

Step 10 绘制两条曲线 ❶选择贝塞尔工具 🖉，在渐变矩形中绘制一条曲线，填充为橘黄色（C0，M60，Y100，K0）。❷复制一次曲线，适当旋转后，填充为白色，放到第一条曲线的上方。

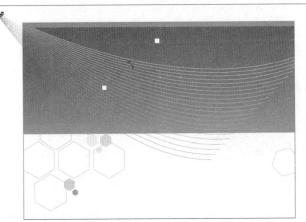

Step 11 调和曲线 ❶选择调和工具 🖉，单击橘黄色曲线，按住鼠标左键拖动到白色曲线上。❷在属性栏中设置步长值为20，这时即可得到线条调和效果。

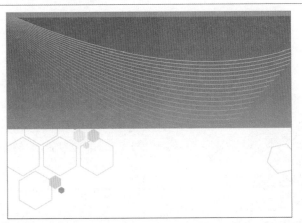

Step 12 放置图像 ❶选择调和后的曲线图像，适当调整其大小。❷选择"效果"|"图框精确剪裁"|"置于图文框内部"命令，将调和对象放置到橘黄色矩形中。

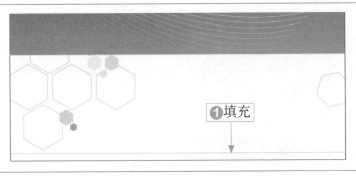

Step 13 绘制矩形 ❶选择矩形工具，在图像底部绘制一条细长的矩形，填充为20%黑色。❷使用鼠标右键单击调色板顶部的⊠按钮，去除矩形轮廓线。

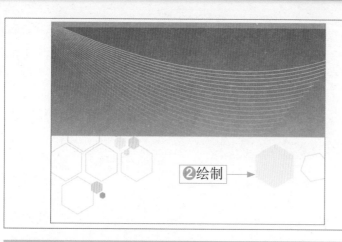

Step 14 绘制六边形 ❶ 选择多边形工具，在属性栏中设置边数为6。❷ 在广告图像右下方绘制一个六边形，并填充为淡橘黄色（C0，M11，Y19，K0），效果如左图所示。

8.2.2 添加汽车和文字

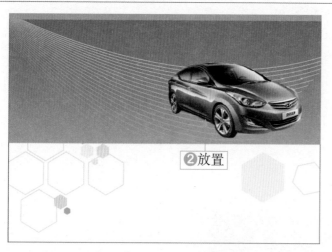

Step 01 添加素材图像 ❶ 选择"文件"|"导入"命令，将"汽车.psd"图像文件导入到画面中。❷ 适当调整图像大小，放到画面的右上方。

知 识 链 接

在导入素材图像时，还可以按下【Ctrl+I】组合键打开"导入"对话框来选择素材图像。

Step 02 添加投影 ❶ 选择阴影工具 ▢，在汽车图像中间按住鼠标左键向下拖动，拖曳出一个投影图像。❷ 在属性栏中设置"阴影的不透明度"为50、"阴影羽化"为15，效果如左图所示。

Step 03 绘制图形 ❶ 选择多边形工具，在汽车图像左侧绘制一个六边形，在属性栏中设置轮廓宽度为1.5mm。❷ 使用鼠标右键单击调色板中的黄色，填充轮廓线。

Step 04 复制图形❶选择黄色边框图形，按下小键盘上的【+】键复制一次该图形。❷适当旋转图形，参照如左图所示的样式进行排列。

Step 05 复制汽车图形❶选择汽车图像，复制一次该图像，单击复制图像中的投影图像，单击属性栏中的"清除投影"按钮 ⬚。❷将复制的图像放到黄色边框图像下方，如左图所示。

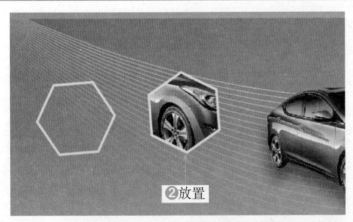

Step 06 放置汽车图像❶选择"效果"|"图框精确剪裁"|"置于图文框内部"命令。❷当鼠标变为黑色箭头时，单击黄色边框图形，将汽车图像放置到边框图形中，如左图所示。

Step 07 复制汽车图像❶再复制一次汽车图像，并清除投影效果。❷单击属性栏中的"水平镜像"按钮 ⬚，将汽车图像水平翻转，放到左侧的黄色边框图像下方。

Step 08 放置汽车图像❶选择复制的汽车图像，选择"效果"|"图框精确剪裁"|"置于图文框内部"命令。❷使用黑色箭头单击黄色边框图形，得到放置后的效果。

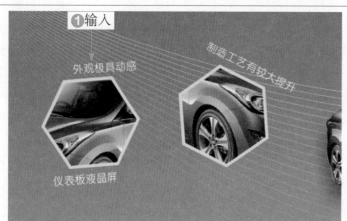

Step 09 输入文字❶选择文本工具，在黄色边框图像边缘分别输入几行文字。❷在属性栏中设置字体为方正准圆简体、颜色为白色，并且适当旋转部分文字。

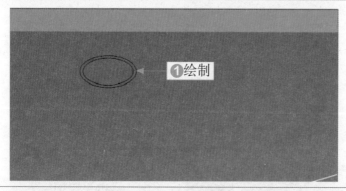

Step 10 绘制椭圆形❶下面绘制汽车标志。选择椭圆形工具，在图像右上方绘制一个椭圆形。❷按住【Shift】键中心缩小图形，同时单击鼠标右键，得到复制缩小的椭圆形。

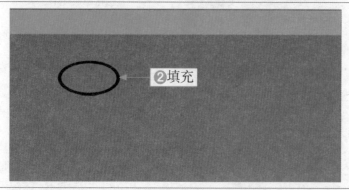

Step 11 填充圆环形❶使用选择工具框选两个椭圆形，单击属性栏中的"合并"按钮 🔲，将图像合并为一个圆环图像。❷单击调色板中的100%黑色，填充圆环图形。

③填充

①绘制

Step 12 编辑图形①使用贝塞尔工具在圆环图形中绘制一个"H"字样的图形。②使用形状工具对图形进行编辑。③单击调色板中的100%黑色，填充图形。

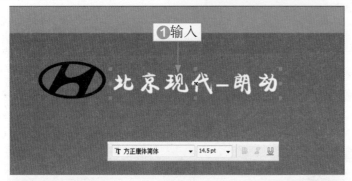
①输入

Step 13 输入文字①选择文本工具，在标志图形右侧输入一行文字。②在属性栏中设置字体为方正康体简体、大小为14.5、颜色为白色，如左图所示。

①输入

②设置

Step 14 输入文字①选择文本工具，在标志图形下方输入一段说明性文字。②在属性栏中设置字体为方正黑体简体、大小为9、颜色为白色，如左图所示。

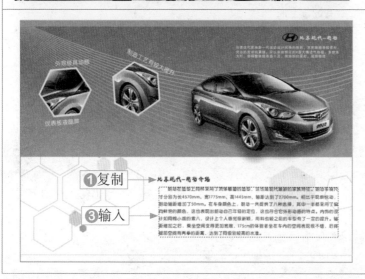
①复制

③输入

Step 15 输入段落文字①选择"北京现代-朗动"文字，按下小键盘中的【+】键复制一次文字。②将文字移动到广告图像下方，放到如左图所示的位置，填充为黑色。③选择文本工具，绘制一个文本框，然后在其中输入文字。

设计师实战应用

Step 16 复制汽车图像❶选择广告画面中的汽车图像，使用鼠标左键按住该图像拖动到另一处，同时单击鼠标右键，得到移动复制的图像。❷单击属性栏中的"清除阴影"按钮，清除图像投影。

Step 17 翻转和缩小图像❶选择复制的汽车图像，单击属性栏中的"水平镜像"按钮🔄，将图像水平翻转。❷适当缩小汽车图像，放到如左图所示的位置。

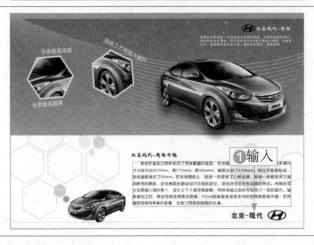

Step 18 输入文字❶选择文本工具，在广告画面右下方输入文字，然后在属性栏中设置字体为黑体、颜色为黑色。❷复制画面右上方的标志图像，将其放到文字右侧，效果如左图所示，完成本实例的制作。

经验分享

　　在制作一则平面广告时，首先应该明白什么是设计。

　　设计是有目的的策划，平面设计是这些策划将要采取的形式之一，在平面设计中，你需要用视觉元素来传播你的设想和计划，用文字和图形把信息传达给受众，让人们通过这些视觉元素了解你的设想和计划，这才是设计的定义。

　　设计没有完整的概念，设计需要精益求精、不断的完善，需要挑战自我，向自己宣战。设计的关键之处在于发现，只有不断通过深入的感受和体验才能做到，打动别人对设计师来说是一种挑战。设计要让人感动，足够的细节本身就能感动人，图形创意本身能打动人，色彩品位能打动人，材料质地能打动人。

8.3　圣诞促销广告

案例效果

 源文件路径：
光盘\源文件\第8章

 素材路径：
光盘\素材\第8章

 教学视频路径：
光盘\视频教学\第8章

 制作时间：
35分钟

设计与制作思路

　　本实例制作的是一个圣诞促销广告。圣诞节给人的感觉一直是非常欢乐的节日，通常作为商场搞活动时极力渲染的一个促销的节日。所以在设计中，将礼盒与"圣诞欢乐"这几个字作为主要元素，放到了画面正中间，再配以下方的文字，让人很楚地明白广告目的。在颜色上采用了橘红和蓝色为主要颜色，配合起来使用也有一种温暖、欢乐的气氛。

8.3.1　绘制双结图形

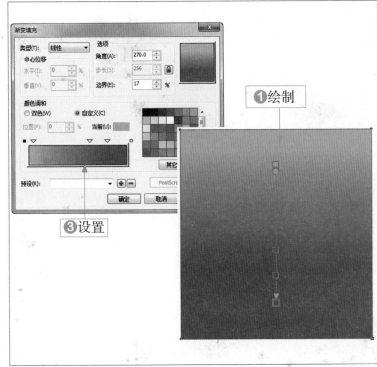

❸设置

Step 01 绘制矩形❶选择矩形工具▢，在工作区中按住鼠标左键并拖动，绘制出一个矩形。❷按【F11】键，切换到渐变填充工具，单击属性栏左上方的"编辑填充"按钮，打开"渐变填充"对话框。❸设置颜色为不同深浅的蓝色，具体参数为0%（C60，M0，Y20，K0）、5%（C60，M0，Y20，K0）、62%（C100，M20，Y0，K0）、80%（C60，M40，Y0，K40）、100%（C60，M40，Y0，K40），再设置其他参数。

❶绘制

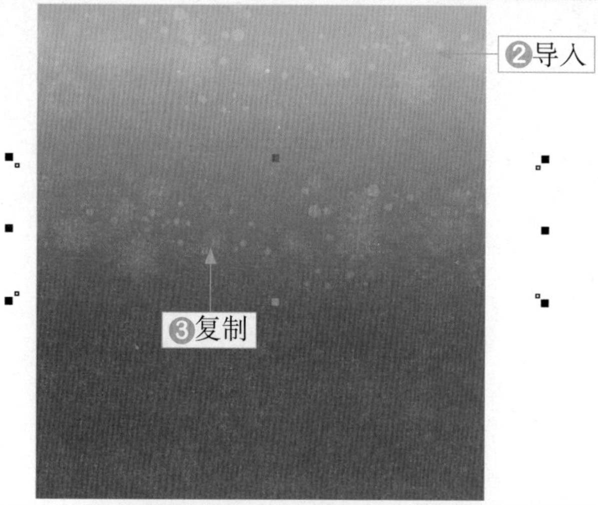

②导入
③复制

Step 02 导入素材图像① 单击调色板顶部的按钮⊠，取消轮廓线。❷选择"文件"|"导入"命令，打开"导入"对话框，选择"雪花.png"素材图像，单击"导入"按钮将其导入。❸复制一次雪花图像，排列为两行，如左图所示。

②单击

Step 03 精确裁剪图像①按住【Shift】键单击第一行的雪花图像，得到加选状态。❷选择"效果"|"图框精确剪裁"|"置于图文框内部"命令，使用黑色箭头单击蓝色渐变矩形，得到图像放置效果。

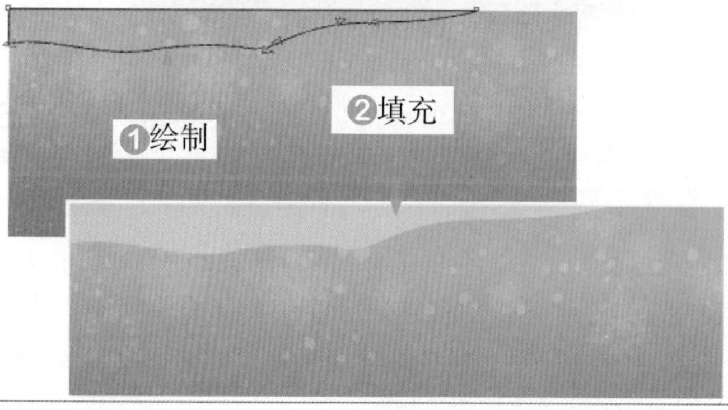

①绘制
②填充

Step 04 绘制不规则图形①选择贝塞尔工具，在矩形顶部绘制一个不规则图形。❷将图形填充为浅蓝色（C40，M0，Y0，K0），再去除轮廓线。

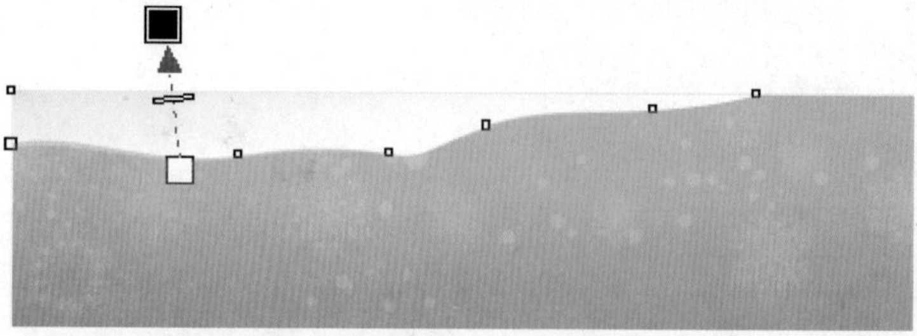

Step 05 透明渐变填充①选择该图形，按下小键盘上的【+】键，原地复制一次对象，填充为白色。❷选择透明度工具⊿，对白色图形应用线性渐变填充，效果如左图所示。

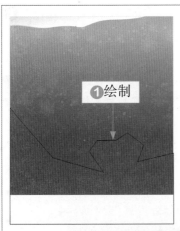

Step 06 绘制不规则图形❶选择贝塞尔工具，在矩形下方绘制一个不规则图形。❷使用形状工具对图形进行编辑，得到双结底图效果，如左图所示。

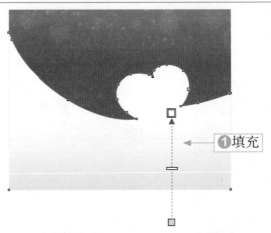

Step 07 渐变填充图形❶选择交互式填充工具，为图形做线性渐变填充。❷设置颜色从上到下为白色到淡蓝色（C40，M0，Y0，K0）。❸右击调色板上方的按钮⊠，取消轮廓线。

Step 08 绘制图形❶选择贝塞尔工具，绘制双结图形的左侧部分。❷选择形状工具，对图形进行编辑，效果如左图所示。

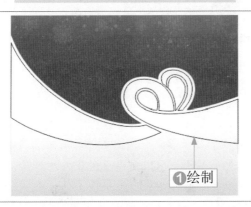

Step 09 绘制双结图形❶再使用贝塞尔工具绘制双结图形的右侧部分。❷继续使用形状工具对图形进行编辑，得到双结图形，如左图所示。

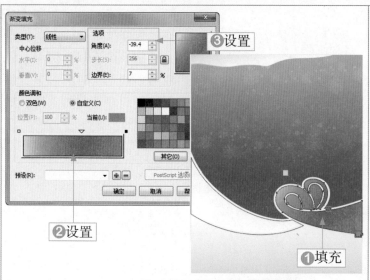

Step 10 应用渐变填充❶选择右侧的双结图形，再使用交互式填充工具对双结图形应用线性渐变填充。❷设置渐变颜色为不同深浅的橘黄色，参数为0%（C0，M0，Y100，K0）、59%（C0，M100，Y100，K0）、60%（C0，M60，Y100，K0）。❸再设置角度为-39.4、边界为7%。

❸设置
❷设置
❶填充

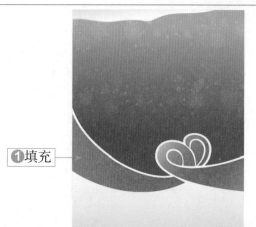

❶填充

Step 11 渐变填充图形❶选择在双结图形左侧的图形，使用交互式填充工具对其应用线性渐变填充，颜色与双结图形一致。❷分别选择双结图形中的所有图形，右击调色板上方的按钮，去除轮廓线。

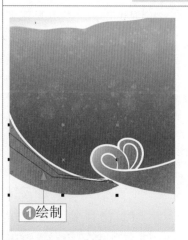

❶绘制

❷填充

Step 12 绘制弯曲图形❶选择钢笔工具，在双结图形中绘制一个不规则图形，再使用形状工具编辑成尖角弯曲图形。❷单击调色板中的黄色（C0，M0，Y100，K0），为图形填充颜色，并去除轮廓线，效果如左图所示。

知识链接

　　在CorelDRAW中为对象填充均匀色的方法有多种，包括使用调色板、"均匀颜色"对话框和"颜色"泊坞窗等，选择需要填充颜色的图形，单击调色板下方的三角形按钮，可以弹出多种颜色，选择其中一种颜色块，即可为图形填充颜色。

Step 13 复制图形❶复制一次黄色图形，按下键盘上的【↓】键向下移动。❷选择形状工具，对复制的图形进行编辑，得到如左图所示的效果。

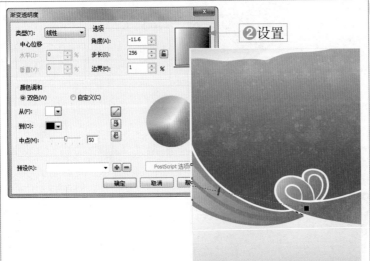

Step 14 对图形应用透明效果❶按住【Shift】键选择两个黄色图形，按下【Ctrl+G】组合键群组图形。❷选择透明度工具，单击属性栏左侧的"编辑透明度"按钮，打开"渐变透明度"对话框，设置"类型"为"线性"，应用线性渐变填充，颜色从黑色到白色。

Step 15 复制对象❶选择两个透明黄色图形，按下【+】键复制一次对象。❷单击属性栏中的"水平镜像"按钮，将图形翻转。❸适当缩小图像，放到双结图像右侧，并使用形状工具适当调整图形形状。

Step 16 导入素材图像❶选择"文件"|"导入"命令，在"导入"对话框中选择"心形.png"素材图像，单击"导入"按钮，导入素材图像。❷适当调整素材图像大小，放到背景图像中。

8.3.2 制作礼盒

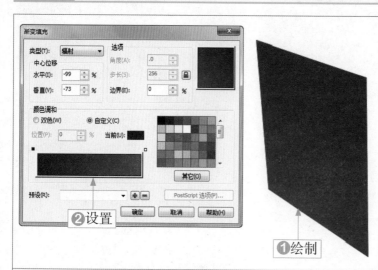

Step 01 绘制四边形 ❶ 使用钢笔工具绘制一个四边形，作为礼盒左侧图形。❷ 按下【F11】键打开"渐变填充"对话框，设置"类型"为"辐射"、颜色从深红色（C56，M100，Y100，K47）到红色（C13，M100，Y100，K0）。❸ 单击"确定"按钮，得到填充效果。

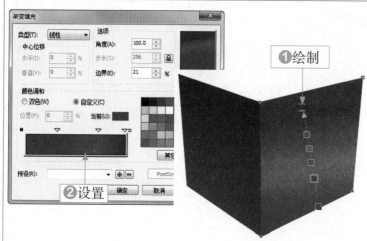

Step 02 绘制右侧图形 ❶ 使用钢笔工具再绘制一个四边形，作为礼盒的右侧图形。❷ 按下【F11】键打开"渐变填充"对话框，设置"类型"为"辐射"，再设置颜色为不同深浅的红色，参数与左侧的四边形差距不大。❸ 单击"确定"按钮，得到填充效果。

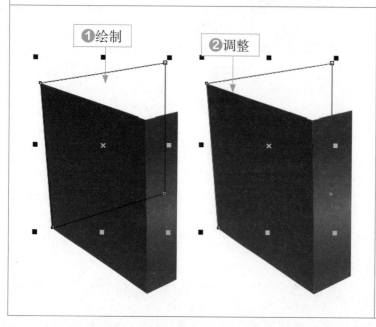

Step 03 绘制四边形 ❶ 使用贝塞尔工具在图形内部绘制一个四边形，作为礼盒的内里图形。❷ 选择"排列"|"顺序"|"到图层后面"命令，将绘制的四边形放到红色图形下方，如左图所示。

知识链接

按下【Ctrl+PageUp】组合键可以向前移动一层，按下【Ctrl+PageDown】组合键可以向后移动一层。

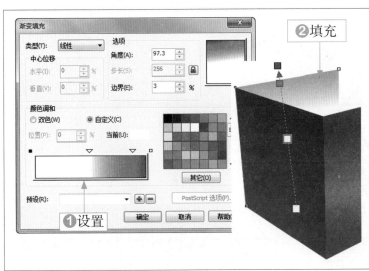

Step 04 渐变填充图形❶选择交互式填充工具，对图形应用线性渐变填充，设置颜色为0%白色、49%白色、88%红色（C33，M100，Y100，K2）、100%粉红色（C0，M100，Y100，K0）。❷单击"确定"按钮，得到渐变填充效果。

Step 05 复制对象❶选择粉红色渐变图形，按下小键盘上的【+】键复制一次对象。❷单击属性栏中的"水平镜像"按钮，水平翻转图形，将图形放到礼盒右侧，再使用形状工具对图形进行编辑，效果如左图所示。

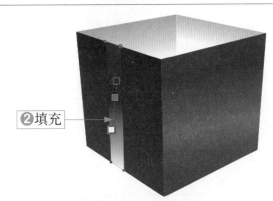

Step 06 渐变填充图形❶选择钢笔工具，在礼盒图形外侧面中绘制一个四边形。❷选择交互式填充工具，对该图形应用线性渐变填充，设置颜色从深灰色到浅灰色。

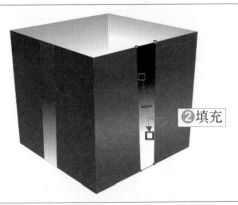

Step 07 渐变填充图形❶选择贝塞尔工具，在礼盒图形的右侧绘制一个四边形。❷选择交互式填充工具，对该图形应用线性渐变填充，设置颜色从黑色到白色。

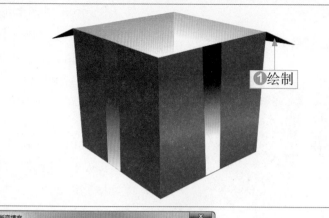

Step 08 绘制三角形❶选择贝塞尔工具，在礼盒图形两侧分别绘制一个三角形。❷将三角形填充为黑色，效果如左图所示。

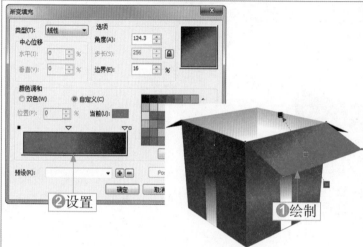

Step 09 绘制盒盖❶选择贝塞尔工具，在礼盒右侧图形上方绘制一个盒盖图形。❷选择交互式填充工具，对其应用线性渐变填充，设置颜色从深红色到红色，参数为0%（C0，M100，Y100，K0）、44%（C0，M100，Y100，K0）、100%（C62，M99，Y100，K58）。

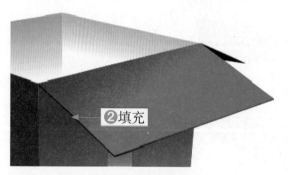

Step 10 绘制边缘图形❶选择钢笔工具，在盒盖图形下方和左侧边缘分别绘制一个细长的矩形。❷将边缘图形填充为深红色（C62，M99，Y100，K58）。

Step 11 渐变填充图形❶选择钢笔工具，在礼盒左侧图形的上方绘制另一个盒盖图形。❷选择交互式填充工具，对该图形应用线性渐变填充，颜色设置与右侧的盒盖颜色一致。

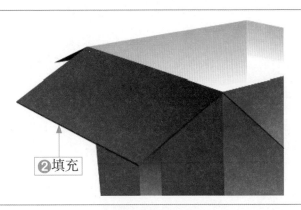

②填充

Step 12 绘制细长矩形❶选择钢笔工具，在左侧礼盒盖边缘绘制两个细长的矩形。❷填充矩形为深红色（C62，M99，Y100，K58），效果如左图所示。

❶绘制

Step 13 绘制尖角图形❶选择贝塞尔工具，在礼盒图形中间绘制一个尖角图形。❷单击调色板中的白色，将图形填充为白色。

知 识 链 接

在绘制尖角图形时，可以使用多边形工具来直接绘制。

②设置

Step 14 应用透明效果❶右击调色板上方的⊠按钮，去除图形轮廓线。❷选择透明度工具，在属性栏中设置"透明度类型"为"标准"，再设置透明度参数为33，得到图形透明效果。

②旋转

Step 15 缩小和旋转图形❶选择尖角图形，按下小键盘中的【＋】键复制一次对象。❷再次单击该图形，适当缩小和旋转图形，得到如左图所示的效果。

②调整

Step 16 调整礼盒图形位置
❶使用选择工具选择所有礼盒图形，选择"排列"|"群组"命令，群组对象。❷将礼盒图形放到广告画面中，适当调整图像大小，效果如左图所示。

8.3.3 添加艺术文字

❶输入

Step 01 输入文字❶选择文本工具，在礼盒下方输入文字"圣诞欢乐"。❷在属性栏中设置字体为方正粗倩简体、颜色为洋红色（C15，M98，Y26，K0），适当调整文字大小，放到如左图所示的位置。

❷编辑

Step 02 编辑文字造型❶选择"排列"|"转换为曲线"命令，将文字转换为曲线。❷使用形状工具对文字进行编辑，得到艺术文字效果，如左图所示。

②选择

Step 03 设置阴影参数❶使用阴影工具为文字添加投影。❷在属性栏中设置羽化方向为"中间"、颜色为黑色，再设置各项参数。

Step 04 拆分阴影 选择投影图像，再选择"排列"|"拆分"命令，将阴影拆分出来，效果如左图所示。

Step 05 复制文字❶选择文字图形，按下【+】键原地复制一次对象，填充为白色。❷按下【↑】和【←】键略微移动，效果如左图所示。

Step 06 设置渐变填充❶使用贝塞尔工具和形状工具，在文字外侧绘制一个边缘图形。❷按下【F11】键，打开"渐变填充"对话框，设置"类型"为"辐射"、颜色从洋红色（C0，M100，Y0，K0）到黄色（C0，M0，Y100，K0），再设置其他参数，如左图所示。

Step 07 设置轮廓线❶选择轮廓笔工具，打开"轮廓笔"对话框。❷设置轮廓颜色为白色、"宽度"为2.822mm。❸单击"确定"按钮，为图形添加轮廓线，效果如左图所示。

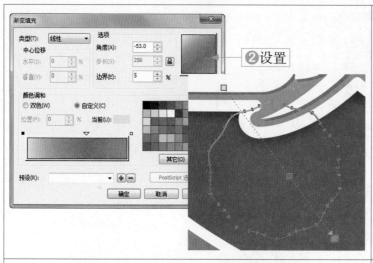

Step 08 绘制花瓣边框❶使用贝塞尔工具和形状工具，在文字下方绘制一个花瓣边框图形。❷选择交互式填充工具，对其应用线性渐变填充，设置颜色从黄色0%（C0，M0，Y100，K0）到红色59%（C0，M100，Y100，K0）到橘红色100%（C0，M60，Y100，K0）。

Step 09 绘制花瓣图形❶使用贝塞尔工具和形状工具，在文字下方绘制一个花瓣图形。❷选择交互式填充工具，对其应用线性渐变填充，颜色设置与花瓣边框图形一样。

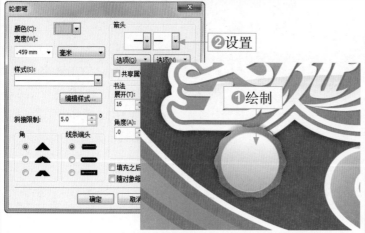

Step 10 绘制圆形❶选择椭圆形工具，在绘制的花瓣图形中绘制一个圆形，填充为浅灰色。❷选择轮廓笔工具，打开"轮廓笔"对话框，设置轮廓颜色为黄色、宽度为0.459mm。❸单击"确定"按钮，得到如左图所示的效果。

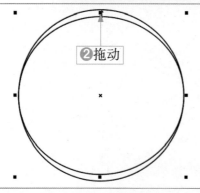

Step 11 绘制圆形❶使用椭圆形工具绘制一个圆形。❷按下【+】键原地复制一次对象，按住【Shift】键向内拖动上面的端点，效果如左图所示。

Step 12 调整图形位置❶选择这两个圆形，单击属性栏中的"合并"按钮，合并图形。❷合并圆形后，将得到圆环图形，填充为浅灰色，放到如左图所示的位置。

Step 13 输入文字❶选择文本工具，在灰色圆形中输入文字"惠"。❷在属性栏中设置字体为方正粗黑简体、颜色为黑色，并适当调整大小，如左图所示。

❶输入

Step 14 复制文字❶复制一次"惠"字，选择交互式填充工具，对其应用线性渐变填充，设置颜色从黄色（C0，M0，Y100，K0）到橘黄色（C0，M60，Y100，K0）。❷适当向左上方移动文字，效果如左图所示。

❶填充

Step 15 输入文字❶选择文本工具，输入文字"感恩回馈"。❷在属性栏中设置字体为方正粗倩简体、颜色为黑色，并适当调整大小，放到"惠"字下方，如左图所示。

❶输入

设计师实战应用

②编辑

Step 16 编辑文字 ❶选择"排列"|"转换为曲线"命令，将文字转换为曲线。❷使用形状工具对文字图形进行编辑，得到如左图所示的效果。

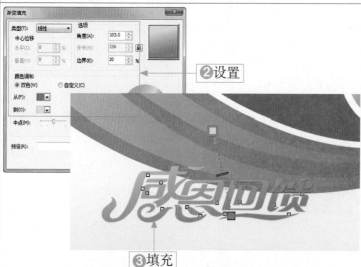

②设置

③填充

Step 17 设置渐变填充 ❶选择所有文字图形，单击属性栏中的"合并"按钮，将其合并为一个图形。❷按下【F11】键，打开"渐变填充"对话框，设置渐变类型为"线性"、颜色从绿色（C100，M0，Y100，K0）到黄色（C0，M0，Y100，K0）。❸单击"确定"按钮，得到文字渐变效果。

Step 18 添加轮廓线 ❶按下【F12】键，打开"轮廓笔"对话框，设置轮廓颜色为白色、"宽度"为2.685mm。❷单击"确定"按钮，得到添加轮廓线后的效果。

❶复制

Step 19 复制文字 ❶选择文字，按下【+】键原地复制一次文字，按下【Ctrl+PageDown】组合键将复制的文字放到下一层，填充为黑色。❷将轮廓线也填充为黑色，并修改轮廓线宽度为2.658mm，再略微向右下方移动，效果如左图所示。

①输入

Step 20 输入文字❶选择文本工具，在广告画面右下方输入文字。❷在属性栏中设置中文字体为方正美黑简体、数字的字体为Stencil。

Step 21 添加轮廓线❶按下【F12】键，打开"轮廓笔"对话框。❷设置文字轮廓宽度为2.0mm、颜色为黑色，单击"确定"按钮，得到文字的轮廓线效果。

②设置

Step 22 应用渐变填充❶选择文字，按下【+】键原地复制一次对象，将轮廓线改变为白色，并略微向左上方移动。❷选择交互式填充工具，打开"渐变填充"对话框，对文字应用线性渐变填充，设置颜色从绿色（C100，M0，Y100，K0）到黄色（C0，M0，Y100，K0）。

①输入

Step 23 输入文字❶选择文本工具，再输入一行文字，设置中文字体为方正超粗黑简体、数字字体为Stencil。❷参照上一步骤的方法，为文字添加轮廓线，复制一次对象后，进行渐变填充，再移动文字，效果如左图所示。

8.4 CorelDRAW技术库

在CorelDRAW中，除了使用挑选工具或"变换"泊坞窗可以变换对象外，用户还可以使用自由变换工具来变换对象。自由变换工具可以将对象自由旋转、自由角度镜像、自由缩放和自由倾斜，下面介绍此工具的使用方法。

8.4.1 自由旋转工具

选择工具箱中的自由变换工具后，在属性栏中可以选择自由旋转工具，该工具可以为对象做自由旋转操作。选择需要变换的对象，然后选择自由变换工具，在属性栏中单击自由旋转工具按钮。在选定的对象上按住鼠标左键并拖动，此时可预览对象旋转的效果（如左下图所示），释放鼠标左键，即可将对象旋转到指定的位置和角度，如右下图所示。

旋转对象　　　　　　　　　　　　　旋转效果

8.4.2 自由角度镜像工具

使用自由角度镜像工具可以为对象做镜像旋转操作。使用挑选工具选择对象，然后将工具切换到自由变换工具，并单击属性栏中的自由角度镜像工具按钮。在选定的对象上按住鼠标左键并拖曳，随即出现的移动轴的倾斜度可以决定对象的镜像方向（如左下图所示），确定后释放鼠标左键，即可完成自由旋转的操作，如右下图所示。

镜像旋转对象　　　　　　　　　　　镜像旋转效果

经验分享

使用自由旋转工具和自由角度镜像工具都可以为对象做旋转操作，但不同的是，自由角度镜像工具在旋转的同时还可以为对象做镜像操作，所以在设置旋转角度时应考虑到这一点，进行合理的操作。

8.4.3 自由缩放工具

选择工具箱中的自由变换工具 后，在属性栏中可以选择自由缩放工具 ，使用自由缩放工具可以横向或纵向缩放对象。选择需要变换的对象，然后选择自由变换工具，并单击属性栏中的自由缩放工具按钮 。在对象上按下鼠标左键并拖动，此时用户可以预览对象缩放的效果（如左下图所示），确定效果后释放鼠标左键，即可完成缩放操作，如右下图所示。

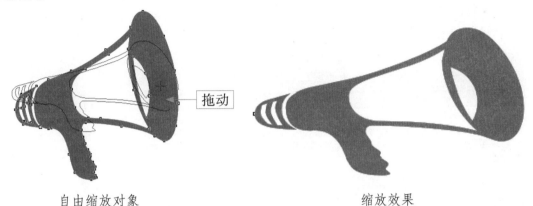

自由缩放对象　　　　　　　　　　　　　缩放效果

8.4.4 自由倾斜工具

选择工具箱中的自由变换工具 后，在属性栏中可以选择自由倾斜工具 ，使用该工具可以自由扭曲对象。选择需要变换的对象，将工具切换到自由变换工具，并单击属性栏中的自由倾斜工具按钮 ，然后在选定的对象上按下鼠标左键并拖动（如左下图所示），确定倾斜效果后释放鼠标左键，即可完成倾斜操作，如右下图所示。

自由倾斜对象　　　　　　　　　　　　　扭曲效果

8.5　设计理论深化

企业为参与市场竞争，往往通过广告扩散其视觉形象设计，有意识地造出个性化的视觉效果，以便唤起尽可能多的广告对象注意。所以我们在广告创意上掌握一些特殊的技巧，可以使工作事半功倍。

1. 创形法

此类广告"创意"的要旨在于：以推销企业为主，使企业形象得以良好地创立。企业是其产品的决定性因素，先有企业之后才有产品。企业素质高，产品素质才高；企业形象好，产品销路才好。

2. 音乐法

其"创意"的要旨为：通过精炼短小、高度概括、通俗明快、形象鲜明、个性突出、制作精致的广告音乐与画面和广告丝丝入扣，使广告的艺术创意得到淋漓尽致的体现，从而真正能具备发掘商品内涵、点缀特色、提高商品身价、增强商品魅力的功能，并使广大消费者一听就爱、一想就懂、百听不腻，在愉悦的音乐启迪中购买所需产品。

3. 包装法

其"创意"要旨在于：通过在商品包装上狠下工夫，使产品的包装精巧，然后再在精美的包装上打上企业的名称，列出其生产经营范围，并详尽介绍产品的功能、性能及其使用方法。这样不仅会给消费者带来审美感、满意感和方便感，而且花钱不多，给企业带来的效益却很大，此可谓两全其美的广告创意方法。

4. 换意法

其"创意"的要旨为：为顺应市场消费者的消费心理和消费水平，将原来误导公众的广告创意进行一番无损本来面目的改头换面的修改，使公众改变对原广告误导的理解，使原来在市场上因创意误导消费而滞销的产品变为畅销产品。

下图所示为一个房产广告，该广告将楼盘装在金鱼缸里，偷换了概念，真是别出心裁的设计。

房产广告

5. 省略法

其"创意"的要旨为：通过省略广告信息的关键之处或主要内容，制造或明或暗的悬念，从而使观众产生急切的期待心理，刺激消费者产生迫切了解产品的兴趣与欲望，并由此产生对产品的深刻印象。

课前导读

　　包装设计是以商品的保护、使用和促销为目的，将科学的、社会的、艺术的、心理的诸多要素综合起来的专业设计学科。包装设计是为消费者服务的，从消费者使用、喜好的角度考虑是包装设计最基本的出发点。因此，消费理念的变化对包装设计理念产生着重要的影响。本章将介绍包装设计的构图要素和包装设计中的色彩运用等，并结合两个经典案例对包装设计与制作的方法进行详细讲解。

本章学习要点

❀ 包装设计基础
❀ 餐具包装设计
❀ 手提袋包装设计

精彩效果赏析

设
计
师
实
战
应
用

9.1　包装设计基础

　　包装是品牌理念、产品特性、消费心理的综合反映，它直接影响到消费者的购买欲望。因此，包装是建立产品与消费者亲和力的有力手段。经济全球化的今天，包装与商品已融为一体。包装作为实现商品价值和使用价值的手段，在生产、流通、销售和消费领域中，发挥着极其重要的作用，是企业界、设计领域不得不关注的重要课题。包装的功能是保护商品、传达商品信息、方便使用和运输、促进销售、提高产品附加值。包装作为一门综合性学科，具有商品和艺术相结合的双重性。

9.1.1　包装设计的构图要素

　　构图是将商品包装展示面的商标、图形、文字和组合排列在一起的一个完整的画面。这四方面的组合构成了包装装潢的整体效果，下图所示为饼干包装。商品设计构图要素中商标、图形、文字和色彩运用得正确、适当、美观，就可称为优秀的设计作品。

饼干包装

　　1.　商标设计

　　商标是一种符号，是企业、机构、商品和各项设施的象征形象，它涉及政治、经济、法制以及艺术等各个领域。商标的特点是由它的功能、形式决定的。它要将丰富的传达内容以更简洁、更概括的形式，在相对较小的空间里表现出来，同时需要观察者在较短的时间内理解其内在的含义。商标一般可分为文字商标、图形商标以及文字图形相结合的商标三种形式。一个成功的商标设计，应该是创意表现有机结合的产物。创意是根据设计要求，对某种理念进行综合、分析、归纳、概括，通过哲理的思考，化抽象为形象，将设计概念由抽象的评议表现逐步转化为具体的形象设计。

　　2.　图形设计

　　包装装潢的图形主要指产品的形象和其他辅助装饰形象等。图形作为设计的语言，就是要把形象的内在、外在的构成因素表现出来，以视觉形象的形式把信息传达给消费者。要达到此目的，图形设计的定位准确是非常关键的。定位的过程即是熟悉产品全部内容的过程，其中包括商品的性能、商标、品名的含义及同类产品的现状等，诸多因素都要加以熟悉和研究。

3．色彩设计

色彩设计在包装设计中占据重要的位置。色彩是美化和突出产品的重要因素。包装色彩的运用是与整个画面设计的构思、构图紧密联系着的。包装色彩要求平面化、匀整化，这是色彩的过滤、提炼的高度概括。它以人们的联想和色彩的习惯为依据，进行高度的夸张和变色，是包装艺术的一种手段。同时，包装的色彩还必须受到工艺、材料、用途和销售地区等的制约和限制。

4．文字设计

文字是传达思想、交流感情和信息，表达某一主题内容的符号。商品包装上的牌号、品名、说明文字、广告文字以及生产厂家、公司或经销单位等，反映了包装的本质内容。设计包装时必须把这些文字作为包装整体设计的一部分来统筹考虑。

包装装潢设计中文字设计的要点有：文字内容简明、真实、生动、易读、易记；字体设计应反映商品的特点、性质，有独特性，并具备良好的识别性和审美功能；文字的编排与包装的整体设计风格应和谐。

9.1.2　包装设计的色彩运用

在市场或超市中，各类琳琅满目的商品，以优美的造型、鲜艳的色彩展示在人们面前，在花花绿绿的色彩映衬下，仿佛争着与人们对话交流，人们在无暇审视、仔细享受那些独特造型和美妙色彩的商品时，更容易被那些具有强烈色彩的包装所吸引。这便是色彩的作用，因为颜色在现代商品包装上具有强烈的视觉感召力和表现力，如左下图所示。

包装设计，在于孜孜不断的尝试与探索，追求人类生活的美好情怀。色彩在包装设计中是极具价值的，它对我们表达思想、情趣、爱好的影响是最直接、最重要的，把握色彩，感受设计，创造美好包装，丰富我们的生活，是我们这个时代所需的。

无彩色设计的包装犹如尘世喧闹中的一丝宁静，它的高雅、质朴、沉静使人在享受酸、甜、苦、辣、咸后，回味着另一种清爽、淡雅的幽香，它们不显不争的属性特征将会在包装设计中散发着永恒的魅力，如右下图所示。

酒类包装

食品包装

9.2　餐具包装设计

案例效果

 源文件路径：
光盘\源文件\第9章

 素材路径：
光盘\素材\第9章

 教学视频路径：
光盘\视频教学\第9章

 制作时间：
40分钟

设 计 与 制 作 思 路

　　本实例制作的是一个餐具的外包装设计。该餐具为瓷器餐具，主要有碗、杯子和碟子，在包装的设计上采用了实物图像作为包装盒中的主要图案元素，将实物真实地展示给大家，达到更加直观的效果，在颜色的使用上，采用了红色和淡黄色相结合的方法，给人一种温馨实用的感觉。

　　在包装的造型上，使用了手提式包装样式，不仅携带方便，还体现了公司在设计上的人性化。

9.2.1　绘制正面图像

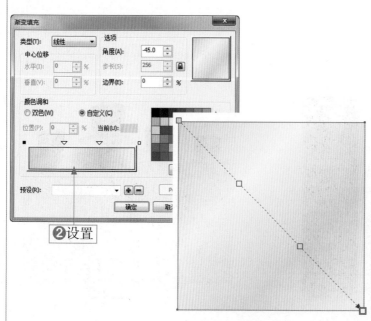

②设置

Step 01 绘制渐变矩形 ❶选择矩形工具，绘制一个矩形。❷选择交互式填充工具，单击属性栏左侧的"编辑填充"按钮，打开"渐变填充"对话框，对其应用线性渐变填充，分别设置几个位置点颜色的CMYK值为：0%（0，15，40，0）、33%（0，15，40，0）、66%白色、100%（0，5，20，0）。

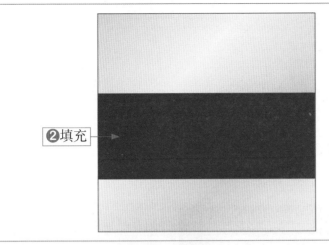

②填充

Step 02 设置填充颜色❶利用矩形工具再绘制一个矩形。❷填充矩形为红色，其CMYK值为：10、100、100、20，如左图所示。

知识链接

在绘制好矩形后，可以在属性栏中输入具体的参数，设置矩形大小。

❶导入

②调整

Step 03 导入素材图像❶按下【Ctrl+I】组合键，导入本书配套光盘中的"素材\第9章\餐具.jpg"文件。❷适当调整图像大小，放到红色矩形中。

经验分享

一般在包装设计中，都需要添加产品图像，才能更好地起到宣传的作用。

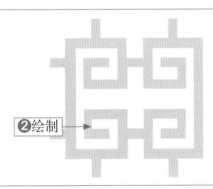

②绘制

Step 04 绘制花纹图形❶选择工具箱中的钢笔工具，结合形状工具绘制一个花纹图形。❷填充图形颜色CMYK值为：0、15、40、0，如左图所示。

②翻转

Step 05 复制花纹图形❶按下小键盘上的【＋】键，原地复制一次对象。❷按住【Ctrl】键单击左侧中间的端点，向右拖动图形，进行水平翻转。

Step 06 复制多个花纹图形❶参照上一步骤的操作方法，复制多个花纹图形。❷分别水平翻转图形，将其排列在红色矩形中，效果如左图所示。

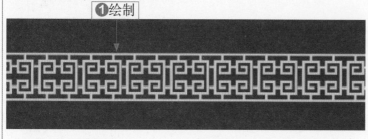

Step 07 绘制直线❶选择工具箱中的手绘工具，在排列好的花纹图形上下两侧绘制直线。❷填充轮廓色CMYK值为：0，15，40，0，然后在属性栏中设置轮廓宽度为1.5mm。

Step 08 复制图形❶选择直线和所有花纹图形，按下【Ctrl+G】组合键群组图形。❷按住【Ctrl】键，垂直向下复制图形，如左图所示。

Step 09 导入素材图像选择"文件"|"打开"命令，打开本书配套光盘中的"素材\第9章\餐具标志.cdr"文件。

经验分享

　　一个设计作品的色彩，是倾向于冷色或暖色，是倾向于明朗鲜艳或素雅质朴，这些色彩倾向所形成的不同色调给人们的印象，就是设计作品色彩的总体效果。设计作品色彩的整体效果取决于作品主题的需要以及消费者对色彩的喜好，并以此为依据来决定色彩的选择与搭配。例如，药品包装的色彩大都是白色、蓝色、绿色等冷色，这是根据人们心理特点决定的。

Step 10 调整素材图形大小 ❶将标志图形放到包装盒正面图左上方。❷适当调整图形大小，效果如左图所示。

Step 11 输入文字❶按下【F8】键，在标志图形右侧输入文字。❷在属性栏中设置中文字体为方正综艺简体、大小为73、英文字体为方正大黑简体、大小为24。

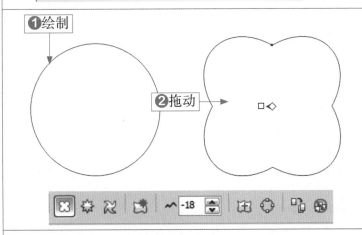

Step 12 绘制圆形❶选择椭圆形工具，按住【Ctrl】键绘制一个正圆形。❷选择变形工具，再单击属性栏中的"推拉变形"按钮。选中圆形，按住鼠标左键从圆的中心向外拖动鼠标，在属性栏中可以看到其参数，得到变形图形。

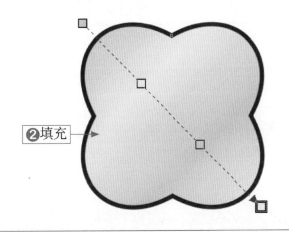

Step 13 填充渐变色❶改变轮廓色的CMYK值为：0，100，100，60，设置轮廓宽度为1.5mm。❷为其应用线性渐变填充，分别设置几个位置点颜色的CMYK值为：0%（0，15，40，0）、33%（0，15，40，0）、66%白色、100%（0，5，20，0），如左图所示。

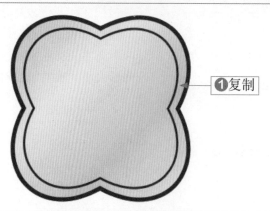

❶复制

Step 14 复制对象 ❶选中对象，按下小键盘上的【+】键，在原处复制一个对象。❷按住【Shift】键，向内拖动图形，等比例缩小对象，效果如左图所示。

❷旋转

Step 15 输入文字 ❶按下【F8】键，输入文字，在属性栏中设置数字字体为方正细珊瑚简体、大小为83，下面的文字字体为方正大黑简体、大小为46。❷再绘制一个小圆，将文字和小圆旋转一定角度。

❷输入

Step 16 输入文字 ❶将绘制好的图形放入包装正面图中。❷按下【F8】键，输入文字，设置字体为方正水柱简体、上面的文字大小为40、下面的文字大小为20。再同时选中文字和矩形，按下【C】键和【E】键，将其居中对齐，如左图所示。

经验分享

　　设计作品画面中既然有表现商品主题形象的主体色，就必须有衬托主体色的背景色。主体与背景所形成的关系，是平面设计作品中主要的对比关系。为了突出主体，设计作品画面背景色通常比较统一，多用柔和、相近的色彩或中间色突出主体色，也可用统一的暗色彩突出较明亮的主体色，背景色彩明度的高低，视主体色明度而定。一般情况下，主体色彩都比背景色彩更为强烈、明亮、鲜艳。这样既能突出主题形象，又能拉开主体与背景的色彩距离，造成醒目的视觉效果。因此，我们在处理主体与背景色彩关系时，一定要考虑两者之间的适度对比，以达到主题形象突出、色彩效果强烈的目的。

9.2.2　绘制展开图像

Step 01 绘制矩形❶按下【F6】键，在绘图区中绘制一个矩形，填充颜色CMYK值为：10，100，100，20。❷复制一次标志图形，将其放到侧面图像中，并适当调整标志图形大小。❸选择文本工具，在标志图形下方输入文字。在属性栏中设置字体为黑体、大小为14，效果如左图所示。

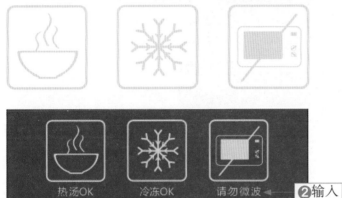

Step 02 导入素材❶选择"文件"｜"打开"命令，在本书配套光盘中打开"图案.cdr"文件。❷将素材图形放到红色矩形中，按下【F8】键，在图案下方输入对应的文字，字体为黑体、大小为12。

Step 03 输入文字❶复制包装正面中的公司名称文字，将其放到红色矩形中。❷按下【F8】键，输入文字，字体为黑体、大小为12，如左图所示。

知识链接

使用挑选工具在文本对象上双击，系统会自动切换到文本工具，并在双击文本对象的位置插入文本输入光标，这样用户即可对文本进行进一步的编辑。在文本对象中插入文本输入光标后，按下【Ctrl+A】组合键，可以选择文本框中的所有文本内容。

①打开

②放置

1 234567 890128   12

Step 04 导入素材图像❶选择"文件"|"打开"命令，打开本书配套光盘中的"条形码.cdr"文件。❷将素材复制到创建的图形中，放到侧面图形下方，效果如左图所示。

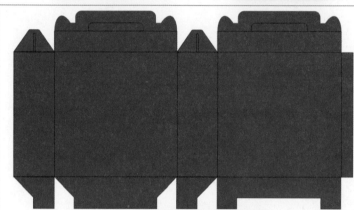

Step 05 绘制图形❶下面来绘制展开图，选择钢笔工具，结合形状工具绘制平面展开外形图。❷填充图形颜色CMYK值为：10，100，100，20。❸选择手绘工具，绘制线条，效果如左图所示。

Step 06 复制图形❶选择前面绘制的正面图形，复制一次对象，将其放到包装展开图中间。❷再选择侧面图形，复制一次对象，将其放到平面展开图中，效果如左图所示。

②复制

Step 07 复制图形❶选择矩形工具，在属性栏中设置"圆角半径"为20，绘制一个圆角矩形。❷复制一次对象，并中心缩小对象，如左图所示。

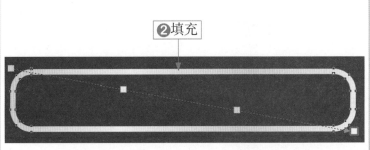

②填充

Step 08 填充图形①同时选中两个矩形，单击属性栏中的"合并"按钮，合并图形。②为其应用线性渐变填充，分别设置几个位置点颜色的CMYK值为：0%（0，15，40，0）、33%（0，5，40，0）、66%白色、100%（0，5，20，0）。

Step 09 输入文字①按下【F8】键，在圆环图形中输入文字，在属性栏中设置字体为方正综艺简体、大小为24，再使用交互式填充工具为其应用线性渐变填充，颜色设置参数与圆环图形一致。②分别复制包装的正面、背面和侧面到平面展开图中，完成实例的制作。

9.2.3 绘制包装立体图

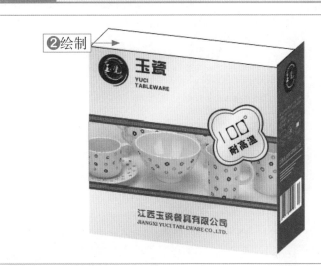

②绘制

Step 01 绘制四边形①复制包装的正面图和侧面图，将其倾斜一定角度，并调整它们的宽度。②选择钢笔工具，在包装盒顶面绘制一个四边形，如左图所示。

经 验 分 享

制作好包装盒的展开图像后，还需要制作一个立体图像，这样才能更加直接地为客户展示方案。

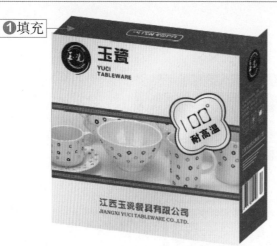

Step 02 制作顶面❶对绘制的四边形进行填充，颜色CMYK值为：10，100，100，20。❷打开"餐具包装平面展开图.cdr"文件，复制顶面中的图形和文字，放到当前编辑的文件中，将其倾斜一定角度，如左图所示。

Step 03 绘制图形❶选择工具箱中的钢笔工具，在包装顶面绘制手提图形。❷选择如左图所示的图形，填充为红色，颜色CMYK值为：0，100，100，0。

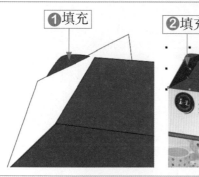
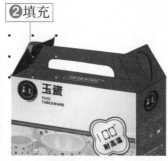

Step 04 填充颜色❶为最左侧的小图形填色，颜色CMYK值为：16，100，100，20。❷再为左侧的图形填色，填充图形颜色CMYK值为：48，100，100，28，如左图所示。

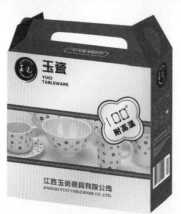

Step 05 完成制作对右侧的图形进行颜色填充，图形颜色的CMYK值为：38，100，100，5，完成本实例的制作，其最终效果如左图所示。

知识链接

一般设计好作品后，可以选择所有对象，按下【Ctrl+G】组合键将其群组。

9.3 手提袋包装设计

案例效果

 源文件路径：
光盘\源文件\第9章

 素材路径：
光盘\素材\第9章

 教学视频路径：
光盘\视频教学\第9章

 制作时间：
35分钟

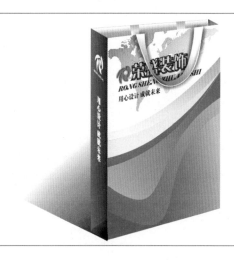

设计与制作思路

　　本实例制作的是一个装饰公司手提袋。首先我们知道设计的对象是装饰公司，所以采用了代表时尚元素的蓝色作为主色调，将不同深浅的蓝色引入手提袋正面图像中，并通过曲线的造型给人一种律动的感觉，更能突显装饰公司的品味；而手提袋绳子的设计，有意地设计为宽形，主要是为了让人在提东西的时候手部感觉更加舒适，而配在手提袋正面图像中也非常融合。

9.3.1 绘制手提袋正面

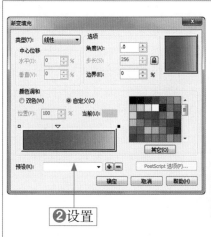

❷设置

Step 01 绘制渐变矩形❶选择矩形工具，在绘图区域绘制一个矩形，填充为白色。❷再绘制一个矩形，并选择交互式填充工具，打开"渐变填充"对话框，对其应用线性渐变填充，设置渐变类型为"线性"，设置颜色从蓝色（C100，M20，Y0，K0）到浅蓝色（C10，M0，Y0，K0）。

经验分享

　　选择交互式填充工具为图形应用渐变填充时，可以直接按住鼠标左键在图形中进行拖动，默认得到黑白线性渐变填充效果。

设计师实战应用

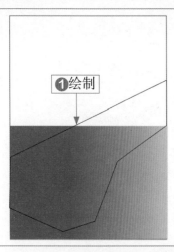

❶绘制

❷编辑

Step 02 绘制曲线图形 ❶ 选择贝塞尔工具，在渐变矩形中绘制一个不规则图形。❷选择形状工具对该图形进行编辑，得到一个弯曲的图形，效果如左图所示。

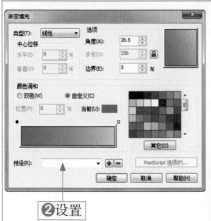

❷设置

❸填充

Step 03 设置渐变填充 ❶ 按下【F11】键，打开"渐变填充"对话框。❷设置渐变类型为"线性"、颜色从蓝色（C100，M20，Y0，K0）到浅蓝色（C40，M0，Y0，K0）。❸单击"确定"按钮，并取消轮廓线，得到渐变填充效果。

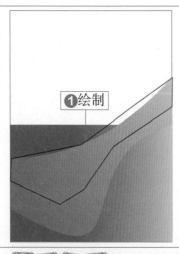

❶绘制

❷编辑

Step 04 编辑曲线图形 ❶ 选择贝塞尔工具，在渐变图形中再绘制一个不规则图形。❷使用形状工具对图形进行编辑，首先框选所有节点，单击属性栏中的"转换为曲线"按钮，再拖动每一条曲线，将其编辑为如左图所示的造型。

经验分享

在使用贝塞尔工具编辑曲线图形时，如果绘制的图形全部是直线，而需要编辑的造型大部分线条为弯曲状态，这时可以选择所有节点，将其转换为曲线，这样编辑起来会更加快捷。

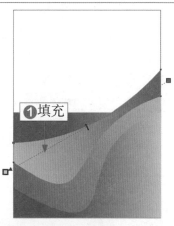

Step 05 应用渐变填充 ❶ 选择交互式填充工具，对图形应用线性渐变填充，设置颜色从蓝色（C100，M20，Y0，K0）到浅蓝色（C40，M0，Y0，K0）。❷ 右击调色板顶部的⊠按钮，取消轮廓线的填充。

Step 06 编辑曲线图形 ❶ 结合贝塞尔工具和形状工具，再编辑一个曲线图形。❷ 选择均匀填充工具，打开"均匀填充"对话框，设置颜色为蓝色（C75，M31，Y0，K0）。❸ 单击"确定"按钮，得到填充效果。

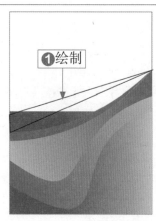

Step 07 绘制三角图形 ❶ 选择贝塞尔工具，在蓝色图形上方绘制一个三角形。❷ 使用形状工具对其进行编辑，然后填充为灰色。❸ 右击调色板顶部的⊠按钮，取消轮廓线的填充。

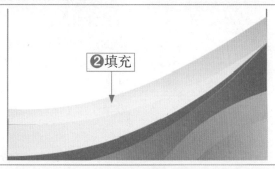

Step 08 绘制灰色渐变图形 ❶ 结合贝塞尔工具和形状工具，在灰色图形上方再绘制一个曲线图形。❷ 选择交互式填充工具，对其应用线性渐变填充，设置颜色从灰色到浅灰色。

②放置

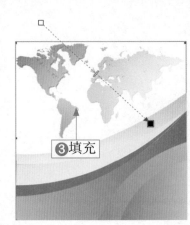

③填充

Step 09 导入素材图像❶选择"文件"|"导入"命令，导入本书素材图像"地图.png"。❷适当调整素材图像大小，将其放到手提袋正面图像上方。❸选择透明工具，对图像应用线性渐变效果，设置颜色从白色到黑色，效果如左图所示。

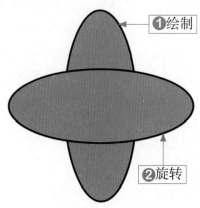

①绘制

②旋转

Step 10 绘制椭圆形❶下面来绘制标志图形，选择椭圆形工具，绘制一个椭圆形，填充为蓝色（C100，M0，Y0，K0）。❷按下【+】键原地复制一次对象，在属性栏中设置"旋转角度"为90，得到如左图所示的效果。

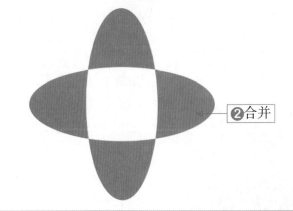

②合并

Step 11 合并图形❶框选这两个椭圆形，右击调色板上方的☒按钮，取消轮廓线的填充。❷单击属性栏中的"合并"按钮 ▣，得到合并图形后的效果。

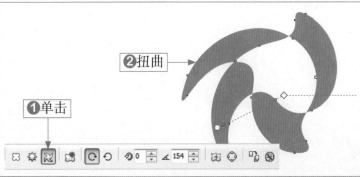

②扭曲

①单击

Step 12 对图形变换处理❶选择变形工具，单击属性栏中的"扭曲变形"按钮，再设置参数。❷对图形进行扭曲变换，得到如左图所示的效果。

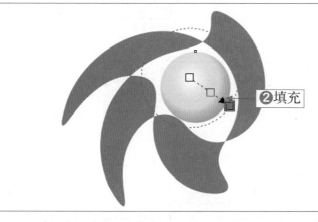

②填充

Step 13 绘制渐变圆形❶选择椭圆形工具，按住【Ctrl】键在变形图像中绘制一个正圆形。❷选择交互式填充工具，对圆形应用"辐射"渐变填充，设置颜色从橘黄色（C0，M60，Y100，K0）到黄色（C0，M0，Y100，K0）到白色。

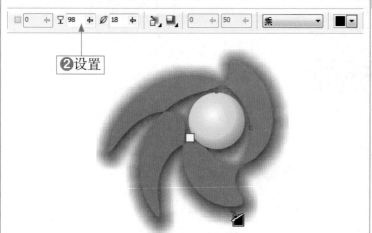

②设置

Step 14 为图形添加阴影❶框选蓝色图形和渐变圆形，按下【Ctrl+G】组合键群组对象。❷选择阴影工具，为图形添加阴影，在属性栏中设置"羽化方向"为"中间"、"羽化边缘"为"线性"、投影颜色为黑色，得到图形投影效果。

②调整

Step 15 调整图形位置和大小❶选中添加投影的标志图形，将其放到手提袋正面图形上方。❷适当调整标志图形大小，效果如左图所示。

❶输入

Step 16 输入文字❶选择文本工具，在标志图形右侧输入文字。❷在属性栏中设置字体为方正粗倩简体、颜色为白色，并适当调整文字大小，效果如左图所示。

Step 17 设置轮廓线属性 ❶按下【F12】键打开"轮廓笔"对话框，设置颜色为青色（C100，M100，Y0，K0）、宽度为1.0mm。❷单击"确定"按钮，得到文字轮廓线调整效果，如左图所示。

Step 18 复制文字 ❶选择文字，按下小键盘中的【+】键，原地复制一次对象。❷将文字颜色填充为黄色，再设置轮廓线为黑色、宽度为0.5mm。❸按下【↑】和【←】键适当向左上方移动文字。

Step 19 输入文字 ❶选择文本工具，在文字下方输入一行英文文字。❷在属性栏中设置适当的字体，并单击"斜体"按钮 *I*，再适当调整文字大小，填充为青色（C100，M91，Y44，K2）。

9.3.2　绘制手提袋侧面图像

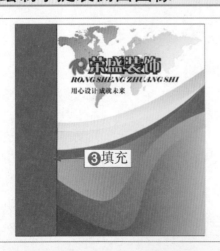

Step 01 绘制矩形 ❶再输入一行中文文字，在属性栏中设置字体为方正大黑宋体、颜色为黑色。❷选择矩形工具，在手提袋正面图形左侧绘制一个矩形。❸将该矩形填充为蓝色（C75，M31，Y0，K0），然后右击调色板上方的⊠按钮，去除矩形轮廓线。

Step 02 复制图形❶单击手提袋上方的标志图形，复制一次该图形，将周围的变形图形填充为白色。❷再复制一次英文文字，将其填充为白色，放到复制的标志图形下方，如左图所示。

Step 03 复制文字❶复制一次正面图中最下方的中文文字，将其填充为白色，然后使用鼠标右键单击调色板中的白色，得到白色轮廓线。❷选择文本工具，单击属性栏中的"将文本更改为垂直方向"按钮▥，得到竖式排列效果。

9.3.3 绘制立体效果

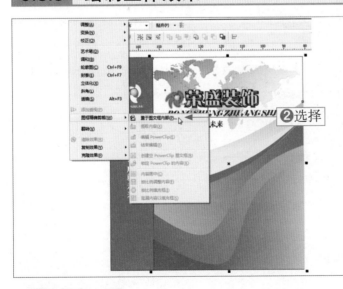

Step 01 图框精确裁剪❶选择手提袋图形中的所有文字，按下【Ctrl+Q】组合键将其转换为曲线。❷选择手提袋正面图像中除了底图白色矩形以外的所有对象，选择"效果"|"图框精确剪裁"|"置于图文框内部"命令，单击白色矩形，将对象放置到矩形中。

经验分享

　　在选择多个对象时，如果通过框选不能选择所有对象，可以按住【Ctrl】键来逐一选择对象，这样会更加准确。

设
计
师
实
战
应
用

Step 02 倾斜与缩短图形❶单击两次手提袋正面图形，按住右侧中间的双向箭头，向上拖动，倾斜图形。❷再选择一次正面图像，选择右侧中间的黑色方块，按住鼠标左键向左拖动，缩短图形。

①拖动

②拖动

③去除轮廓

Step 03 透视变换图像❶选择封套工具，对图像进行透视变形处理，单击右下方的端点，向上拖动。❷再选择右上方的端点，略微向下拖动。❸右击调色板上方的⊠按钮，去除轮廓线。

②透视变换

③去除轮廓

Step 04 透视变换侧面图像❶选择侧面图像，将文字转换为曲线，使用"图框精确剪裁"命令，放置到蓝色矩形中。❷再适当倾斜图形，并使用封套工具对图形进行透视变换。❸右击调色板上方的⊠按钮，去除轮廓线。

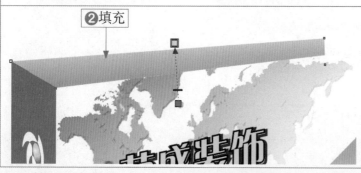

②填充

Step 05 绘制图形❶选择贝塞尔工具，在手提袋顶部绘制一个四边形。❷为其应用线性渐变填充，设置颜色从灰色到蓝色（C100，M20，Y0，K0）。

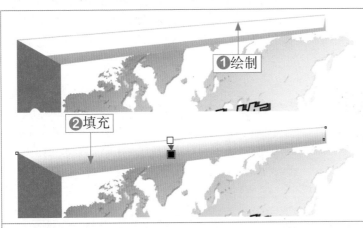

Step 06 绘制白色图形❶选择钢笔工具，在刚才绘制的渐变图形中绘制一个四边形，填充为白色。❷再选择透明工具，对其应用线性渐变效果，设置颜色从黑色到白色。

Step 07 绘制三角形❶选择贝塞尔工具，在白色图像右侧绘制一个三角形，填充为蓝色（C60，M0，Y20，K20）。❷选择"排列"|"顺序"|"到图层后面"命令，效果如左图所示。

Step 08 制作侧面阴影❶选择钢笔工具，在侧面图像中绘制一个相同大小的四边形，填充为黑色。❷选择透明工具，对黑色图形做水平线性渐变效果，设置颜色从黑色到白色，效果如左图所示。

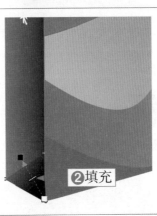

Step 09 制作三角形透明效果❶选择贝塞尔工具，在侧面图像底部绘制一个三角形，填充为黑色。❷选择透明工具，对三角形做线性渐变效果，设置颜色从黑色到白色，效果如左图所示。

Step 10 绘制手提袋绳子 ❶使用贝塞尔工具和形状工具，在手提袋正面图像中绘制一个弯曲的图形。❷选择交互式填充工具，对图形应用线性渐变填充，设置颜色从灰色到白色。

Step 11 制作透明图像 ❶按下键盘中的【+】键，原地复制一次对象。❷选择透明工具，对图形应用线性渐变效果，设置颜色从黑色到白色，效果如左图所示。

Step 12 制作透明图像 ❶再原地复制一次对象。❷同样使用透明工具，对图形应用线性渐变效果，设置颜色从黑色到白色，效果如左图所示。

Step 13 制作白色图形 ❶使用贝塞尔工具和形状工具，在手提袋绳子图像边缘再绘制一个边缘图形。❷单击调色板中的白色块，将其填充为白色，然后去除轮廓线。

Step 14 添加投影❶按住【Alt】键对绳子图像逐渐单击，直至得到最初绘制的绳子图形。❷选择阴影工具，对其添加投影效果，设置颜色为黑色，再设置各项参数，如左图所示。

Step 15 添加内侧绳子❶选择贝塞尔工具，在手提袋内部绘制两个四边形。❷使用交互式填充工具对其应用线性渐变填充，设置颜色从灰蓝色（C20，M0，Y0，K60）到白色。

Step 16 添加投影效果选择阴影工具，分别对两个四边形添加投影，设置投影类型为线性，效果如左图所示。

Step 17 添加投影效果❶选择贝塞尔工具，在手提袋底部绘制一个多边形，填充为黑色。❷选择透明工具，对该图形应用透明渐变填充，设置渐变类型为"线性"，在属性栏中设置其参数，效果如左图所示。

设计师实战应用

Step18 排列图像顺序 ❶选择"排列"|"顺序"|"到图层后面"命令，将投影图像放置到手提袋图像最后面。❷按下【F4】键，显示全部图像，完成本实例的制作，最终效果如左图所示。

❶调整

9.4 CorelDRAW技术库

用户在编辑或绘制较复杂的效果时，需要对组成该效果的各个对象进行控制和管理操作。CorelDRAW中提供的控制对象的方式有多种，除了锁定和群组对象外，还可以结合和打散对象。

9.4.1 锁定与解锁对象

对于绘图窗口中不需要修改的图形，可以将其锁定在当前位置上，以免在编辑其他对象时，对其进行误操作。

要锁定对象，可使用挑选工具▸选择需要锁定的对象，选择"排列"|"锁定对象"命令，或使用右键单击该对象，在弹出的快捷菜单中选择"锁定对象"命令即可，如左下图所示。对象被锁定后，对象四周的控制点将变为 🔒 状态，如右下图所示。

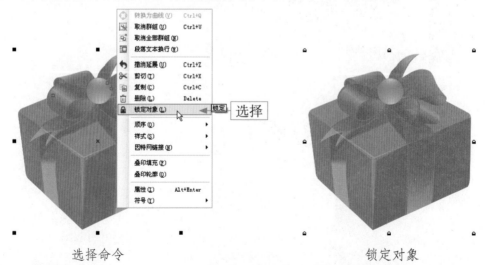

选择命令

锁定对象

将对象锁定后，就不能对其进行任何的编辑操作了。如果需要解除该对象的锁定状态，可在该对象上单击鼠标右键，从弹出的快捷菜单中选择"解除锁定对象"命令（如左下图所示），即可解除锁定的对象（如右下图所示）；如果要解除所有对象的锁定状态，

可选择"排列"|"解除锁定全部对象"命令。

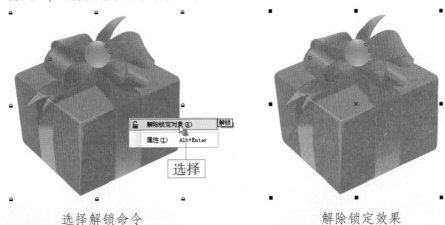

选择解锁命令   解除锁定效果

9.4.2 群组与取消群组对象

在绘制图形时，通常一个完整的图形效果会由很多个不同的对象组合而成，当完成一个完整图形的绘制后，可以将构成该图形的所有对象群组，以方便对其同时进行选取、移动、缩放或旋转等操作。

选择需要群组的所有对象（如左下图所示），选择"排列"|"群组"命令或单击属性栏中的"群组"按钮，即可将它们群组，如右下图所示。

选择对象   群组对象

知识链接

用户还可以创建嵌套群组，嵌套群组就是将两个或两个以上的群组对象再次群组。创建嵌套群组的操作方法与群组对象相同。如果需要群组的对象分别处在不同的图层，那么将这些对象群组后，它们将会调整到同一个图层中。

如果要单独编辑群组对象中的一个或多个对象，可以解散该对象的群组状态。选择需要解散群组的对象，然后选择"排列"|"取消群组"命令或按下【Ctrl+U】组合键即可。用户也可以单击属性栏中的"取消群组"按钮取消群组。

如果需要将嵌套群组中的所有对象都解散群组，那么选择"排列"|"取消全部群组"

命令，或单击属性栏中的"取消全部群组"按钮圆即可。

9.4.3 结合与打散对象

"结合"功能可以将多个不同的对象结合成一个新的对象，新对象将沿用目标对象的填充和轮廓属性。与前面介绍的造型功能不同，将对象结合后，可以通过"拆分"功能，将结合后的对象分离为原来的单个独立对象，分离后的对象属性与目标对象属性保持一致。

选择需要结合的对象（如左下图所示），选择"排列"|"结合"命令或单击属性栏中的"结合"按钮圆，即可将对象结合为一个新的对象，原对象之间重叠的部分将被裁掉，如右下图所示。

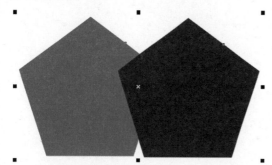 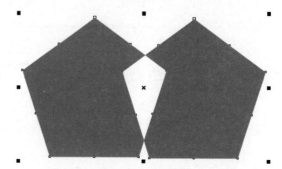

选择需结合的图形　　　　　　　　　　　　　结合对象效果

知识链接

使用框选的方法选取对象时，结合后的对象属性将与最下层的对象属性保持一致；而使用逐个加选的方式选取对象时，结合后的对象属性将与最后选取的对象属性保持一致。

选择结合后的对象（如左下图所示），选择"排列"|"拆分曲线"命令或单击属性栏中的"拆分"按钮圆，即可将其分离为各个独立的对象，分离后的对象将保持结合对象中的填充和轮廓属性不变，如右下图所示。

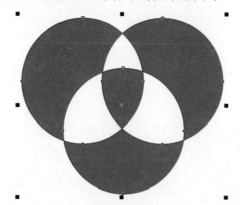 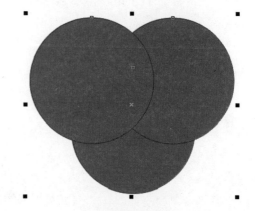

拆分前的对象　　　　　　　　　　　　　　　拆分后的对象

9.5 设计理论深化

为了使读者提高设计理念，掌握更多的设计理论知识，为以后的设计工作提供理论指导和参考，做到有的放矢，大家需要理解和熟悉以下的知识内容。

9.5.1 设计中的传统文化艺术运用

中国传统平面设计艺术源远流长，发展到今天已有几千年的历史。早在文字诞生之前，远古的手工艺人就开始使用图形来传达思想与沟通感情，新石器时代的彩陶纹与刻绘在崖壁上的岩石刻等不仅记载了他们对自然的理解，也成为人类最早的图形艺术。

中国传统设计元素是东方文化的一处独特景观和宝贵财富，它题材广泛、内涵丰富、形式多样、流传久远，是其他艺术形式难以替代的，在世界艺术之林中，它那独特的东方文化魅力熠熠生辉。当然，继承并不意味着拘泥，在设计中单纯地奉行"拿来主义"，没有推陈出新，是没有出路的。这种发挥是在对传统艺术表现方式的理解基础上，对传统的元素加以改造提炼和运用，使其更富有时代的特色。

下图所示为中国传统的龙图腾，这种图案可以运用到具有中国特色的广告设计中。

传统图案

中国传统艺术强调运用空白，对空白经营很用心，把它当作有画的部位，同样费心思去考虑。为什么要留下一些空白呢？这好比戏剧、电影中人物的潜台词，如果把话都说尽了，没留下一点潜台词，这叫做平铺直叙。画面上展现一片空间，人们会感到画家的思想在这段空间里驰骋，这在米氏的云山画中是常见的手法，一片白云横在山腰，山随云活。强调变化中的均衡，这既符合科学上相对的原理，也符合艺术上形式美的规律。这种统一的、生动的、有韵律和节奏的审美感觉，在我国的招贴画中，动与静、疏与密、多样统一、宾主呼应、虚实相生、纵横曲直、黑白对比、重叠交错等传统构图法则中也屡见不鲜。此外，远古的铜器纹样、画像石、金石篆刻，特别是中国画，巧妙地运用白底的匠心。民间剪纸和蓝花布粗犷豪放的黑白关系，明代木刻插图的疏密聚散，都可以在现代招贴艺术的构图中得到印证。

9.5.2 大众传播媒介的功能和特点

大众传播媒介主要是指报纸、杂志、广播、电视等，这些传播媒介传播信息具有速度快、范围广、影响大等特点。大众传播媒介具有五项功能，即宣传功能、新闻传播功能、舆论监督功能、实用功能和文化积累功能。

大众传播媒介主要分为两大类：印刷类和电子类，这两类媒介都有各自的特点。

印刷类大众传播媒介主要包括报纸和杂志。报纸的发行量较大，是受众面最大的印刷类大众传播媒介，是企业比较青睐的传播工具。报纸主要具有如下优点：

（1）信息较为详细。同电视比较而言，报纸所载信息比较深入细致、详细、全面，读者可以获得比较系统的信息。

（2）信息具有可选择性。现代生活节奏快，时间紧，报纸虽刊载信息量较大，但读者可以根据自己的需要和爱好，在众多信息中选择自己有兴趣的加以阅读，而不必像看电视和听广播那样，不管喜欢与否，都得照看（听）不误。

（3）信息具有可保留性。遇到好的商品信息，读者可以长期保留下来，以备索用。电视画面生动，却转瞬即逝，难以在记忆中长期保留。

（4）信息成本低廉。报纸价格相对较低，不必一次性投入大量资金，群众能够接受。电子设备投入较高，且需要特别的接收设备，而且电脑操作还需要一定的技术。

下图所示的食品店宣传DM单便是大众传播中的一种媒介。

食品店DM宣传单

Chapter 第10章

装帧设计

课前导读

　　书籍装帧设计是指从书籍文稿到成书出版的整个设计过程，也是完成从书籍形式的平面化到立体化的过程，它包含了艺术思维、构思创意和技术手法的系统设计。本章将介绍书籍装帧设计的基本概念、书籍装帧设计的原则等理论，并结合两个经典案例对书籍装帧的设计与制作进行详细讲解。

本章学习要点

❀ 装帧设计基础知识
❀ 养生书籍设计
❀ 酒店书籍设计

精彩效果赏析

10.1　装帧设计基础知识

在进行装饰设计创作之前，本节将先介绍一下装帧设计的基础知识，包括书籍设计基本概念、书籍设计原则和版面的设计等。

10.1.1　书籍设计基本概念

书籍作为信息的载体，伴随着漫长的人类历史发展过程，在将知识传播给读者的同时，带给他们美的享受。因此，好的书籍不仅仅可以提供阅读，更应该是一部可供欣赏、品味、收藏的流动的静态戏剧。书籍的装帧设计作为一门独立的造型艺术，要求设计师在设计时不仅要突出书籍本身的知识源，更要巧妙利用装帧设计特有的艺术语言，为读者构筑丰富的审美空间，通过读者眼观、手触、味觉、心会，在领略书籍精华神韵的同时，得到连续畅快的精神享受。这正是书籍装帧设计整体性原则的根本宗旨。

下图所示为两个书籍装帧设计效果。

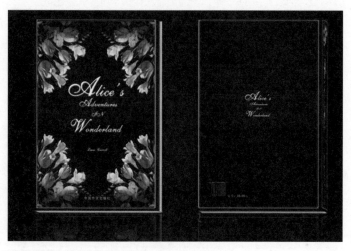

童话书籍装帧设计　　　　　　　　　　　　国外书籍装帧设计

10.1.2　书籍设计原则

书籍装帧设计要重视整体性原则，源于这一基本设计理念：装帧设计应为书稿服务，并且以完美体现书稿的整体面貌为任务。因此，设计者面对书稿时，首先就必须有实现这一目标的整体设计构思。

（1）设计者对已经达到"齐、清、定"的书稿，特别是书稿的特定题材及主题，要有足够的了解。

（2）对书稿的题材及主题，还要尽可能有广泛深入的理解，通常这个阶段称作"案头时期"。这样的工作越充分，设计者就越可能尽快进入并形成整体构思，而设计师的知识结构、艺术修养以及审美情趣，都会影响整体构思的面貌。

10.1.3　装帧设计的误区

在装帧设计的误区中，内文版式的单一与国际水平的差距最为明显。这主要是观念问题，国内设计师往往偏重封面设计，对版式设计重视不够。主要体现在两个方面，一是毫无章法地密密麻麻将文字堆满纸张，另一方面则是走向相反的极端，大量使用插图，导致装帧过度。不少出版社认为将书做得越花哨、版面填得越满、图片塞得越多越好，从而出现有些书中的插图和内容完全没有半点关系，有些即使和内文相符，也会因为图片放置得过多或位置不当而严重影响了阅读。

出版社盲目追求图书效果，却没有专业审美眼光固然是造成这种情况的一个原因，国内图书装帧设计者观念上的偏差也不容忽视。书籍设计对感性与理性的结合要求严格，而国内图书装帧人员90%以上接受的专业教育追求感性的艺术，因此不少设计人员就会不顾图书作为传递信息载体的身份，而一味突出自己的艺术个性，追求新奇、花哨的效果。

其次，跟风和抄袭同样是当前非常严重的问题，一旦出现一种个性强烈的装帧风格，其他同类书立即会纷纷亮出同一扮相。

下图所示为两个国外书籍装帧设计，设计风格都非常有自身的特色。

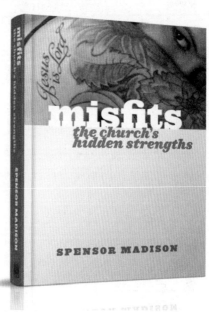

<table>
<tr><td>清新风格设计</td><td>简约风格设计</td></tr>
</table>

10.1.4 书籍版面设计

良好的版面设计能准确地介绍产品、落实策略、推广品牌，建立起消费者对产品的信赖感与忠诚度。现代商业版面设计不仅是设计师个人的独立行为，了解商业版面设计中的6大组成要素对设计的正确展开十分重要。这6大组成要素如下：

（1）委托者：指商品的经营者或服务的提供者，即设计项目的委托方。

（2）诉求对象：即根据商品特点、行销重点而确定的目标群体或目标受众。

（3）设计内容：即设计传播的信息内容，包括商品信息、企业信息、活动信息、策略信息等。

（4）发布媒介：即设计传播的载体，如报纸、杂志、电视、网站、户外广告等，不同媒介有其各自的特点。

（5）营销目标：即行销计划在一定时间段预计完成的整体目标。

（6）项目费用：即委托方计划投入设计环节的资金预算。

设
计
师
实
战
应
用

10.2　养生书籍设计

案例效果

源文件路径：
光盘\源文件\第10章

素材路径：
光盘\素材\第10章

教学视频路径：
光盘\视频教学\第10章

制作时间：
40分钟

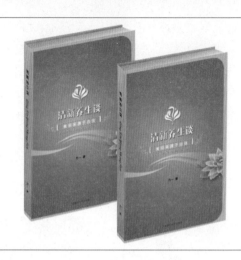

设计与制作思路

　　本案例制作的是一个美容书籍装帧设计。这本书指导人们由内而外地美容保养，帮助爱美的女性在拥有亮丽的外表时，还能同时注意内在的调理，这对现代女性是一本非常适用的书籍。所以书的封面和封底设计要求简洁大方，并且不失清新淡雅的感觉。

　　在设计书籍封面和封底的时候，我们采用了大面积的蓝色渐变效果为主要背景，给人一种清爽的视觉感受，在封面和封底的边缘部分分别添加了一朵荷花图像，带给人一种清新的感觉，然后再绘制三个白色飘带图形，类似仙气萦绕的氛围，让人不仅联想到荷花飘香、怡然自得的生活，更能带给女性强烈的购买欲望。

10.2.1　绘制图案

Step 01 绘制蓝色矩形❶运行CorelDRAW X6，单击工具箱中的矩形工具▢，按住鼠标左键在页面中拖动，绘制出一个矩形。❷双击状态栏右下方的"填充"图标，打开"均匀填充"对话框，为矩形填充冰蓝色(C40，M0，Y0，K0)，并去除轮廓线。

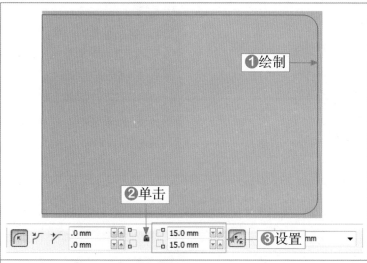

Step 02 绘制圆角矩形❶单击矩形工具，在蓝色矩形中再绘制一个矩形。❷在属性栏中单击"同时编辑所有的角"按钮▣，取消其激活状态。❸分别设置右边上下两个角为15，得到右边的圆角矩形。

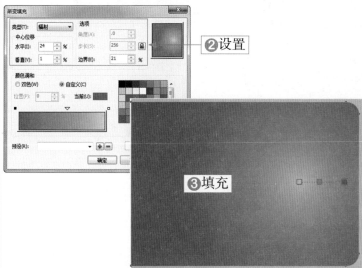

Step 03 设置渐变填充❶选择渐变填充工具，打开"渐变填充"对话框。❷设置渐变类型为"辐射"，渐变颜色为0%（C92，M51，Y2，K0）、56%（C100，M0，Y0，K0）、100%（C40，M0，Y0，K0）。❸单击"确定"按钮，得到渐变填充效果。

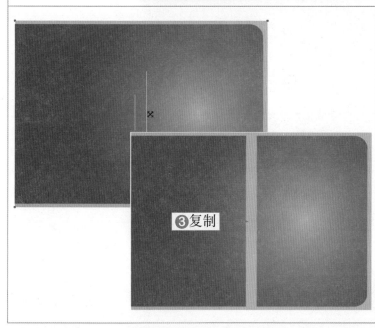

Step 04 复制并缩小对象❶单击渐变图形后面的冰蓝色矩形。❷将鼠标放到右侧，按住【Shift】键单击中间的方块向中间缩小图形。❸当缩小到合适的位置后，在不松开左键的同时，单击鼠标右键，即可得到复制并缩短的矩形。

经验分享

　　这里复制并缩短蓝色矩形，是为了制作书脊部分。

设
计
师
实
战
应
用

❶填充

❷设置

线性 常规 100 -90.0 2 全部

Step 05 设置透明效果❶选择透明度工具，对复制的矩形应用线性渐变效果。❷在属性栏中设置渐变类型为"线性"，然后再设置"透明度"操作为"常规"、"透明中心点"为100，得到透明渐变效果。

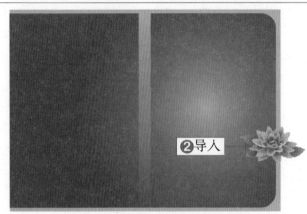

❷导入

Step 06 导入素材图像❶选择"文件"|"导入"命令，在打开的"导入"对话框中，找到"花朵.psd"文件。❷单击"确定"按钮，将素材图像导入进来，放到封面的右侧。

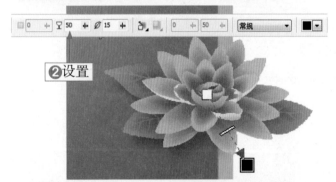

0 50 15 0 50 常规

❷设置

Step 07 添加投影效果❶单击阴影工具，为花朵图像添加投影。❷在属性栏中设置投影颜色为"黑色"，再设置其他参数，得到投影效果，如左图所示。

❷放置

Step 08 复制阴影图像❶复制一次添加了投影的花朵图像。❷将该图像适当缩小，放到封面的左侧。

知识链接

　　用户在复制有阴影的图像时，需要选择阴影图像，才能选择所有图像。

Step 09 图框精确裁剪❶选择这两个花朵图像，选择"效果"|"图框精确剪裁"|"置于图文框内部"命令。❷当鼠标变成一个黑色箭头时，单击蓝色渐变矩形，将花朵图像放置到容器中，如左图所示。

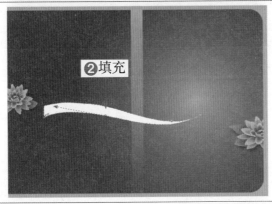

❷填充

Step 10 绘制图形❶选择贝塞尔工具，在封面与封底中绘制一个三角形。❷选择形状工具对三角形进行编辑，得到一个飘带的形状，并填充为"白色"。

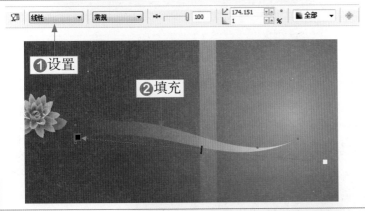

线性　常规　100　174.151　1　全部

❶设置

❷填充

Step 11 应用透明效果❶选择透明度工具，为白色飘带应用透明效果。在属性栏中设置透明类型为"线性"，再设置其他参数。❷设置好各选项后，得到渐变透明效果，如左图所示。

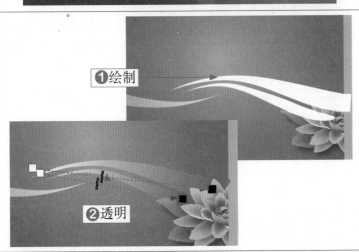

❶绘制

❷透明

Step 12 绘制透明图形❶结合贝塞尔工具和形状工具，在书籍封面再绘制两个白色飘带图形。❷选择透明度工具，分别为这两个图形应用线性透明效果。

Step 13 添加花纹图形 ❶ 选择"文件" | "打开"命令，在"打开"对话框中找到"花纹.cdr"文件。❷ 将该图形拷贝到当前文件中，填充为白色，将其放到封底的左下角。

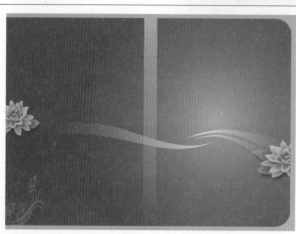

Step 14 应用透明效果 ❶ 选择透明度工具为图形应用透明效果。❷ 在属性栏中设置透明类型为"标准"、透明度为60，得到标准透明效果，如左图所示。

10.2.2 添加文字效果

Step 01 输入文字 ❶ 选择文本工具，在封底左上方输入文字，单击调色板中的白色，为其填充颜色。❷ 在属性栏中将中文字体设置为黑体，英文字体设置为方正大标宋体，然后再适当调整文字大小。

Step 02 绘制圆环 ❶ 选择椭圆形工具 ⊙，按住【Shift】键在文字左侧绘制一个正圆形。❷ 在属性栏的"轮廓宽度"文本框中设置宽度为0.706mm，再填充轮廓为白色，得到圆环图形。

Step 03 输入文字❶单击文本工具，在封面中输入书名，填充为"黑色"，并设置书名字体为方正粗倩简体。❷按下小键盘中的【＋】键，原地复制一次对象，适当向左上方移动，改变其颜色为白色。

Step 04 绘制矩形❶单击矩形工具，绘制两个重叠的矩形。❷选择中间较小的矩形，在属性栏中设置"圆角半径"为15，得到圆角矩形。

Step 05 修剪图形❶选择这两个图形，单击属性栏中的"修剪"按钮，将得到的图形填充为黑色。❷复制一次黑色对象，适当向左上方移动，并改变颜色为白色。

Step 06 输入文字❶在修剪的图形中间输入一行文字，填充为白色，设置文字字体为方正粗圆简体。❷在图形下方再输入一行英文文字，填充为黑色，复制一次对象并调整位置后，改变为白色。

知识链接

　　在CorelDRAW中为对象应用透明效果时，可以通过手动调整对象的透明度方向和中心点，也可以在属性栏中设置精确的参数。

Step 07 打开素材图形❶选择"文件"|"打开"命令，打开"花纹2.cdr"文件。❷将该文件拷贝到当前文件中，复制一次对象，分别放到修剪图形的左右两侧。

Step 08 添加素材图像❶选择"文件"|"打开"命令，打开"花瓣.cdr"文件，将该文件拷贝到当前文件中，放到封面文字上方。❷复制一次对象，填充为"黑色"，并选择"排列"|"顺序"|"向后一层"命令，将黑色图形放到下一层。

Step 09 输入文字❶在封面下方输入作者名称和出版社名称。❷在属性栏中设置作者名称字体为方正粗圆简体、出版社名称字体为黑体，如左图所示。

Step 10 输入文字❶在书籍中间的书脊部分，也输入作者名称和书名中英文文字。❷输入完毕后，单击属性栏中的"将文本更改为垂直方向"按钮，将文本变为竖式排列。

10.2.3 绘制立体效果

Step 01 群组与复制对象❶选择所有对象，按下【Ctrl＋G】组合键群组，并复制两次对象。❷绘制两个与书脊和封面大小相同的矩形，分别选择"效果"|"图框精确剪裁"|"置于图文框内部"命令，将封面和书脊图形放置到两个矩形中，并去除轮廓线。

Step 02 制作透视效果❶选择封面对象，再次单击该对象，进入旋转状态后，将鼠标放到右侧中间的方块中，按住鼠标左键向上拖动。❷再次单击图形，返回到选择状态，将鼠标放到右侧中间的方块中，按住鼠标左键向内拖动。

Step 03 调整透视效果❶按下【Ctrl+Q】组合键，将矩形外框转换为曲线，再使用形状工具选择封面的右上角适当向下做水平拖拉。❷调整好封面向上和向内的造型后，得到封面的透视效果。

知识链接

这里的调整我们可以按住【Ctrl】键单击封面图形，进入容器中对边角进行编辑。

Step 04 制作书脊透视❶选择书脊对象，再次单击该对象，进入旋转状态后，将鼠标放到右侧中间的方块中，按住鼠标左键向上拖动。❷同样向内压缩书脊图形，得到书脊的透视效果。

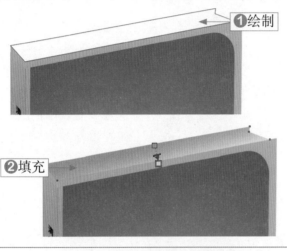

Step 05 制作厚度图像❶单击贝塞尔工具，在书脊与封面的上方交汇处绘制一个多边形。❷选择交互式填充工具🎨，为对象应用线性渐变填充，设置渐变颜色为从30%黑色到10%黑色。❸右击调色板上方的"无填充"按钮⊠，去除图形轮廓线。

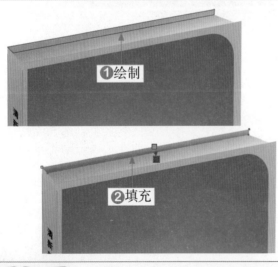

Step 06 制作厚度图像❶使用贝塞尔工具在该渐变图形中再绘制一个四边形。❷为该图形应用线性渐变填充，设置渐变颜色从30%黑色到60%黑色。❸右击调色板上方的"无填充"按钮⊠，去除图形轮廓线。

经验分享

通过对图像的渐变填充可以绘制出书籍的厚度效果，这样能够更好地增加图书的立体效果。

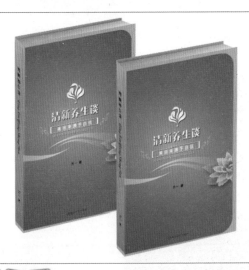

Step 07 完成效果❶选择绘制好的立体对象，按下【Ctrl＋G】组合键群组对象。❷复制一次对象，调整立体图书位置，完成本实例的制作，效果如左图所示。

经验分享

在商业设计中，版面设计是一个建立在准确功能诉求与市场定位基础之上，以有效传播为导向的视觉传达艺术。它是将营销策略转化为一种能与消费者建立起沟通的具体视觉表现，通过将图、文、色等基本设计元素进行富有形式感及个性化的编排组合，以激发人们去喜爱事物。

10.3 酒店书籍设计

案例效果

 源文件路径：
光盘\源文件\第10章

 素材路径：
光盘\素材\第10章

 教学视频路径：
光盘\视频教学\第10章

 制作时间：
30分钟

设计与制作思路

本案例制作的是一本酒店用品的介绍性书籍。这本书的内容很简单，主要是为了方便旅客对酒店用品的了解，所以在装帧设计上也要求以简单为主。

在设计封面时，我们采用了与酒店标志相似的花瓣图形作为背景图像，绘制出一朵大大的花瓣图像，应用渐变填充，再添加透明效果，让图形占据了大半个封面，给人一种视觉冲击力，但同时封面也不显复杂。在封底部分仅用了一些文字说明，让大部分封底都为空白，只呈现出渐变颜色效果。

10.3.1 绘制封面

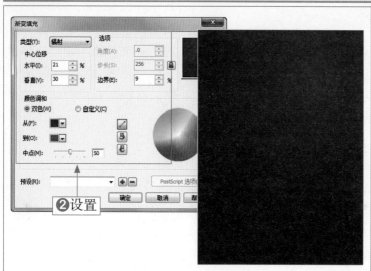

Step 01 绘制渐变矩形❶选择矩形工具，在页面中绘制一个矩形，作为封面图形。❷按下【F11】键，打开"渐变填充"对话框，对矩形进行渐变填充，设置渐变类型为"辐射"，对矩形进行渐变填充，设置颜色从深紫色（C100，M100，Y0，K30）到紫色（C0，M100，Y0，K30）。

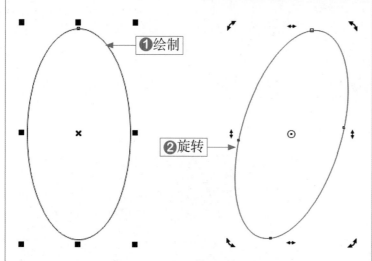

Step 02 绘制倾斜椭圆形❶单击椭圆形工具，在页面中绘制一个椭圆形。❷再次单击椭圆形，进行适当的旋转。

知 识 链 接

在当前工具为椭圆形工具时，需要单击圆心，才能将其转换为旋转模式。

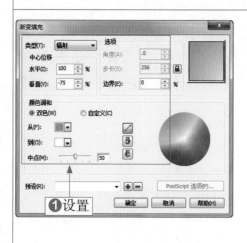

Step 03 应用渐变填充❶打开"渐变填充"对话框，对其应用射线渐变填充，并设置颜色从土黄色（C0，M20，Y60，K20）到白色。❷单击"确定"按钮，为椭圆形应用渐变填充效果，并去除轮廓线。

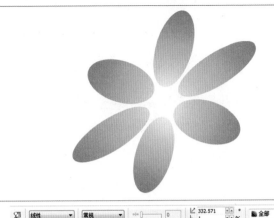

Step 04 复制并排列图像 ❶复制多次椭圆形，适当调整其大小、高度和宽度。❷参照左图所示的方式进行排列，形成一个花瓣图案。

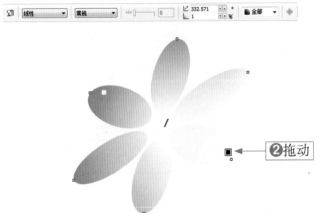

②拖动

Step 05 应用透明渐变效果 ❶选择所有椭圆形，使用透明度工具对图形应用斜向透明效果。❷在属性栏中设置透明类型为"线性"，再设置其他选项参数，得到整个花瓣图案的透明效果。

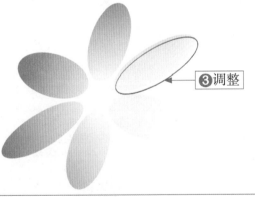

❸调整

Step 06 绘制轮廓图形❶选择其中一个椭圆形，按下【+】键原地复制一次对象。❷在属性栏中设置轮廓宽度为0.5mm、填充轮廓颜色为深黄色（C0，M80，Y100，K60）。❸按下【Ctrl＋PageDown】组合键将椭圆形放到下一层，并适当调整其位置。

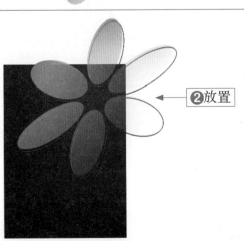

②放置

Step 07 绘制轮廓图形❶参照上述方法，分别对所有椭圆形做同样的操作，先复制对象，然后填充轮廓颜色，做空心填充，并调整位置。❷将这些椭圆形群组，然后放到书籍封面的右上方。

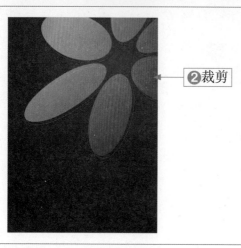

Step 08 图框精确裁剪❶选择"效果"|"图框精确剪裁"|"置于图文框内部"命令。❷当鼠标变为黑色箭头时，单击渐变矩形，将花瓣图案放置在封面中。

❷裁剪

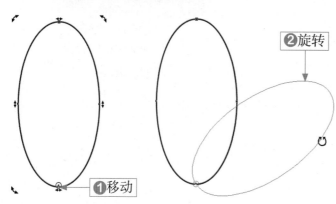

❷旋转

❶移动

Step 09 旋转复制对象❶下面来绘制一个标志图形。单击椭圆形工具，绘制一个椭圆形，再次单击对象，将中心点放到图形底部。❷按住鼠标左键向右旋转对象，到合适的位置后，单击鼠标右键，得到复制的图形。

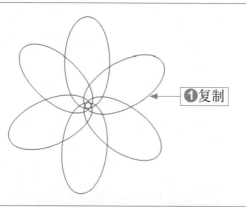

❶复制

Step 10 旋转复制对象❶按下【Ctrl＋R】组合键重复操作，可以旋转复制椭圆形，得到花瓣组合。❷选择这些椭圆形，单击属性栏中的"合并"按钮。

❷放置

Step 11 放置对象❶将结合后的对象填充为白色，并且去除轮廓线，得到标志图形。❷缩小图形后，放到封面的透明花瓣图形中间。

Step 12 输入文字 ❶选择文本工具**字**，在标志下方输入两行文字，都填充为白色。❷设置中文字体为方正粗宋简体、英文字体为黑体，如左图所示。

Step 13 绘制直线 ❶单击贝塞尔工具，在中文字左侧绘制一条直线，填充为白色。❷复制一次对象，按住【Ctrl】键向右侧水平移动，放到文字右侧，效果如左图所示。

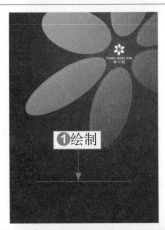

Step 14 绘制直线 ❶单击手绘工具，按住【Shift】键绘制一条直线。❷使用鼠标右键单击调色板中的白色，为直线填充颜色。❸复制两次直线，按住【Ctrl】键向下方水平移动，排列成如左图所示的样式。

Step 15 输入文字 ❶将标志下方的文字复制到下面，排列在第一和第二条直线中间，并适当调整文字大小。❷在第二、三条直线之间输入两行文字，设置字体为黑体、颜色为白色。

经验分享

　　在CorelDRAW中绘制直线可以使用多种工具来操作，需要注意的是，每种工具的使用方法有些不同，但快捷键都是一样的。

Step 16 绘制图形❶使用椭圆形工具分别在最后一行文字中间绘制一个椭圆形,填充为白色。❷使用贝塞尔工具在文字两侧绘制两个曲线图形,填充轮廓为白色。

10.3.2 绘制封底

Step 01 绘制书脊❶选择矩形工具,在封面图形左侧绘制一个矩形。❷按下【Shift+F11】组合键打开"均匀填充"对话框,设置颜色为紫色(C20,M80,Y0,K20),单击"确定"按钮得到填充效果。❸选择文本工具,在紫色矩形中输入一行中文和英文文字,设置文字颜色为白色、字体为黑体。

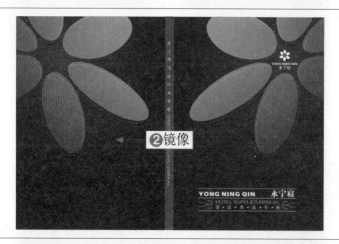

Step 02 复制矩形❶复制一次封面紫色渐变矩形,按住【Shift】键水平移动图形到在左侧。❷单击属性栏中的"水平镜像"按钮 翻转图形。

Step 03 输入文字❶使用文本工具在封底图形的左上方输入文字。❷填充文字为白色,并设置不同的字体,然后在文字中间绘制一条白色直线。

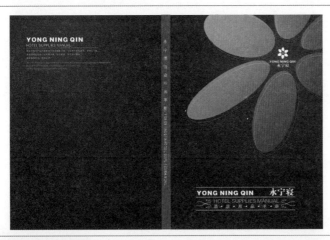

Step 04 完成操作❶选择封底图形，选择"效果"|"图框精确剪裁"|"提取内容"命令，将提出的花瓣图形删除，完成本实例的操作。

知识链接

在CorelDRAW X6中，使用"提取内容"命令后，通常原有图文框会出现一个X交叉图形，可以单击鼠标右键，在弹出的快捷菜单中选择"框类型"|"无"命令，即可取消显示。

10.4　CorelDRAW技术库

CorelDRAW X6提供了多种位图效果，包括三维效果、艺术笔触效果、模糊效果、创造性效果、轮廓图效果和扭曲效果等。通过为位图应用特殊效果，可以丰富画面，增强图像的艺术表现力，下面将对这部分内容进行介绍。

10.4.1　为位图添加三维效果

三维效果可以为位图添加各种模拟的3D立体效果，其中包括"三维旋转"、"柱面"、"浮雕"、"卷页"、"透视"、"挤远/挤近"和"球面"共7种效果，选择"位图"|"三维效果"菜单命令，可显示"三维效果"子菜单（如左下图所示），下面介绍这几种常用三维效果的应用。

1．三维旋转

"三维旋转"效果可以使图像产生立体的画面旋转效果。选择需要应用特殊效果的图像，选择"位图"|"三维效果"|"三维旋转"菜单命令，在打开的"三维旋转"对话框中，设置图像在垂直或水平上旋转的角度，并选中"最适合"复选框，使经过变形后的位图适合于图框，然后单击"确定"按钮即可，如右下图所示。

知识链接

在所有效果对话框的左上角，都有🔲和🔲按钮。单击🔲按钮，使对话框显示为双窗口模式；单击🔲按钮，显示为单窗口模式。在对话框的预览窗口中拖曳鼠标，可以平移视图；单击鼠标左键，可以放大视图；单击鼠标右键，可以缩小视图。在设置选项参数后，单击"预览"按钮，可以事先预览应用效果后的图像；单击"重置"按钮，可以使对话框中的所有选项返回到默认设置状态。

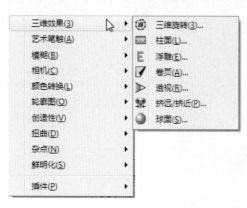

"三维效果"子菜单　　　　　"三维旋转"对话框

2. 柱面

"柱面"效果可以使图像产生缠绕在柱面内侧或外侧的变形效果。选择需要应用特殊效果的图像，选择"位图"|"三维效果"|"柱面"菜单命令，打开如左下图所示的"柱面"对话框，在其中设置好"水平"、"垂直"和"百分比"值后，单击"确定"按钮即可。

3. 浮雕

"浮雕"效果可以使选取的图像产生类似于具有深度感的浮雕效果。选择需要应用特殊效果的图像，选择"位图"|"三维效果"|"浮雕"菜单命令，打开如右下图所示的"浮雕"对话框，在其中设置好各项参数后，单击"确定"按钮即可。

"柱面"对话框　　　　　　　"浮雕"对话框

4. 透视

"透视"效果可以使图像产生三维透视的效果。选择需要应用特殊效果的图像，选择"位图"|"三维效果"|"透视"菜单命令，打开如左下图所示的"透视"对话框，在其中设置好透视角度和透视类型，然后单击"确定"按钮即可。

5. 球面

"球面"效果用于使图像产生凹凸的球面效果。选择需要应用特殊效果的图像，选择

"位图"|"三维效果"|"球面"菜单命令，打开如右下图所示的"球面"对话框，在其中设置好各项参数后，单击"确定"按钮即可。

"透视"对话框

"球面"对话框

10.4.2 为位图添加艺术笔触效果

通过"艺术笔触"效果组可以模拟手工绘画技巧，使图像产生炭笔画、蜡笔画、立体派、印象派、彩色蜡笔画、水彩画和钢笔画等手绘效果。

1. 炭笔画

"炭笔画"效果可以使位图产生炭笔绘画的效果。选择需要应用特殊效果的图像，选择"位图"|"艺术笔触"|"炭笔画"菜单命令，打开如左下图所示的"炭笔画"对话框，在其中设置好画笔尺寸的大小和轮廓边缘的清晰度后，单击"确定"按钮即可。

2. 蜡笔画

"蜡笔画"效果用于使图像产生类似于蜡笔画的绘画效果。选择需要应用特殊效果的图像，选择"位图"|"艺术笔触"|"蜡笔画"菜单命令，打开如右下图所示的"蜡笔画"对话框，在其中设置好各项参数后，单击"确定"按钮即可。

"炭笔画"对话框

"蜡笔画"对话框

3. 印象派

"印象派"效果可以使图像产生印象派风格的绘画效果。选择需要应用特殊效果的图

像，选择"位图"|"艺术笔触"|"印象派"菜单命令，打开如左下图所示的"印象派"对话框，在其中设置好各项参数后，单击"确定"按钮即可。

4. 调色刀

"调色刀"效果可使图像产生类似油画的效果。选择需要应用特殊效果的图像，选择"位图"|"艺术笔触"|"调色刀"菜单命令，打开如右下图所示的"调色刀"对话框，在其中设置好各项参数后，单击"确定"按钮即可。

"印象派"对话框   "调色刀"对话框

5. 彩色蜡笔画

"彩色蜡笔画"效果可以使图像产生使用彩色蜡笔绘画的效果。选择需要应用特殊效果的图像，选择"位图"|"艺术笔触"|"彩色蜡笔画"菜单命令，打开如左下图所示的"彩色蜡笔画"对话框，在其中设置好彩色蜡笔的类型、笔触大小和图像中的色度变化范围后，单击"确定"按钮即可。

6. 钢笔画

"钢笔画"效果可使图像产生钢笔和墨水画的效果。选择需要应用特殊效果的图像，选择"位图"|"艺术笔触"|"钢笔画"菜单命令，打开如右下图所示的"钢笔画"对话框，在其中设置好各项参数后，单击"确定"按钮即可。

"彩色蜡笔画"对话框   "钢笔画"对话框

7. 素描

"素描"效果可以使图像产生素描的效果。选择需要应用特殊效果的图像，选择"位图"|"艺术笔触"|"素描"菜单命令，打开如左下图所示的"素描"对话框，在该对话框中设置好各项参数后，单击"确定"按钮即可。

8. 水彩画

"水彩画"效果可使图像产生水彩画的效果。选择需要应用特殊效果的图像，选择"位图"|"艺术笔触"|"水彩画"菜单命令，打开如右下图所示的"水彩画"对话框，在其中设置好各项参数后，单击"确定"按钮即可。

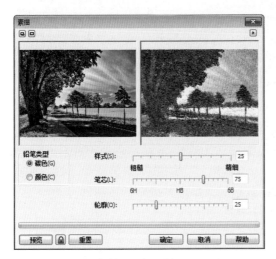

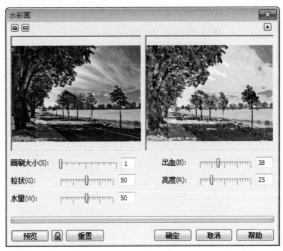

"素描"对话框   "水彩画"对话框

10.4.3 为位图添加模糊效果

"模糊"效果可使图像产生像素柔化、边缘平滑、颜色渐变，并具有运动感的效果。选择要处理的位图图像，然后选择"位图"|"模糊"菜单命令，将显示下一级子菜单，在其中可选择所要应用的模糊效果。

1. 高斯式模糊

"高斯式模糊"效果可以按照高斯分布变化来模糊图像。选择需要应用特殊效果的图像，选择"位图"|"模糊"|"高斯式模糊"菜单命令，打开如左下图所示的"高斯式模糊"对话框，在其中设置好高斯模糊的半径值，然后单击"确定"按钮即可。

2. 动态模糊

"动态模糊"效果可以使图像沿一定方向创建镜头运动所产生的动态模糊效果。选择需要应用特殊效果的图像，选择"位图"|"模糊"|"动态模糊"菜单命令，打开如右下图所示的"动态模糊"对话框，在其中设置好动态模糊的间距和方向等参数后，单击"确定"按钮即可。

"高斯式模糊"对话框　　　　　　　　　"动态模糊"对话框

3. 放射状模糊

"放射状模糊"效果可以使图像从指定的圆心处产生同心旋转的模糊效果。选择需要应用特殊效果的图像，选择"位图"|"模糊"|"放射状模糊"菜单命令，打开如左下图所示的"放射状模糊"对话框，在其中设置好"数量"值后，单击"确定"按钮即可。

4. 缩放模糊

"缩放"效果可以将图像中的某个点作为中心，使图像产生向外扩散的爆炸冲击效果。选择需要应用特殊效果的图像，选择"位图"|"模糊"|"缩放"菜单命令，打开如右下图所示的"缩放"对话框，在其中设置好缩放的数量后，单击"确定"按钮即可。

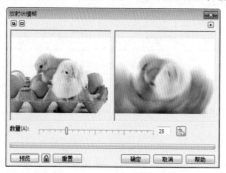
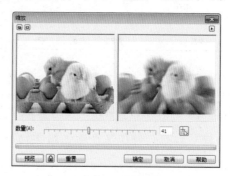

"放射状模糊"对话框　　　　　　　　　"缩放"对话框

经验分享

单击"缩放"对话框中的⬚按钮，然后在原图像预览框中单击，可以将单击处设置为缩放状模糊的中心位置。

10.4.4　为位图添加创造性效果

通过"创造性"效果可以为图像应用各种底纹和形状效果。选择"位图"|"创造性"菜单命令，在子菜单中可选择所要应用的创造性效果。

1. 工艺

"工艺"效果可以使图像产生用工艺元素拼接而成的拼图效果。选择位图，然后选择

"位图"|"创造性"|"工艺"菜单命令，打开"工艺"对话框，如左下图所示为应用该命令时预览的图像效果。

2. 晶体化

"晶体化"效果可以使图像产生晶体块状组合的画面效果。选择需要应用特殊效果的图像，选择"位图"|"创造性"|"晶体化"菜单命令，打开如右下图所示的"晶体化"对话框，在其中设置好晶体的大小后，单击"确定"按钮即可。

"工艺"对话框　　　　　　　　　　　　"晶体化"对话框

3. 织物

"织物"效果可以使图像产生各种编织物的效果。选择需要应用特殊效果的图像，选择"位图"|"创造性"|"织物"菜单命令，打开如左下图所示的"织物"对话框，在其中设置好各项参数后，单击"确定"按钮即可。

4. 框架

"框架"效果可以使图像边缘产生艺术的抹刷效果。选择需要应用特殊效果的图像，选择"位图"|"创造性"|"框架"菜单命令，弹出如右下图所示的"框架"对话框，在其中选择适合的框架样式，并根据需要对框架样式进行修改，然后单击"确定"按钮即可。

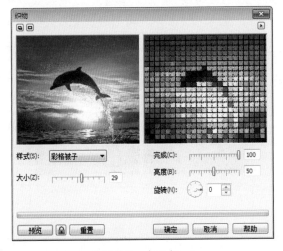

"织物"对话框　　　　　　　　　　　　"框架"对话框

5. 玻璃砖

"玻璃砖"效果可以使图像产生映照在块状玻璃上的图像效果。选择需要应用特殊效果的图像，选择"位图"|"创造性"|"玻璃砖"菜单命令，打开如左下图所示的"玻璃砖"对话框，在其中设置好玻璃砖的宽度和高度后，单击"确定"按钮即可。

6. 马赛克

"马赛克"效果可以使图像产生类似马赛克拼贴的效果。选择需要应用特殊效果的图像，选择"位图"|"创造性"|"马赛克"菜单命令，打开如右下图所示的"马赛克"对话框，在其中设置好用于拼贴的马赛克大小、背景色，然后单击"确定"按钮即可。

"玻璃砖"对话框　　　　　　　　　　　　"马赛克"对话框

7. 散开

"散开"效果使位图对象散开成颜色点的效果。选择"位图"|"创造性"|"散开"菜单命令，打开如左下图所示的"散开"对话框，在其中设置好水平和垂直方向上颜色点散开的程度，然后单击"确定"按钮即可。

8. 茶色玻璃

"茶色玻璃"效果可以使图像产生类似透过茶色玻璃或其他颜色玻璃看到的画面效果。选择需要应用特殊效果的图像，选择"位图"|"创造性"|"茶色玻璃"菜单命令，打开如右下图所示的"茶色玻璃"对话框，在其中设置好各项参数后，单击"确定"按钮即可。

"散开"对话框　　　　　　　　　　　　"茶色玻璃"对话框

9. 彩色玻璃

"彩色玻璃"效果可以将图像制作成类似于彩色玻璃的画面效果。选择需要应用特殊效果的图像，选择"位图"|"创造性"|"彩色玻璃"菜单命令，打开如左下图所示的"彩色玻璃"对话框，在其中设置好各项参数后，单击"确定"按钮即可。

10. 旋涡

"旋涡"效果可以使图像产生旋涡状的变形效果。选择需要应用特殊效果的图像，选择"位图"|"创造性"|"旋涡"菜单命令，打开如右下图所示的"旋涡"对话框，在其中设置好各项参数后，单击"确定"按钮即可。

"彩色玻璃"对话框

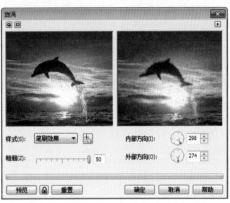
"旋涡"对话框

10.4.5　为位图添加扭曲效果

"扭曲"命令可以使图像产生各种扭曲变形的效果。选择位图，然后选择"位图"|"扭曲"菜单命令，在弹出的子菜单中可选择所要应用的扭曲效果。

1. 块状

"块状"效果可以使图像分裂成块状的效果。应用该命令后，将打开"块状"对话框，在该对话框中可以根据需要设置块的宽度和高度，以及块的最大偏移值。左下图所示是应用该命令时预览到的图像效果。

2. 置换

"置换"效果可以将图像被预置的波浪、星形或方格等图形置换出来，产生特殊的效果。选择需要应用特殊效果的图像，选择"位图"|"扭曲"|"置换"菜单命令，打开如右下图所示的"置换"对话框，在其中设置好各项参数后，单击"确定"按钮即可。

3. 像素

"像素"效果可以使图像产生像素化的效果，用户可以将像素化模式设置为正方形、矩形或射线效果。选择需要应用特殊效果的图像，然后选择"位图"|"扭曲"|"像素"菜单命令，打开如左下图所示的"像素"对话框，在其中设置好各项参数后，单击"确定"

按钮即可。

4. 旋涡

"旋涡"效果可以在图像中产生顺时针或逆时针方向的旋涡效果。选择需要应用特殊效果的图像，选择"位图"|"扭曲"|"旋涡"菜单命令，打开如右下图所示的"旋涡"对话框，在该对话框中设置好各项参数后，单击"确定"按钮即可。

"块状"对话框

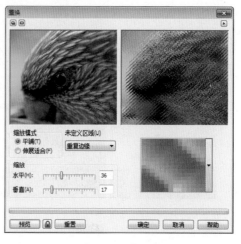

"置换"对话框

"像素"对话框

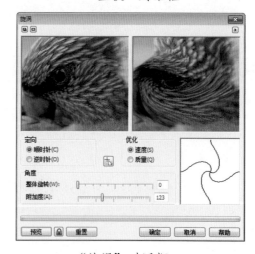

"旋涡"对话框

5. 龟纹

"龟纹"效果可以混合图像中的像素颜色，使图像产生波浪形的变形效果。选择需要应用特殊效果的图像，选择"位图"|"扭曲"|"龟纹"菜单命令，打开如左下图所示的"龟纹"对话框，在其中设置好各项参数后，单击"确定"按钮即可。

6. 湿笔画

"湿笔画"效果可以使图像产生使用湿笔绘画后，油彩往下流的画面浸染效果。选择需要应用特殊效果的图像，选择"位图"|"扭曲"|"湿画笔"菜单命令，打开如右下图所示

示的"湿画笔"对话框，在其中设置好各项参数后，单击"确定"按钮即可。

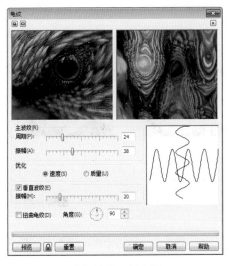

"龟纹"对话框

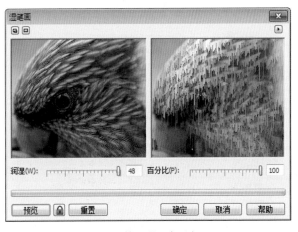

"湿笔画"对话框

7. 涡流

"涡流"效果可以使图像产生随机的条纹流动效果。选择需要应用特殊效果的图像，选择"位图"|"扭曲"|"涡流"菜单命令，打开如左下图所示的"涡流"对话框，在该对话框中设置好各项参数后，单击"确定"按钮即可。

8. 风吹效果

"风吹效果"效果可以使图像中的像素产生被风吹走的效果。选择需要应用特殊效果的图像，选择"位图"|"扭曲"|"风吹效果"菜单命令，打开如右下图所示的"风吹效果"对话框，在该对话框中设置好各项参数后，单击"确定"按钮即可。

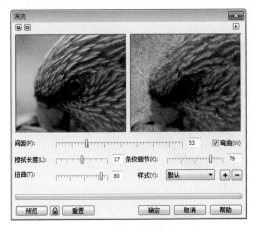

"涡流"对话框

"风吹效果"对话框

10.4.6 为位图添加杂点效果

"杂点"效果可以在图像中模拟或消除由于扫描或者颜色过渡所造成的颗粒效果。选择位图，然后选择"位图"|"杂点"菜单命令，在弹出的子菜单中可选择所要应用的杂点

命令，如左下图所示。在打开的"添加杂点"对话框中设置杂点的类型、层次、密度等参数，然后单击"确定"按钮，即可为位图添加杂点效果，如右下图所示。

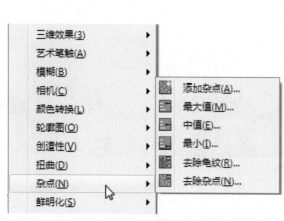
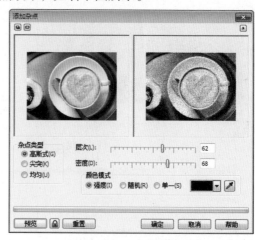

"杂点"子菜单　　　　　　　　　　　　"添加杂点"对话框

10.5　设计理论深化

为了使读者提高设计理念，掌握更多的设计理论知识，为以后的设计工作提供理论指导和参考，做到有的放矢，大家需要理解和熟悉以下的知识内容。

10.5.1　装帧设计中文字间的内在联系

书籍装帧中文字版式设计的主要功能是在读者与书籍之间构建信息传达的视觉桥梁，然而，在当今书籍装帧的某些设计作品中，文字的版式设计没有得到应有的重视。

书籍装帧中的文字有三重意义，一是书写在表面的文字形态，二是语言学意义上的文字，还有一个就是激发人们艺术想象力的文字，而对于设计师来说，第三个意义是最重要的。发掘不同字体之间的内在联系，可以以画面中使用的不同字体为基点，从字体的形态结构、字号大小、色彩层次和空间关系等方面入手，如下图所示。

书籍装帧效果

文字的版式设计更多注重的是文字的传达性，除了人们所关注的"文字"本身的一种寓意外，其本身的结构特征可成为版式的素材。因而要特别关注文字的大小、曲直、粗细、笔画的组合关系，认真推敲它的字形结构，寻找字体间的内在联系。

文字版式设计应具有一个总的设计基调，除了人们对文字特性进行统一外，也可以从空间关系上达到统一基调的效果，即注意字体组合产生的黑、白、灰，明度上的版面视觉空间，它是视觉上的拓展，而不仅仅是视觉刺激的变化。

在人们的视觉空间中，大小不等、多样的字体看似复杂，其实有章可循，其负形留白的感觉是一种轻松、巧妙的留白。讲究空白之美，是为了更好地衬托主题，集中视线和拓展版面的视觉空间层次。

设计者在处理版面时，利用各种方式手段引导读者的视线，并给读者恰当留出视觉休息和自由想象的空间，使其在视觉上张弛有度。字体笔画之间巧妙地留有空白，有利于更加有效地烘托画面的主题、集中读者视线，使版面布局清晰，疏密有致。

10.5.2　装帧设计中文字的造型特征

文字既是语言信息的载体，又是具有视觉识别特征的符号系统；不仅表达概念，同时也通过诉诸于视觉的方式传递情感。文字版式设计是现代书籍装帧不可分割的一部分，对书籍版式的视觉传达效果有着直接影响。

书籍离不开文字，而字体、字形、笔划、间距等为文字的基本元素。我国目前书籍装帧设计中的文字主要归纳为两大类：一类是中文，另一类是外文（主要指英文），这里谈到的文字版式设计，主要研究以中文字为主体的书籍装帧设计。文字要素的协调组合可以有效地向读者传达书籍的各种信息。如果文字字体之间缺乏协调性，则在某种程度上产生视觉的混乱与无序，从而形成阅读的障碍。如何取得文字设计要素的和谐统一呢？关键在于要寻找出不同字体之间的内在联系。在对立的元素中利用其间的内在联系予以组合，形成整体的协调与局部的对比，统一中蕴含变化。在书籍装帧中，字体首先作为造型元素而出现，在运用中不同字体造型具有不同的独立品格，给予人不同的视觉感受和比较直接的视觉诉求力。举例来说，常用字体黑体笔划粗直笔挺，整体呈现方形形态，给观者稳重、醒目、静止的视觉感受，很多类似字体也是在黑体基础上进行的创作变形，如下图所示的封面效果。

卡通书籍封面

POP书籍封面

对我们国内来说，印刷字体由原始的宋体、黑体按设计空间的需要演变出了多种美术化的变体，派生出多种新的形态。儿童类读物具有知识性、趣味性的特点，此类书籍设计表现形式追求生动、活泼，采用变化形式多样而富有趣味的字体，如POP体、手写体等，比较符合儿童的视觉感受。

当今的时尚杂志出版速度快、信息量大，因而较多采用平装软封面。合适的字体造型可以成为设计师的"灵感触角"，有利于创造出更符合书籍形式及内容的独特版式语言。

读者服务卡

亲爱的读者:

　　衷心感谢您购买和阅读了我们的图书,为了给您提供更好的服务,帮助我们改进和完善图书出版,请您抽出宝贵时间填写本表,十分感谢。

读者资料

姓名:＿＿＿＿＿＿＿　性别:□男 □女　　　年龄:＿＿＿＿＿文化程度:＿＿＿＿＿＿

职业:＿＿＿＿＿＿　电话:＿＿＿＿＿＿＿　电子信箱:＿＿＿＿＿＿＿＿

通信地址:＿＿＿＿＿＿＿＿＿＿＿＿＿　邮编:＿＿＿＿＿＿＿＿＿＿＿

调查信息

1.　您是如何得知本书的:

□网上书店　　　□书店　　　　　□图书网站　　　□网上搜索

□报纸/杂志　　□他人推荐　　　□其他

2.　您对电脑的掌握程度:

□不懂　　　　　□基本掌握　　　□熟练应用　　　□专业水平

3.　您想学习哪些电脑知识:

□基础入门　　　□操作系统　　　□办公软件　　　□图像设计

□网页设计　　　□三维设计　　　□数码照片　　　□视频处理

□编程知识　　　□黑客安全　　　□网络技术　　　□硬件维修

4.　您决定购买本书有哪些因素:

□书名　　　　　□作者　　　　　□出版社　　　　□定价

□封面版式　　　□印刷装帧　　　□封面介绍　　　□书店宣传

5.　您认为哪些形式使学习更有效果:

□图书　　　□上网　　　□语音视频　　　□多媒体光盘　　　□培训班

6.　您认为合理的价格:

□低于 20 元　　□20～29 元　　□30～39 元　　□40～49 元

□50～59 元　　□60～69 元　　□70～79 元　　□80～100 元

7.　您对配套光盘的建议:

光盘内容包括:□实例素材　　□效果文件　□视频教学　□多媒体教学

　　　　　　　□实用软件　　□附赠资源　□无需配盘

8.　您对我社图书的宝贵建议:＿＿＿＿＿＿＿＿＿＿＿＿＿＿＿＿＿＿＿

＿＿＿＿＿＿＿＿＿＿＿＿＿＿＿＿＿＿＿＿＿＿＿＿＿＿＿＿＿＿＿＿＿

　　您可以通过以下方式联系我们。

邮箱:北京市 2038 信箱　　　　　邮编: 100026

网址:http://www.china-ebooks.com　电话: 010-80127216

E-mail:joybooks@163.com　　　　传真: 010-81789962